江苏省城镇化和城乡规划
研究中心 组织编写

REDISCOVERING
NEIGHBORHOODS

重新发现街区

丁志刚 庞慧冉 等 编著

REGENERATION DEMAND
AND PLANNING DESIGN

更新需求与规划设计

中国建筑工业出版社

图书在版编目（CIP）数据

重新发现街区：更新需求与规划设计 =
REDISCOVERING NEIGHBORHOODS: REGENERATION DEMAND
AND PLANNING DESIGN / 丁志刚等编著；江苏省城镇化
和城乡规划研究中心组织编写 .-- 北京：中国建筑工业
出版社，2024. 12.--ISBN 978-7-112-30198-0

Ⅰ. TU984

中国国家版本馆 CIP 数据核字第 2024MR7785 号

责任编辑：毋婷娴
责任校对：王 烨

重新发现街区：更新需求与规划设计
REDISCOVERING NEIGHBORHOODS: REGENERATION DEMAND AND
PLANNING DESIGN

丁志刚 庞慧冉 等 编著
江苏省城镇化和城乡规划研究中心 组织编写
＊
中国建筑工业出版社出版、发行（北京海淀三里河路 9 号）
各地新华书店、建筑书店经销
北京方舟正佳图文设计有限公司制版
天津裕同印刷有限公司印刷
＊
开本：880 毫米 ×1230 毫米 1/16 印张：21½ 字数：443 千字
2024 年 12 月第一版 2024 年 12 月第一次印刷
定价：**220.00** 元
ISBN 978-7-112-30198-0
（43161）

编写组成员

丁志刚　庞慧冉　徐奕然　尤家曜　姜克芳　仲　亮　朱　宁

前　言
PREFACE

改革开放以来，经过 40 多年的快速城镇化进程，我国已从大规模增量建设转为存量提质改造和增量结构调整并重的新阶段，党的十九大和二十大均明确提出实施城市更新行动。街区作为城市更新的重要空间对象，是应对建成区连片老化的客观需要，也是集成改善、统筹解决"城市病"问题和老百姓"急难愁盼"的重要抓手，还是推动便利消费及扩大就业、激发内生发展动力的重要载体，一直是当前实施城市更新行动的重点工作内容。

但与此同时，不同于道路交通改造、公园绿地改造等单项问题的解决，街区更新面临化解历史遗留问题、提升地区功能、活力塑造和可持续运营等综合议题，与多元主体的复杂社会诉求相互交织，形成了多维度的矛盾。过去围绕新建地区的蓝图式规划设计路径，难以适用于当前街区更新的现实需要，具体表现在：一是以净地出让为前提、在白纸上绘就蓝图的规划设计，难以适应当前街区更新对于尊重地区文脉、社会肌理和复杂产权的要求；二是自上而下制定的愿景方案，缺乏对产权人、相关权利人意愿的考虑，以及老百姓和市场主体自下而上参与更新的多元诉求；三是面向终点、偏重物质空间的成果内容，缺乏对更新实施路径的考虑，忽视实施主体、发展资源、资金平衡等的深入研究和系统整合，难以有效指导街区更新落地实施；四是确定性较强的刚性成果，难以适应存在变化的社会需求、市场参与意愿等带来的方案优化调整需要。

因此，研究与街区当前复杂更新需要相适配的新型规划设计方法路径重要且紧迫。要以塑造品质、强化治理、定制设计和过程引导为导向，推动街区更新规划设计范式转型。

塑造品质，即强调宜居环境和活力空间营造，联动考虑产权归集、资金筹措、后期长效运营管理等不同阶段的需求，并预留更新弹性，形成一揽子的空间品质和活力提升综合解决方案。

强化治理，即将更新规划设计作为一个有效的空间治理平台，加强事前调查、摸清群众意愿，将各方意愿务实融入拟解决方案，推动共识达成，推动街区更新成为居民及相关利益方焕新家园的实践过程。

定制设计，即强调规划设计的在地性和针对性，高度重视设计创新的空间赋能力量，通过城市设计、建筑设计、景观设计、艺术设计等的交叉融合，因地制宜推动街区更新实现生活场所更宜居、空间资源保值增值的综合发展目标。

过程引导，即注重全过程陪伴式服务，切实整合原物业权利人、政府、社会主体等多元力量和可用资源，将一个自上而下的政策传导进程，与一个自下而上的需求主导进程，紧密地结合起来，形成突破性创新。

基于此，本书在系统分析总结街区更新发展趋势基础上，以所参与的两个实际街区更新项目——南京市天津新村街区更新改造和无锡市南市桥街区更新改造为例，详细介绍街区更新规划设计方法，旨在编制形成兼具学术性和实践性、专业性和社会性的成果，提供更具参考性和实操性的经验，为有效推动街区更新实施贡献一份力所能及的力量，助力规划设计行业高质量发展。

全书共分为四个章节。

第一章为街区更新共识：全球行动和"中国方案"。本章在系统梳理国内外发展理论和实践基础上，阐述街区更新的背景、街区的定义、我国街区形制的演进历程、国外街区更新的发展脉络、街区更新的中国行动和未来图景。

第二章为场景营造：回归人本需求的街区。从社会需求视角重新审视街区对于人和城市的意义及其内在的发展逻辑，从需求端阐述街区更新规划设计的目标、导向和重点内容的新变化。以六组原创专题文章分别阐述宜居善治的老旧小区、完整美丽的街道、友好包容的场所、便捷共享的智慧服务、健康的多维空间、绿色安全的韧性设施等需求场景，分析街区更新未来趋势。

第三章以无锡市南市桥街区更新规划设计为例，基于问题解决、活力呈现、综合实施导向，提出联动"策划—规划—设计—建设—运营"的一体化规划设计路径，详细阐述细致底图制定、前置运营咨询、联动情景分析、活力场景营造等技术方法。

第四章以南京市天津新村街区更新规划设计为例，适应从静态变为动态，面向陪伴式服务，推动社会共同参与更新行动全过程，提出"体检—立项—设计—实施—共治"的全流程规划设计路径，详细阐述智慧化体检评估、递进式项目生成、定制化方案设计、陪伴式建设实施和全过程共同缔造等技术方法。

街区更新规划设计是个开放的话题，政府部门、设计机构、研究学者、社会大众都可以从不同角度解读。同时，伴随着城市更新的持续深入推进，街区更新实施的相关制度框架将逐步建立、渐进完善，街区更新规划设计的路径也必将持续改进。本书所提出的街区更新规划设计方法不是指引街区更新的金科玉律，也绝非放之四海而皆准的教条方法。适宜各地街区更新的规划设计方法，也必将建立在基于街区及所在城市自身的实践过程之上。希望本书可以为当前开展街区更新规划设计提供一种多元化的方案，倘若本书能于街区更新研究浪潮中激起几朵小小的浪花，并为实践工作提供一定借鉴，编写组将欣慰不已。

目 录
CONTENTS

3 Chapter 3
第三章

街区更新的一体化方案集成设计 / 195

4 Chapter 4
第四章

街区更新的全流程重构 / 261

重新
发现
街区　更新需求
与规划设计

REDISCOVERING NEIGHBORHOODS
REGENERATION DEMAND AND PLANNING DESIGN

第一章

街区更新共识：
全球行动和"中国方案"

街区既是城市结构的基本组成单元，也是具有同质性的功能集聚单元，在提供便利服务的同时，为促进社会交往、培育公共精神创造可能。联合国《新城市议程》提出"人人共享城市"的美好愿景，倡导采用合理的街道形式、通达的道路网络、开放共享的空间配置、紧凑混合的街区布局、底层商用的临街界面等，促进社会交往、推动融合互动。以人为本的街区设计理念在全球已形成广泛共识，围绕街区的更新优化提升已成为世界各国的普遍共同行动。对中国而言，街区更新具有重要的时代价值，是城市建设从城市尺度的宏大叙事向中微观尺度精细营造转变阶段中的重要抓手，对于有效推动实施城市更新行动，切实提高居民的获得感、幸福感、安全感，促进城市开发建设方式转型，推动城乡建设高质量发展具有重要意义。

街区更新的背景

中国城市转型发展的新阶段

中国城镇化经过上半程的快速增长已进入了相对稳定发展的中后期，城市对空间的需求从支撑快速规模增长转为驱动更可持续的高质量发展。党的十九届五中全会和党的二十大，均明确提出实施城市更新行动，这是新发展阶段党中央关于做好城市工作、推动高质量发展的重要战略部署，对于实施扩大内需战略、优化资源要素配置、实现中国式现代化具有深远意义。

当前，城市更新正面临着多重"城市病"累积的综合考验。一方面，由于快速城镇化时期建设标准相对较低，街区公共空间不足、绿化品质不高、功能衔接不畅、配套设施不完善等问题客观存在，城市已难以满足当前老百姓对人居环境改善的现实需要。另一方面，城市建成空间的老化问题不只限于某个局部地区，老旧小区、破损街道、失修的公共空间等集中连片趋势明显，城市连片改造的需求不断增长。

街区更新为集成解决碎片化"城市病"问题、切实改善人民生活品质、促进社会治理进步，系统实现推动地区功能提升、活力塑造和可持续运营等多重目标提供了可能。因此，在各地推动城市更新工作中，街区成为重要的中微观更新实践对象。

街区更新的相关政策

2015年12月，时隔37年，中央城市工作会议再次召开，会议提出要着力解决城市病等突出问题，不断提升城市环境品质、人民生活质量、城市竞争力，建设和谐宜居、富有活力、各具特色的现代化城市。2016年2月，与之配套的《中共中央 国务院关于进一步加强城市规划建设管理工作的若干意见》正式公布，要求加强街区的规划和建设，推动发展开放便捷、尺度适宜、配套完善、邻里和谐的生活街区。

2022年10月，住房和城乡建设部办公厅、民政部办公厅印发《关于开展完整社区建设试点工作的通知》（以下简称《通知》），明确了社区与街区的关系，要求统筹若干个完整社区以构建活力街区，并与15分钟生活圈相衔接。《通知》对公共服务设施配建提出了更高更全面的要求，包含社区综合服务设施、幼儿园、托儿所、老年服务站、社区卫生服务站以及便民商业服务设施。《通知》同时指明既有社区可通过补建、购置、置换、租赁、改造等多元方式补齐短板。

除了完善设施配套，街区的空间设计品质也亟待提升。2023年1月，全国住房和城乡建设工作会议上提出，"要尊重城市发展规律，顺应高质量发展新要求，与时俱进，把真功夫放到设计上。从好房子到好小区，从好小区到好社区，从好社区到好城区，努力为人民群众创造高品质生活空间"。2024年开始，住房和城乡建设部将在地级及以上城市全面开展城市体检工作，将小区、社区、街区列为城市体检的基本单元，其中街区体检要充分考虑街区功能定位，衔接15分钟生活圈，查找公共服务设施缺口以及街道环境整治、更新改造方面的问题。

街区更新的重要意义

满足人民群众对美好生活向往的现实需要

人民群众生活困难问题集中发生在小区、街道、小微绿地等身边的街区空间中，如新市民和青年人的住房需求、居民的老旧小区宜居改善需求、老年群体的适老化环境需求、儿童对安全健康环境的新需求等，急需针对城市基层服务"补短板"。同时，随着老百姓对更高品质的公共服务、健康生活、社会交往等需求的持续增长，活动场所、街道环境、服务设施等综合环境的人性化、全龄化、绿色化、风貌特色化提升诉求凸显，老百姓对家门口生活环境的改善愿望迫切。街区更新兼顾补短板和提品质，能够为全面提升居民生活环境品质提供有力支撑。

实施城市更新行动的基本单元和有效路径

街区更新是系统集成解决碎片化"城市病"问题的有效路径。一方面，通过街区更新集成解决片区住房、交通、绿化、地下管网等问题，可以节约社会资源、避免反复施工影响居民生活，更好促进项目集成、资源整合、目标综合。另一方面，街区更新可以更好优化城市结构，城市公园广场、公共服务设施、历史地段、滨水空间等已呈现出高度的内在关联性，通过一系列的存量改善和新建工程，可以盘活和放大街区内公共资源价值，在功能与空间上与城市形成更优良的空间功能结构关系。

服务保障民生、推动便利消费及扩大就业、强大内需市场的重要平台和载体

　　各类街区涵盖了居民生活的全链条服务需求、新型消费场景、都市型创新产业等，通过激活存量空间、盘活存量资产、延伸公共服务和商业服务链条等措施，培育现代生产服务业和生活服务业，丰富业态类型和内容、壮大市场主体、创新生产能力，可以增强服务消费，促进就业创业。通过街区的一系列综合性民生改善工程和发展工程，促使新经济业态引入以及新产品新技术在楼宇、设施和社区治理中的应用。这可以有效拉动投资，不断提升街区的美誉度、吸引力、竞争力，进而增强城市活力、营造创新氛围、促进转型升级，充分释放我国发展的巨大潜力，形成新的经济增长点，培育发展新动能。

建设适应社会主义市场经济的社会共同体的空间治理工程

　　街区更新往往面临着复杂的产权情况和多样的城市问题，更新工作不仅是空间建设工程，更是精细的社会治理工程，包含着达成多方共识、制定相关制度、建立和优化组织管理等一系列更高水平的治理内容。街区通过整合政府、企业、产权人、群众等多主体力量，促进有为政府、有效市场、有意居民三方的共同努力和相互协作，形成贯穿规划、建设、管理、运维全过程的系统更新，推动形成共建共享共治的现代化治理局面。

街区的定义

街区概念

　　狭义的街区指由城市道路、地物等人工边界或河流、地形等自然界限围合而成的区域，是城市功能结构的基本组成单元。美国纽约、芝加哥等大城市的路网细密工整，街区是由一条条"大道"和"街"划分出的小格子。美国波特兰、休斯敦和曼哈顿的标准街区尺寸分别为 80m × 80m、100m × 100m 和 80m × 274m，这种"小街区"是新城市主义在美国城市规划建设过程中提出的城市空间规划模式，它有效增加了街道公共活动空间，提高了城市生活品质、商业氛围和土地价值。我国城市规划主次干道平均间距一般为 400~500m，城市道路红线较宽、路网密度低，因此街区尺度相对较大，内部道路系统相对封闭。

　　广义的街区指具有同质性的功能集聚单元，如居住类街区、商业类街区、历史文化类街区、产业类街区等。居住类街区的范围包含居住小区（含组团、零散住宅等）、相邻的街道，以及紧密相关的生活设施和空间场所，它将居住小区与外部空间联通，是"私有空间"和"公共空间"的融合，居住、商业与休闲等各类功能相互渗透，社会经济与空间要素相互交织。商业类街区是由若干条商业街道组成的商业集中区，以步行交通组织是这类街区的共有属性。历史文化类街区指不可移动文物和历史建筑等历史文化遗存相对集中的地区，包含历史文化街区、历史地段以及其他能较完整地体现出某一历史时期传统风貌和民族地方特色的街区。产业类街区指具有街区化形态及生活环境特质的产业集聚区，如工业街区、科创街区、文创街区等。

图 1-1　居住类街区（瑞典哈默比湖生态城）

图 1-2　商业类街区（北京三里屯太古里）

图 1-3　历史文化类街区（广州恩宁路永庆坊）

图 1-4　产业类街区（深圳华侨城创意文化园）

小区是城镇住宅小区、居民小区的简称，通常指城镇中相对封闭、独立完整的居民住宅区。通常，小区拥有独立且受保护的出入口，并配备安保等物业管理服务。小区更强调内向、具有围合感的私有权属特征，而街区更强调公共、外向、促进社会交往的开放场所特征。

住区一般是指城镇居住区，是城镇中住宅建筑相对集中布局的地区，其指代范围比小区更为宽泛，不仅包含住宅，也包含相邻的配套设施、公共绿地以及城镇道路等。住区强调以居住为主的功能属性，而街区则拥有更为丰富多样的功能类型。

社区是社会治理的基本单元，目前我国城市社区的范围，一般指经过社区体制改革后做了规模调整的居民委员会辖区。相比于以明确的道路边界限定出的物质空间，"街区""社区"更强调社会群体内部成员之间的文化维系力和内部归属感。我们常说的"街区改造""社区治理"，即印证了两者分属物质与社会概念的差异。

我国街区形制的演进历程

我国街区形制可追溯至商周的里坊制，至宋代发展为开放式的街坊制，并对其后的城市布局方式产生了深远的影响。纵观整个演变过程，我国不同历史时期特定的经济社会背景和城市治理观念深刻影响了街区的内向性或外向性，街区空间形态的开放与经济社会活动的活跃密切关联、互为因果。

商周至唐代的里坊制

农业立国的农本思想下，中国历代封建王朝长期施行"重农抑商"经济政策，它强调农业是国家经济的基础，商业被视为低劣的非生产性活动，受到政府的抑制和限制。"里坊制"即是在这种政策制度下产生的一种城市空间治理制度。城市空间布局以贯通全城的大街为中轴，左右完全对称，街区划分如同棋盘格。城内功能分区明确，将居住区"坊"和交易区"市"分开，坊、市四周设墙，由吏卒和市令定时开闭，对城内居民商业活动的交易时间、地点进行严格控制。这种形制一方面便于城市治安管理，城中夜不闭户，盗贼不兴；另一方面是为抑制商业发展，严格控制城内居民商业活动的交易时间和地点，里坊四周沿街不准开设商店。

盛唐时期，里坊制达到顶峰。唐长安城是实行里坊制的最典型代表，以一百户或五十户为一里，被划分为 109 个街区，道路纵横相交、笔直宽阔。城中设有"东市"和"西

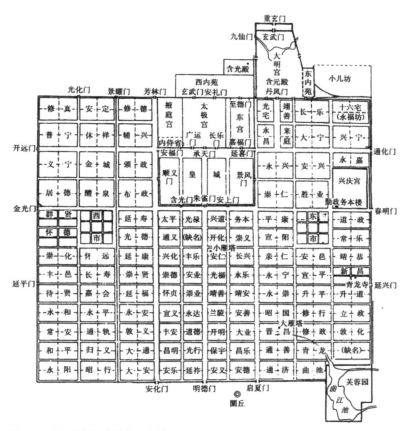

图 1-5　唐朝都城长安的街巷格局

市"，作为买卖交易的场所。里坊制的衰亡是从唐代中后期开始的，经济的发展促使商业经营方式和城市空间格局向开放型转变，市民逐渐意识到商业的繁荣能改善生活状况，一些坊门清晨更鼓未到就已打开，夜深了还未关闭，里坊内也有民居打破坊墙开设店铺，这被称作"侵街"行为。

宋代的厢坊制

宋代是中国古代经济发展的一个高峰，经济繁荣程度超过了以往各代。宋徽宗执政时开始征收"侵街房廊钱"，以税收的方式将打破坊墙开设店铺的行为合法化，这标志着"里坊制"向"厢坊制"的转变。自此，对居民严格的时空管制被打破，沿街店铺和"夜市"娱乐业大量兴起，人们的日常生活空间从院落内转移到街巷中来。《清明上河图》所绘即是北宋都城汴梁（今河南开封）商业繁荣的景象：中心御街宽两百步，两边的御廊允许开设店铺；街巷四通八达，形成许多热闹繁华的商业街，城中店铺多达六千余家。

图 1-6 《清明上河图》中热闹繁忙的街景

明清时期的栅栏

明清时期，因管理需要，街区又趋于封闭。明孝宗皇帝下令在京城内及关厢地区的大街小巷设立栅栏，早启晚闭，用于维护京城治安。清康熙皇帝下令在城外各巷口设立栅栏，晚九时后军民不得随意出入。清乾隆皇帝因恐京城外城藏有匪盗骚扰百姓生活，再次下令在外城街巷口设立栅栏，派遣专人负责巡查，大大小小的栅栏将京城分割成块状的治安管理区。据《八旗通志初集》记载："城内起更后，栅栏关闭，自王以下官民人等，不得任意往来。"《乾隆京城全图》中已标有"大栅栏"地名。

近代口岸商业街区

近代中国开埠后，外国人带着商品和外资纷纷涌入口岸，并开设行栈、设立码头、划定租界、开办银行等。为满足激增的对外贸易需求，近代中国涌现了上海市外滩、广州市长堤大马路、武汉市江汉路等一批口岸商业街区。口岸商业街区建筑大多融合了中国传统古典审美与西式现代设计造法，骑楼是其中一种特色鲜明的商住建筑形式——建筑底层沿街面后退并留出遮阳避雨的公共人行外廊，大大促进了沿街商业的发展。骑楼在华南地区广为流行，海口市由六百余座骑楼式建筑围合形成了占地面积超 2hm² 的商业街区，广州市也建成了近 40km 长的骑楼街。

图 1-7 广州骑楼

计划经济体制下的单位大院

新中国成立初期，为尽快实现四个现代化，工业生产成为城市最重要的功能，全国掀起了向苏联学习的高潮。随着援华工业项目的引进，以街坊为主体的工人生活区也被引入。斯大林时期的苏联城市建设采用格局对称、空间围合的"扩大街坊"模式，形成强烈的仪式感和整齐的街道景观，标准街区尺寸约为 500m × 500m。1953 年，我国提出在新建地区借鉴扩大街坊模式，同时，为节约投资和方便管理，建设形成了生产

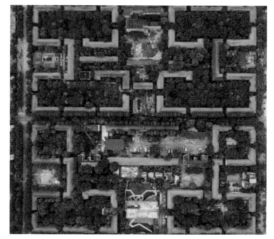

图 1-8 武汉武钢工人住宅区

空间和生活空间紧密相连、职住合一的单位大院。由于计划经济体制下土地划拨和无偿、无限期使用等制度，各单位纷纷选择多占地、建大院。从 20 世纪 60 年代开始，各单位纷纷竖起了围墙，这虽然保证了大院内部的居住安全，方便了大院组织管理和公共服务供给，但也造成了城市空间的割裂和城市公共空间的日渐碎片化。

住房制度改革后涌现的门禁居住区

改革开放后，国家"统代建"及单位福利分房的模式逐步转向房地产市场开发，住宅建设需求日益增强。同时，城市居住区从职住一体走向职住分离，商品房居住区这一新的居住区类型形成。1994年实施的《城市居住区规划设计规范》GB 50180—93 规定了居住区用地约50～100hm²，提出具有相对独立性并保证物业管理便利等要求，深刻影响了居住区的规模形制。此外，"谁开发、谁配套"的房地产开发政策，使得开发商建设共有部分的费用最终转嫁给全体业主分摊，催生出以专有财产为核心、以共有财产为纽带、具有排他性的利益共同体——商品房门禁居住区，并迅速成为我国主流的居住空间模式。当容纳数万人乃至数十万人的居住区竖起围墙时，周边的街区空间与街道界面也逐渐丧失了活力。

共享共治理念倡导的开放式街区

党的十八届三中全会首次提出"社会治理"的概念，我国社会治理观念逐步向促进社会融合、共享公共资源转型，承载着社会日常生活的街区空间重新回归人们的视野。2016年《中共中央 国务院关于进一步加强城市规划建设管理工作的若干意见》提出推动发展"窄马路、密路网的街区制"。随后，上海、长沙等多地积极探索构建宜居、方便、安全的开放式街区，提供破解城市病、提高城市管理精细化水平的新思路。与此同时，随着互联网信息技术的发展，社交平台日益丰富，新生代群体成为消费主力，许多彰显地方特色的文旅休闲商业街区也相继涌现。相较于传统的室内商业空间，其户外空间多、空间景观丰富的消费场景不仅能给消费者更好的场所体验感、自由的空间形态，还能满

图 1-9 南京市小西湖街区

足娱乐、文化、社交等多样性需求。街区通过塑造多元场景，与周边生活业态融合共生，成为城市独特的亮点与记忆点。

小结

回望我国街区形制的发展，其大致经历了以下几个重要的历史阶段：从坊市分立的里坊制，到街巷繁荣的厢坊制；从强化治安的栅栏管理，到商贸活跃的口岸街区；从院墙封闭的单位大院、门禁社区，到促进社会交往的开放式街区。街区承担的职能也从城市治安管理的单元，向经济社会活力的窗口演变。推进街区更新，对塑造安全健康、完整便捷、开放共享、邻里凝聚的街区环境，具有重大的意义。

国外街区更新的发展脉络

自邻里单元模式开始，国外街区更新的理论和实践经历了长达百年的发展历程。如今，以人为本的街区空间设计理念在全世界已形成广泛共识，街区更新也从单纯的物质环境设计，演变为一项涵盖空间、社会以及制度设计的综合性工程，并从西方社会逐渐拓展为世界各国的共同实践。

工业革命对街区生活属性的削弱以及邻里单元的提出

在工业革命之前，交通工具以人力、畜力为主，中世纪城市人性化尺度的道路被分割出形态有机的街区。街区功能混合，生活属性鲜明，内部是相对封闭的居住空间，沿街开设手工业店铺。中世纪后期，在古典主义美学的影响下，城镇建设强调秩序感的城市轴线、格网式道路和规整的街区单元。18世纪60年代开始的工业革命颠覆了人类的生产生活方式，也彻底改变了西方城市的面貌，现代主义对秩序和机动性的追求，开始破坏原有丰富多彩的城市生活。勒·柯布西耶《雅典宪章》以车辆交通为街道首要功能的观点占据社会主流，街区的社交生活属性日渐衰弱。

为了在机动车交通兴起的同时，创造更舒适安全、设施完善的街区环境，一些学者开始研究更优的居住单元布局方式。美国学者克拉伦斯·佩里于1929年提出"邻里单元"理论。邻里单元是被城市道路包围的住宅单元，其中央为小学等生活必需的配套设施，以小学的服务范围和服务规模（约400人）为要素，从中心向外步行约5分钟，人口规模约5000人。1928年，建筑师克拉伦斯·斯坦与规划师亨利·赖特在美国新泽西州设计了雷德鹏新镇大街坊，提出了人车分流的街区系统。

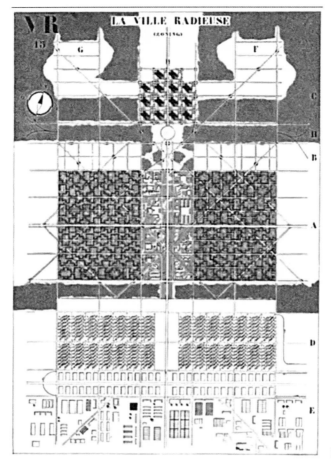

图 1-10　柯布西耶"光辉城市"设计图

人文主义思潮对街区公共生活回归的呼吁

20 世纪 60 年代，在人文主义思潮的引领下，更多学者意识到街区空间的生活化回归与活力复苏迫在眉睫。

1960 年美国城市规划师和作家凯文·林奇在其所著的《城市意象》中指出，街区是城市"可识别性"和"可印象性"的重要空间要素，应注重保护特色鲜明和充满历史记忆的区域。

美国记者、社会活动家简·雅各布斯在 1961 年出版的《美国大城市的死与生》，"改变了人们如何看待和期待城市"。她批评 20 世纪 50 年代的美国城市规划政策盲目追求摩天大楼和多车道高速公路，导致大量的邻里社区衰落、城市文化内涵消失。她认为，城市是一个有着具体空间形态和真实人群生活的地方，在理解城市的行为和了解有关城市的运行时，人们应该观察实际发生的事情，而不是进行虚无缥缈的遐想。规划不是功能性分割用地的图纸，而是要帮助人们组织生活方式并形成生活的场所，要不遗余力地创造城市的活力。公共空间才是让街区和城市保持活力的关键，增强街道公共性、提升公园功能多样性、深化街区的混合使用均能为市民带来物质和精神层面同等重要的幸福生活。

美国社会哲学家刘易斯·芒福德将城市视为"文化的容器"，认为街道是一种社会空间，他在《开放空间的社会功能是将人们聚集在一起》一书中提出："当私人和公共空间被共同设计的时候，在可能的最愉悦条件下，混合与会面有可能会发生。"

英国规划师科林·布坎南于1963年发表的《城镇交通》报告指出全民机动化时代的到来是无法逆转的趋势，但汽车的发展会产生种种负面影响，我们应先保障分区内部人们活动和生活的环境水平，再探讨更大尺度的路网规划设计。布坎南提出的观点突破了当时人们对道路认识的局限，人们意识到道路不仅需要有机动性和可达性，还应考虑允许驻留以及漫步的终端和场所。该报告深刻影响了英国和其他一些国家随后二三十年的城市建设理念和更新实践。

重塑街区生活性的更新实践

英国于1967年制定了《街区保护法》，1971年开放式街区的理念被纳入城乡规划法体系中，这不仅有效维护了街区安宁，更增强了公众参与提升街区空间品质的积极性。居民们自发成立了不少慈善团体，帮助街区完善交通管制、创设安全步行空间。伦敦牛津街是街区保护制度的代表性实践之一，它保留了13栋有着上百年前原貌的保护建筑，当时人们为解决人车混行、交通事故频发的问题，还在牛津广场开设对角线通道。

荷兰于1976年出台了"生活式街道"相关标准章程，突出行人优先原则，在居住区的生活式街道中，行人可使用全部道路空间，但不允许在路面上嬉戏；小汽车的行进速度不能超过步行速度，且右侧交通始终有优先权；小汽车的行进不能阻碍行人，而行人也不能故意妨碍汽车行驶。

在生活式街道的基础上，英国于1999年提出"生活式街区"概念，并在英格兰和威尔士发起了覆盖9个社区、资助3000万英镑的"挑战计划"。生活式街区是道路空间由机动车辆使用者和其他道路使用者共同分享的住宅街区，同时兼顾了行人、骑自行车者以及儿童等更多群体的需求，其目的在于通过创造一个以人为主体，而非以交通为主体的空间。生活式街区与生活式街道最大的不同在于强调用多样化的街道构建活力网络，而不只依托单条街道。英国布莱顿北莱恩历史保护区是生活式街区的代表性实践项目之一，其通过步行友好的主街道"新路"改造，使街道行人数量增加62%，车辆行驶

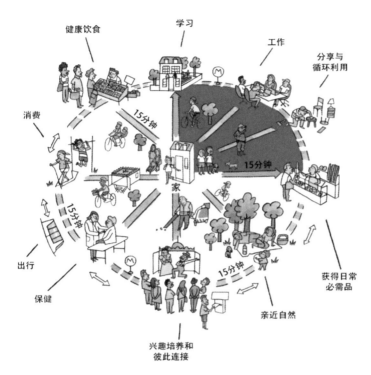

图 1-11　巴黎共同体的 15 分钟城市概念图

量下降 93%，缝合了原本破碎的城市空间，连通了周边街巷的特色风情区。在此基础上，协助居民将住宅底层改造为可出租的商铺，吸引本地的特色餐饮、小百货商家在此打造精品店，鼓励餐饮店铺外摆，在夜晚举办灯光活动，并为大学生提供 400 多套公寓，为街区注入可持续活力，如今北莱恩街区已成为科创企业的首选地。

2016 年，法国城市规划师卡洛斯·莫雷诺提出"15 分钟城市"概念，主张在 15 分钟步行范围内满足居民至少 90% 的生活需要，包含生活、工作、供给、关怀、学习和享受等六种基本城市社会功能。具体的街区更新策略包括大幅度减少车道数量、为行人和自行车腾出道路、将公共空间用于学校体育活动和市民夜间休闲活动，以及在广场上设置表演空间增强城市文化氛围等。"15 分钟城市全球倡议"于 2022 年获得了联合国人居奖，并已成为一场全球运动。例如，美国波特兰开展的"20 分钟邻里"项目，将城市内的陡坡、不畅通的街道等影响居民步行的道路逐步拆除，采用更多的人行道替代。瑞典以更细化的"1 分钟城市"概念，鼓励将家门口及周边邻里空间改造为社区潜在的多用途空间，而非仅仅作为停车区域，从而使居民生活与公共环境融合互动起来。

基于宜步行街道的空间赋能

20 世纪 90 年代，为应对城市无序蔓延，美国马里兰州州长提出"精明增长"理论，通过将住宅、商场和办公楼汇集在步行可及的街区内，构建高密度、更紧凑的城市空间利用模式。波特兰是精明增长的先锋城市，通过划分 60m × 60m 的小街区，提供宜人尺度的步行友好空间，并在此基础上，对小街区采用了创新的连接方式。例如波特兰州立大学旁的南方公园区是由众多小街区串联组成长条形公园，这块波特兰的"绿肺"不仅便捷易达，而且连接了众多博物馆和文物古迹，构成了秩序感和展示性极强的波特兰文化中心。此后，新城市主义的两大理论——"传统邻里发展模式"和"公共交通导向发展模式"也相继倡导营造紧凑、混合、安全、宜步行的街区空间，促成活力和谐的邻里关系。

图1-12 波特兰的"绿肺"南方公园区

2003年，美国精明增长联盟负责人大卫·哥德堡提出了"完整街道"的概念——街道的设计和运行应为全部使用者提供安全的通道，各个年龄段的行人、骑车人、机动车驾驶人和公交乘客，以及所有残疾人都能够安全出行和安全过街。与欧洲"低速共享"的理念相比，完整街道更强调路权保障与生态改善，通过对街道合理地规划、设计、运行和维护，保障道路上所有交通方式出行者的通行权；倡导街道功能的完整，包括交通、生活、景观和休闲游憩等功能。2005年，美国成立了完整街道联合会，其中包括美国退休人员协会、美国规划协会和美国景观设计师协会。2010年，美国交通部发布了关于自行车和行人基础设施的政策声明，宣布支持包括联邦政府资助的项目，鼓励社区交通组织、公共交通机构、国家和地方政府采取类似政策。同年，纽约市对百老汇大街核心路段进行了步行化改造，原有机动车道变为供市民休闲娱乐的广场，同时路侧新建非机动车道，减少了交通冲突，极大促进了周边商业发展。截至2013年初，美国已经有27个州的490个地区出台了支持完整街道的相关法律、政策或导则。

应对城市病的街区尺度优化

前工业时代，城市多由步行尺度、形态有机的密织街区构成。现代主义对秩序和机动交通的追崇，彻底改变了城市的面貌。19世纪末，为缓解人口密度增长带来的旧城街道狭窄、交通拥堵、设施不足等问题，改善工人阶级的生活环境，伊尔德方斯·塞尔达提出巴塞罗那城市扩展区规划方案。街区布局采用棋盘形均质网格，街区单元边长为

图 1-13　巴塞罗那街区格网鸟瞰图

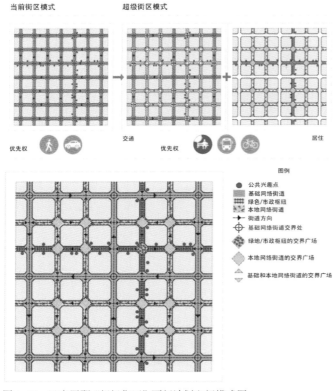

图 1-14　巴塞罗那"超级街区"更新计划空间模式图

113m，用 20m 宽的道路隔开，并由 50m 宽的大道贯通对角线抵达市中心。每个交叉口形成 45°切角，留出充足的空间，从而加快车流过弯的速度，减少堵车。此外，道路两侧各留了 5m 宽的人行道，形成连续的步行道。5 层高的条形建筑沿街区外围布置，中间留出绿地空间，相邻街区组合形成更大的中心绿地或者带状绿地。这种均质化的"小街区、密路网"的格局，保证了每个人都享有使用公共资源的同等权利，这在一定程度上提高了城市运作的效率。但机动车的密集穿行带来了安全隐患和空气噪声污染，过于相似的街景造成了视觉疲劳，小尺度的街区网格限制了大型公共建筑的用地规模。

对此，在"为行人赢回街区"口号的引领下，2014 年巴塞罗那实施"大街区、疏路网"的"超级街区"更新计划，选取相邻 9 个小街区合并成一个超级街区，规模约 400m×400m，居住人口约 5000～6000 人，过境交通移至外围，内部车道减至一条（车速不超过每小时 10km），并对景观空间进行再设计。例如，圣约翰林荫大道改造项目通过"充分保护"和"适度添加"，减少机动车道，拓宽人行道宽度，将街区内部公共空间归还给市民，并赋予林下空间新的公共休憩、儿童活动、植物观赏功能，促进休闲、交流、文化等活动。波布雷诺社会性住房聚集区改造项目将部分十字路口改造为与公共空间融合的丁字路口，在商业聚集区周边设置儿童游乐场、户外聚餐区等增加人流量，鼓励组织各类活动和跳蚤市场，从而激发街区经济活力。

以社区营造构建街区共同体

20 世纪 90 年代，在日本经济高速发展的同时，人口数量逐年下降，老龄化程度逐步加深，社会价值观趋向多极化，人际关系愈加疏离，政府难以单纯自上而下地解决人口和资金问题。1992 年世田谷区设立了东京首个社区营造中心，推行"协动型社区营造"，让市民参与公共议题的讨论，并用公益信托成立了营造基金，制定了资金支持机制。2006 年东京千叶县在柏之叶设立了日本首个城市设计中心，用专业的视角去分析街区面临的问题，建立解决问题的智库，宣传街区规划相关的内容并对街区进行推广。同时，由市民主导的京都地域创造基金、云基金众筹平台等资金循环平台也相继出现。到了 21世纪初，日本街区改造更新的机制趋于成熟，街区自下而上利用闲置空间更新改造的实践也不断涌现。

可持续发展的街区生态化转型

1992 年在巴西里约热内卢召开的联合国环境与发展大会促进了可持续发展思想的广泛传播，"生态街区"的理念应运而生——通过生态技术控制碳足迹，为街区量身定制低碳生活解决方案，实现绿色可持续发展。欧洲许多国家将生态街区更新实践作为城市落后地区重要的发展契机，例如法国里昂汇流区生态街区对原有大片闲置的工业码头和仓储用地进行改造，运用生态毯、雨水花园等多种技术手段，营造呈公园岛链分布的点状绿地和大量近水亲水休闲空间，强调多种功能高度混合的空间利用，提供多样化的住宅租售模式，以生态融入生活为突破口，将工业衰败地区成功转型为多种功能兼备的活力中心区。

对于街区可持续发展的思考和实践，不只局限于欧洲。2007 年美国华盛顿第三次城市街区研讨会提出了"减少能源消耗、减少原材料消耗、减少对环境的影响、建造健康城市社区和注重道路施工建设的可持续过程"等街区设计原则。2008 年纽约城市交通部开始推行"可持续街区"，计划创造更加环保的城市，减少对世界气候的影响，促使纽约市成为最适合生活、工作和居住的城市之一。纽约城市交通部采取的主要措施包括保障老人儿童出行安全、设立快速公交干线、运用绿色节能材料、提高路面排清暴雨积水的能力，鼓励公众参与建设街区等。

驱动老城转型发展的创新街区

随着知识经济的不断发展，科技回归都市趋势增强，都市中心区逐渐出现适合小微智造产业发展的创新街区，美国布鲁斯金学会在 2014 年发布的《创新街区重构美国创新地理版图》中首次提出"创新街区"的概念，相较于传统的"产业园区"，创新街区更符合创新型企业及人群对城市氛围、便利程度、生活环境的需求。而对城市而言，创新产业入驻往往能够带来老城区的全方位提升，如促进就业、实现经济增长、改善空间环境和优化城市功能等，并形成了"环境吸引人才—人才集聚产业—产业繁荣城市"的发展新逻辑。

国外较为典型的创新街区包括美国纽约硅巷、英国伦敦硅环、西班牙巴塞罗那22@街区等。这些创新街区具有显著的共性特征：位于经济发达的大城市、街区尺度规模相仿、功能混合多元、富有创新活力。以美国纽约硅巷为例，衰败的老城小巷凭借低成本优势聚集了许多初创企业和年轻人，乘势互联网发展和政府助推，硅巷的新媒体产业和高科技相融合，逐渐形成科技、文化艺术与商业融合的新经济模式。通过改造升级工业旧厂房、废弃办公场地等存量空间，形成一批提供多样化配套服务的科创社区、创业空间。此外，在新建项目中把造价的2%用于公共艺术，确保开放空间和文化资源的共享，实现"科技＋文化"引领老城区转型为创新高地。

小结

回眸百年，国外一系列街区变革行动不断强化街区的公共空间属性，并通过街区更新实践促进城市宜居度提升和活力再生，其发展趋势总体呈现出以下特征：从服务车辆交通的空间组织，转向步行友好的空间共享；从追求统一尺度均好性，转向创造疏密有致的丰富层次；从物质空间的简单改造，转向绿色可持续发展全面提升；从政府自上而下的管理，转向共商共建共享的共同缔造。

街区更新的中国行动和未来图景

历史街区的保护复兴

21世纪初，我国街区层面的更新实践主要针对历史街区、产业街区、商业街区等某种特定功能街区，例如将工业旧址改造成文创街区，将历史街区打造为旅游观光目的地等，其中不乏优秀的实践案例。福州"三坊七巷"通过抢救式修缮与环境整体提升，坊巷格局和古建筑群得到精心保存，被誉为"里坊制度活化石"，通过积极引入福州传统老字号、特色商业、时尚生活、旅游商品、文化交流、民俗体验、文化休闲等优质业态，成为展示福州活力形象的"城市会客厅"。北京798艺术区是老厂房改造文创街区的代表性实践之一，2002年一批艺术家和文化机构开始进驻，将空置厂房租用并改造，将其逐渐发展成为画廊、艺术中心、艺术家工作室、设计公司和餐饮酒吧，形成别具一格的SOHO式艺术聚落和LOFT生活方式。成都太古里老街经过更新，在保留了街巷脉络和历史建筑的同时，营造出新的活动场所，充分体现商业与文化的共融，创造出一种新的体验式消费空间。

图 1-15　福州"三坊七巷"

生活街区的综合改善

随着 2016 年中央推动发展生活街区的相关政策出台，上海、南京、武汉等城市相继发布了具有当地特色的街道设计导则，北京市发布了全国首个街区设计导则：《北京西城街区整理城市设计导则》。这些导则采用更为人性化、更具吸引力的设计策略，在街区中营造共享美好生活的场景。自此，街区更新的重点对象范畴从历史文化类街区逐渐扩展至身边的居住类街区，使之成为解决群众"急难愁盼"问题的重要空间改善切口；而其他功能街区的更新实践，相较之前也更强调公共空间的挖潜，力求创造更吸引人的公共生活场所，并与周边城市环境产生更强的连接性和融合性。2019 年，江苏省启动省级宜居示范街区建设试点，探索打破"墙"界、创造共享融合街区的方法，推动目标综合、项目集成、资源整合，实现美丽宜居街区整体塑造。宿迁市打开单位大院的围墙，将内部道路、庭院公共化，充分利用存量转化为公共空间的增量。

公共卫生等突发事件暴露出城市居住环境的短板，并对街区的合理规模以及生活配套、综治网格、邻里守望、社区治理等多重功能提出了新的考验和挑战。2023 年，为响应国家开展完整社区建设的相关要求，全国 106 个社区启动为期 2 年的试点工作，补齐养老、托育、健身、停车、充电、便利店、早餐店、菜市场、"小修小补"点等设施短板，推进社区适老化、适儿化改造，推动家政进社区，完善社区嵌入式服务，提高社区治理数字化、智能化水平，增强人民群众的获得感、幸福感、安全感。南京市月安社区基于

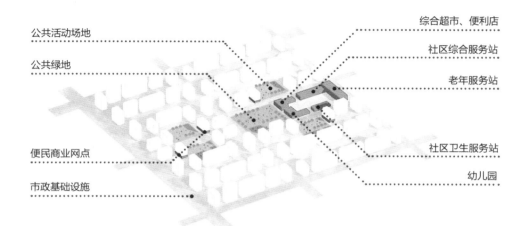

公共活动场地 ··········· 综合超市、便利店

公共绿地 ················· 社区综合服务站

······························ 老年服务站

便民商业网点 ··············· 社区卫生服务站

市政基础设施 ··············· 幼儿园

图 1-16　完整居住社区公共服务设施配套示意图

（图片来源：住房和城乡建设部办公厅，关于印发完整居住社区建设指南的通知）

线下、线上相结合的群众走访和问卷调研，梳理出 10 个完善提升项目和 6 项重点工作，并通过聚焦"一老一幼"、完善便民设施，拓展活动空间、升级出行系统等方式，推动智慧养老、整合管理平台、引导居民自治、做好联动共建等 4 类举措，实现近者悦、保障居者安。

产业街区的多元发展

在很长一段时间里，我国产业园区一直以生产要素集聚为主要特征，在空间形态上呈现出与城市核心区相脱离的飞地模式。步入 21 世纪，随着硅谷等一大批高新技术企业从大都市郊区向中心城区集聚，创新街区逐渐成为发达国家政府决策者和城市规划师较为认可的发展战略，这也推动了我国的产业空间转型与更新。例如，"上海硅巷"科创街区，打破了商业办公的传统布局，通过更新盘活存量空间载体，融入体验式、复合型业态，形成公共开敞、可漫步的无界社区，成为孵化创新生态的理想场所，独特的烟火气吸引了新兴企业纷至沓来。又如景德镇陶溪川，通过保护利用宇宙瓷厂工业场景，植入面向年轻群体的内容业态，为近 6000 名"景漂"青年提供创业实体空间，并借助音乐节等活动集聚人气，成功打响了"陶溪川 IP"，塑造出融传统、时尚、艺术、科技于一体的文创产业街区。

图 1-17　景德镇陶溪川文创产业街区

街区更新的多元参与和柔性治理

　　街区更新是一项长期的、动态的、渐进的系统工程，涉及政府、开发商、社会组织、居民等多元利益主体。当前，城市对于街区建成环境改善的愿望和诉求十分迫切具体，但因涉及对有限空间资源的调整，难免伴随个体、集体和公共利益的矛盾冲突。传统政府主导、由上至下的治理方式，很难适应更新主体结构的新变化，亟须强化多元参与，完善治理体系，建立能反映多方诉求的协同组织与推进机制，实现各主体利益的合理再分配，以更好地推动街区更新可持续发展。

　　如南京小松涛巷地块危房消险与保护更新项目提供了多种设计方案，供自愿留下的居民选择，通过对配套设施的改造建设，努力实现百姓住得下、住得好，对更新对象进行优化调整，保障大部分人的利益。项目历经 28 次居民议事会后得以顺利进入签约期，这是一次经历政府倡导、百姓参与、企业助力、一起努力、共建家园的美好过程。扬州仁丰里街区探索出了一条"微更新、强文化、集民智、可持续"的古城保护传承创新之路，街区通过公共环境改善、资金奖补、家园塑造活动等综合性策略，引导居民自主更新，带动原住民自发改善古建老宅；以示范性更新项目提升市场预期，以闲置资源平台搭建有效对接市场，吸引社会力量参与；通过文化业态的精准导入，形成非遗传承人的文化

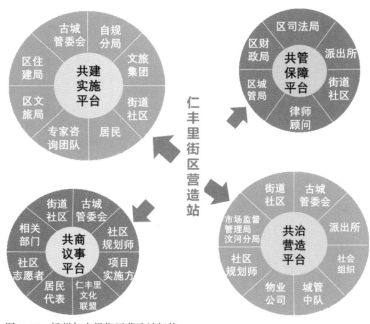

图 1-18 扬州仁丰里街区营造站架构

社群网络，促进非遗文化自发生长和壮大，培育形成街区文化社群。

纵观国内外街区更新相关理论和实践演进历程，其呈现的特征虽然因不同国家和地区在相应城镇化发展阶段的核心议题不同而有所差异，但始终围绕"回归人本需求"这样一条清晰的主线。

随着我国社会主要矛盾的转化，人民的需求也在发生深刻变化，街区作为日常生活的容器和社会交往的场所，将是满足人们对美好生活需要、促进平衡发展和充分发展的重要载体。综合国家实施城市更新行动的战略要求和国内外一系列街区更新经验，未来，街区更新的价值导向、建设方式、治理模式、发展目标，将呈现出以下主要趋势：

在价值导向方面，街区更新将更加强调以人为本，摸清群众意愿、厘清群众需求，以保障和改善民生的兜底性要求为基础，更多更好地满足人民对美好生活的新期待。不断强化对高品质生活的塑造和人文价值的凸显，营造与特定地域和现代生活相融合的、宜居的、人性的街区。

在建设方式方面，街区更新将改变原有的条线之间、条块之间、地上地下等各环节分立的建设方式，更加强调整体性的空间塑造，实现空间一体、设施共享、功能互联的集成改善。通过对设计的融合与创新，提供一揽子的空间品质和活力提升综合解决方案，实现空间的综合集成改善。

在治理模式方面，街区更新将更加重视与社会治理同频共振，从静态的蓝图式物质规划，延伸到动态的持续式共同缔造。坚持自上而下和自下而上相结合，充分发挥政府、市场、专家、人民群众的集体智慧，促进社会共同参与街区更新全过程，推动"陌生人社会"转变为更有归属感、有温度的"家园"。

在发展目标方面，街区更新将更强调统筹兼顾，不仅要推动经济活力的振兴，还要注重绿色生态、历史文化保护传承等高质量发展内涵，借力新兴科技手段与媒介，塑造聚集人气、滋养人心的多元生活场景，增值赋能经济、社会和环境的可持续发展。

未来的街区更新，要素将更加多元、目标将更加综合，与之相适应的街区更新策略、工具和方法仍需持续探索与创新。

重新
发现
街区

更新需求
与规划设计

REDISCOVERING NEIGHBORHOODS
REGENERATION DEMAND AND PLANNING DESIGN

第二章

场景营造：
回归人本需求的街区

街区更新的现实需求和未来趋势

党的十九大报告指出，中国特色社会主义进入新时代，我国社会主要矛盾已经转化为人民日益增长的美好生活需要和不平衡不充分的发展之间的矛盾。这意味着当代中国在从站起来、富起来向强起来的转换过程中，中国人的需求也在发生深刻变化，已经由主要满足物质需求，转化为更高层次、更多元的需求。未来街区空间营造，应改变之前的供给导向，转而以人的美好生活需要为遵循，回归以人为本的核心价值取向，进行美好空间的供给侧结构性改革。

多维视角下的街区人本需求变化

从人的发展视角来看，人在基本生存和安全需求得到满足基础上，更加注重对健康、发展、文化等方面的品质追求，街区更新要提供能够促进人高水平发展的"空间产品"。首先，人对高质量生命体的追求正在增强，人们不仅要从街区中获得基础生存和安全保障，更关注能够促进健康的慢行空间、滨水空间等，以及能够疗愈心灵、舒缓压力的空间环境，进而不断提升自身生命质量。其次，人们对自我实现的价值追求愈发凸显，更加青睐具有创新活力、丰富就业的街区环境，以实现短距离生活居住。人们偏爱具有鲜明个性和文化的场所环境，注重高品质的精神文化生活。人们对家园感、参与感的需求提升，喜爱充满人情味、可以安放心灵的邻里环境。

从社会视角来看，中等收入群体的扩大、日益凸显的老龄化和少子化趋势，将对街区空间产生深远影响。老龄化社会中，中国人养老方式有别于西方，更倾向于居家养老。老年人就近获取养老、医疗、护理服务的需求快速增长，对于街区中已建成的居住小区、公共建筑、道路交通、公园绿地等适老化和无障碍环境的系统改造需求迫切。少子化使得婴幼儿和儿童照料条件改善日益紧迫，有利于儿童活动交往、接触自然的街区空间环境，以及方便居民就近获取的育儿幼托等母婴友好空间，是可预见的确定性需求。年轻群体对街区消费空间、街道等公共场所的体验性、交往性需求增长，他们注重公共生活质量，偏好各类充满亲和力、凝聚力、具有浓厚社群情感的街区环境和活动，青睐高质量的公共空间、公共生活、共同社会网络；创意型、服务型行业的中青年，社会构成倾向个体或小型化家庭，对个性化、小型化、多元化空间需求旺盛，喜爱线下线上相结合、消费生活生产相结合的服务空间与消费空间，如"Z世代"正将传统餐饮等物质消费型空间搬到线上，将游戏、密室等体验型消费空间引入线下。

从科技发展视角来看，互联网、云计算、大数据、人工智能等风起云涌，第四次工业革命方兴未艾，新技术正全方位、深层次地改变着人们的生产、生活和交往方式，形成新的数字化生活方式，虚拟网络社群逐渐形成。相比于传统的消费模式，人们更习惯在智慧建筑、智慧小区、智慧社区中，进行网络购物、移动支付，普遍接受共享经济等数字经济新模式；人们依靠智能化的交通出行网络，学习、工作和娱乐活动中实体空间和虚拟空间将逐步融为一体，能"随时、随地、随事"进行交流，街区将成为就业空间、消费空间和生活空间的融合体。

从经济发展视角来看，经济发展从要素驱动向创新驱动转变，基于人力资源的创新资本将成为城市发展动力的重要因素，科技创新从单纯对效率的追求逐渐转变为侧重对创新阶层需求的创造和满足。相比于传统的工作和生活方式，创新阶层向往自由自在的生活方式，喜爱多样的街区环境，如可容纳多样性的人群、全天候的活力场所等；追求舒适优越的生活场所，要求环境治安良好、设施便捷、街道整洁、景观美丽；偏爱独特的文化资源禀赋和独具魅力地方品质，如具有丰富的文化景观、历史遗迹、文化活动、艺术文化机构等；并且习惯随时随地的工作社交和高度混合的工作空间，青睐多元的居住空间、共享的服务设施、开放链接的公共空间、异质混合的功能场所等。伴随创新阶层对高密度、多样化城市环境需求的高涨，科创、商业办公等功能与城市功能融合态势明显，传统"产业园区""商办楼宇"或者"商业街"已超越空间相对隔离、独立发展阶段，向具有城市综合功能与开放性的"街区"发展阶段转变。

未来街区场景更新趋势

人本需求的发展趋势，必然带来街区空间更新的目标和内容的深刻转变，街区更新要紧紧围绕老百姓的多元需求，注重宜居性、交往性、包容性、多样性、混合性、促进健康性等内容建设，塑造满足多元需求的理想场景。

街区更新需满足多元人本需求，提供精准街区服务。增强住宅、小区、公共建筑、公共空间和公共服务设施的安全支撑能力，为居民提供安全安心的居住环境。街区更新需注重基本公共服务的完整性，配备健全的公共设施、宜居的公共环境、完善的运行服务，形成配套完善的"生活圈"。街区更新需精准补齐公共服务设施短板，丰富和拓展居住配套功能，积极发展生活服务，打造更具活力的服务场景，满足居民生活的多样化需求。

街区更新需促进居民积极交往，培育开放共享街区。街区更新需倡导更开放的设施、环境和服务，构建共建共治共享的柔性治理体系，建设包容、开放的共享街区。街区更新需倡导美好公共生活，促进围墙内外空间功能联结和开放共享，营造促进居民联结和交往的公共空间、公共服务、公共环境、公共活动，建设公共生活丰富、生活氛围活跃的街区，使街区更新成为优化公共领域、联结在地居民、激发邻里互动的重要平台。

街区更新需构造多元包容环境，营造美满幸福家园。街区更新需倡导公正公平、包容友善，将安全、包容、共享和人文关爱渗透到街区每个场所，将尊重和呵护生命健康放在首位，更加关注老人、儿童、残障人士等群体的现实需求，系统建设全龄友好、无障碍场所环境，形成具有归属感和家园感的街区。

街区更新需突出空间特色个性，塑造魅力街区环境。需彰显街区历史文化、集体记忆、魅力风貌，丰富文化内涵和人文景观，营造具有审美韵味的特色建筑、特色场所、优美景观，建设自然秀美、人文韵美的美丽街区。需彰显个性魅力风貌，倡导在地化的街区建设目标和实施内容，建设体现在地特征、富有地域特色的多元街区。

街区更新需激发创新动力，需营造多样活力场景。需倡导复杂性、高密度、多元化的创新空间，营造促进交流的高质量公共空间体系、功能混合的空间形态、便利的交通和智能化环境。需重视古迹、历史建筑、独特的建筑或别致的自然资源，塑造独特的街区品质。需提供开放的生产生活场所，如安全且多样化的居住场所，以及多类型、成本可负担的弹性办公空间、会场、开放实验室等。需立足不同社群兴趣引入多元消费业态，鼓励全年化丰富街区活动，营造多样化的生活方式，让街区成为人的聚场和创新产业发生的孵化器。

街区更新需面向未来可持续性，构建智慧绿色生活场景。需倡导健康和谐的生活方式和绿色生态可持续，营造生态宜人绿色低碳的街区自然环境，营造促进居民健康的住房、公共空间、公共设施，塑造品质卓越的魅力生活场所。需倡导智慧技术应用的场景性，推进数字和智能技术融入街区生活。

街区更新方式转型

在街区更新方式上，我们要紧密结合城市更新行动，更加鼓励小规模渐进式有机更新，重视个性化设计、特色化建设和精细化管理，要把"绣花功夫"贯穿更新和治理的全过程。

立足民意，改善民生。从人民群众最关心最直接最现实的利益问题出发，优先落地基础设施提升、公共服务配套、道路维修贯通等群众"急难愁盼"问题，将深入细致的居民需求调研作为工作开展的先决条件，将居民满意度作为衡量工作成效的重要标准，努力为人民群众创造高品质街区生活空间。激发居民参与街区更新改造的主动性、积极性，使街区更新成为共建共治共享美好家园的生动实践。

保护优先，文脉传承。深入挖掘街区文保建筑、历史建筑等历史遗存文化内涵，有效保护街区肌理、建筑风貌，加强各类历史文化遗存的修缮和活化利用，推动小尺度、低影响、低成本、渐进式的有机更新，发挥历史文化遗存及地域风貌价值，传承历史文脉，彰显街区魅力。

开放共享，活力塑造。重视街区公共领域的建设，营造高质量的公共空间、公共生活、共同社会网络。以高品质的公共场所、公共设施、公共环境，为各种社区公共活动开展提供充满亲和力、凝聚力的平台和载体。激发公共生活活力，开展丰富多元的公共交往和社区公共活动，激活公共对话，提升公共生活质量，增强社群情感，培育街区居民的归属感和家园认同感，使美丽宜居街区建设成为优化公共领域、联结在地居民、激发邻里互动的重要平台。

因地制宜，突出特色。坚持一切从实际出发，强调针对性补缺，营造在地性特色，注重差异化标准，不搞"一刀切"的街区更新。因地制宜制定改造方案，科学确定建设目标，把握改造重点，选择合理建设标准，体现不同街区特色和人群特点，打造彰显街区文化内涵的特色场景，推动形成百花齐放的街区更新格局。

集成推动，渐进改善。坚持系统思维和全局观念，加强围墙内外空间和功能的建设集成、环节衔接、目标综合，鼓励相邻地区的老旧小区、危旧房屋、老化市政管线、老旧公园等成片联动更新改造，协调各类公共设施的空间时序，一体化推进街区建设、管理、运营维护，统筹地上地下空间综合利用。加强建设过程居民意见动态征询反馈，注重街区建设方案的动态调整优化。立足现实，尽力而为、量力而行，循序渐进推动，科学安排近远期目标。

政府引导，多元参与。倡导社会力量参与街区更新改造，探索国有企业、社会资本、专业机构等多元主体参与的运作模式，鼓励地方与实力央国企组建合资公司，以先进市场化招商运营模式增进项目效益，推动平衡成本和债务，提升建设品质，形成政府引导、市场参与的街区更新路径。

01

宜居善治的老旧小区

　　住宅小区是街区中最基本的功能单元，最贴近老百姓的生活区域。老旧小区的更新改造，一是要从居民的真实迫切需求、急难愁盼出发，整治重点聚焦基础设施和服务短板，着力解决老旧小区住宅性能不足、基础设施不齐、功能配套缺失等问题，尤其是要注重"一老一小"的特殊需求。二是要跳出围墙，内外联动解决停车难、公共空间不足、市场化物业缺失等问题，用空间整合的思路，统筹改善空间环境，提升公共空间服务配套水平。三是要注重更新改造工程社会治理联动，不仅要注重物质空间建设，更要贯彻共建共治共享的理念，突出居民主体作用，坚持问题导向、需求导向、目标导向，将住区塑造为居民共同的美好家园。

昆山老旧小区改造
来源：宜居昆山微信公众号

宜居住区更新场景

由于住区位置、建设情况、居住人群等千差万别，住区更新常常处于众口难调的尴尬境地。当前围绕住区更新的主要社会关注热点为全龄友好、全民共享和全民参与，理念争议多、实施难度大，是住区更新的重要议题。

全龄友好的住区更新

老人、儿童是社会中的弱势群体，住区更新中需要更多地、更主动地关注他们的诉求。适老住区、全龄化社区、儿童友好社区在发达国家已有多年的实践发展，在国内住区更新中，无论是商业项目还是政府行动，都在进行本土化的探索。尽管适老住区和儿童友好型住区饱含美好的愿景，但达标要求较高，实现不易。例如，根据中国社区发展协会儿童友好社区专委会制定的儿童友好型社区标准，一个儿童友好型社区理想状态需具备"四室一馆"，即托儿室、早期启蒙机构活动室、特殊教育室、科学育儿咨询室、儿童图书馆；理想的适老住区也需要老年人活动中心、居家养老服务中心（站）、老年人护理中心（站）、社区日间照料中心等多种设施。在老旧小区的更新改造中实现老年人友好和儿童友好，更加阻力重重。

资源紧缺——一体化空间促进代际共享

住区资源有限，如何以有限的空间、人力、财力满足老人、儿童的种种诉求，实现多种功能空间和设施配套，成为难题。近两年来，"嵌入式养老"项目在许多小区遭到居民激烈反对，部分居民认为小区连基本的幼儿园、托儿室都尚未配备，养老空间不应挤占儿童友好空间。

事实上，住区更新中如果不将老人、儿童视为负担，而作为宝贵的社会资源看待，则可能找到解决空间打架问题的另一种出路。应通过充分利用既有空间，在充分考虑老人、儿童及其他居民利益的情况下，进行一体化设计和改造，力图在有限空间中缝合老人、儿童等人群的需求，提供多功能复合的功能空间，为不同年龄层创造碰面的场所和机会，把家庭之外的代际交流融合到社会生活之中。

近年来，德国、日本等国家都进行了形式不同、各有侧

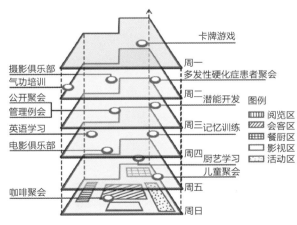

图 2-1 德国利多社区公共活动室多代屋功能分异示意图
图片来源：彭伊侬，周素红. 行动者网络视角下的住宅型多代屋社区治理机制分析：以德国科隆市利多多代屋为例 [J]. 国际城市规划，2018，33（2）：75-81.

重的"多代屋"探索，江苏、上海等地也出现了扬州桐园、上海延吉新村睦邻中心等中国版的"多代屋"。这些住区代际关系因交流和互助而改善，使参与者和整个社会都从中获益。

利益冲突——政策设计与社区治理同步

　　住区更新改造涉及大量利益相关居民，处理不当很容易顾此失彼。以加装电梯为例，老住宅加装电梯自提出起就受到高层老年住户的广泛欢迎，但中层住户犹豫，低层住户"习惯性反对"，担心遮光、噪声问题。费用如何分摊？建筑是否具备加装条件？种种疑虑，加大安装难度。当弱势群体的基本生活需求与他人利益发生冲突，该怎么办？唯一的办法是通过政策设计与社区治理同步破解难题。住宅楼公摊空间、小区公共空间难改造，症结或在产权。新加坡一开始就将业主的产权限制在套内面积里，公共部分的维护和改善却由管理部门说了算，内地大部分地区仿效发源于香港的"公摊"设计，这使得小区道路、公共空间公共化困难重重。2013 年，香港取消房产交易中的"建筑面积"概念，公摊在香港地区成为历史。未来旧住宅电梯加装的推广普及，以及住宅公共空间改造、小街区改造等，还有待房产交易等制度设计和立法工作的进一步跟进。

 南京加装电梯

　　南京率先"破冰"老旧小区加装电梯难题，2016 年初，南京启动为无电梯小区住宅增设电梯工作，玄武区作为试点先行探索。玄武区作为南京市老城区，60 岁以上老人占比 21.7%，全区无电梯的住宅单元 9000 多个，涉及居民 11 万多户。

　　为了破解难题，玄武区成立了既有住宅增设电梯指挥部，抽调 11 名业务骨干，全区 7 个街道全部成立增梯工作领导小组，每个街道由一名区领导挂帅，一线服务，全程保障。为确保增梯各环节可管可控，玄武区制定出 15 个相关配套细则，涉及建设费用分摊、补偿参考标准、电梯施工管理等方面，并按照南京市出台的补贴办法，七层及以上住宅楼可享受到最高 20 万元／台的财政补贴。此外，玄武区为此专门撰写了《致一楼居民和高层居民的一封信》，陈述利弊，表明政府办好民生服务大事的决心。同时，社区出面召开居民议事会，把全体居民聚在一起，沟通协商。

图 2-2　电梯加装实景图　　　　　　　　　　　　图 2-3　电梯加装项目公示

图片来源：新华网 ."破冰"老旧小区加装电梯难题 南京玄武区有办法 [EB/OL].（2018-04-11）[2024-03-06]. https://baijiahao.baidu.com/s?id=1597445512276688812&wfr=spider&for=pc.

全民共享的住区更新

改善生活圈，居民买不买账

"生活圈"的概念起源于日本。20世纪50～60年代，日本在工业化与城市化的过程中出现资源过度集中、地区差距拉大、环境污染日益严重等问题，因此日本政府于1965年提出"广域生活圈"的概念，1969年建设省和国土厅又分别提出"地方生活圈"与"定住圈"的概念，其中"定住圈"类似于"15分钟社区生活圈"，即完善居民以家为中心，日常进行包括购物、休闲、通勤（上学）、社会交往和医疗等各种活动的社区环境。

受日本的影响，生活圈概念在韩国、中国台湾等国家及地区扩散开，在不同国家、不同地区和不同尺度下形成不同的生活圈体系。在中国大陆，由于大型封闭社区造成城市功能割裂、交通拥堵、社区商业凋零、公共服务配置效率低下等问题，尤其是住宅产业化和商品化之后，居住区开发强度出现失控、公共服务跟不上的情况，打造生活圈开始成为城市更新的重要内容。

生活圈有多种概念，归根结底是因为面向人群不同，利益诉求不同，生活圈也不可能得到所有人的认可。生活圈设施面向的市民阶层是多样化的，某类设施的缺失或完善对不同人的影响并不相同。因此，生活圈完善似乎不应该一刀切地采用一个标准，而应更聚焦地针对不同类型的居民和小区分别讨论。例如对于不常使用智能手机、不会网购的老人来说，理想生活圈的半径明显更小，且应方便买菜、看病等，而对于习惯线上线下相结合的年轻人来说，生活圈的商业等设施半径可以更大，如阿里、京东等企业就提出了3km生活圈概念。

追求"高大全"还是留住"小而实"

生活圈的完善往往伴随着街区业态的更新，商业地产项目借助新的业态引入进来，而老菜市场等一些居民使用频率较高，但环境衰败的空间则被大量地抹去。完善生活圈究竟应该追求高大全还是留住小而实？或许这些具备了长期的运行过程，和当地人的生活融为一体的老旧公共空间能够保留并升级，作为新型的、能带来效益的业态以及生活圈的一部分。

住区是人们栖息的家园，承载着人们对美好生活的追求与向往，建设宜居城市首先要建设宜居小区。应针对不同建设年代的住区，因地制宜，分类推进老旧小区（住房）系统整治、既有住区改善提升和新建住区建设提标，打造一批"完整社区"。老旧小区（住房）系统整治重点聚焦基础设施和服务短板；既有住区改善提升针对薄弱环节和实际情况，改善提升现代生活服务和配套设施、增加交往空间；新建住区建设提标充分体现示范引领作用，以安全住区、全龄住区、绿色住区、智慧住区为目标，塑造优良的居住和空间环境，将住区塑造为居民共同的美好家园。

数据媒体"城市数据团"对上海市的社区进行了一次"15 分钟生活圈"大体检，随机选取了上海市的 1 万个小区作为样本，画出了从每个小区的地理中心点出发，步行可达的"15 分钟生活圈"范围，并从约 10 万个各类兴趣点（point of interest，POI）中整理出 6 个大类 21 个小类的生活服务类设施的 POI，判断小区各项指标是否达标。

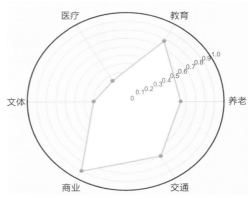

图 2-4　上海居住小区各项公共服务设施达标情况

从总体指标看，在上海的 1 万个样本小区中，6 项全部达标的小区仅占 12%，而有 44% 的小区达标类型甚至不足 3 项。越靠近市中心的小区达标项数越多，6 项全部达标的小区几乎全部位于中环以内区域；在外环线周边和新城地区，则交错分布着从 0 项达标到 5 项达标的多类小区。

从分项指标看，上海不同类型的公共服务设施达标率严重失衡。达标情况最好的是商业、交通及教育设施，有 70% 以上的小区在这 3 项设施的 15 分钟生活圈标准达标；养老设施达标的小区占总抽样小区的比例为 55%，基本上两个小区中就有一个在养老服务设施上存在缺失；相比最差的则是文体和医疗设施，达标的小区不足 30%。

从年龄结构看，调查选出三类典型人群，并对他们所认为的 15 分钟宜居小区做了如下定义。

青年人：20 ~ 29 岁、无子女的上班族，偏好交通、文体、商业达标的小区。

中年人：30 ~ 49 岁、有学龄子女的上班族，偏好教育、交通、商业达标的小区。

老年人：60 岁以上，偏好养老、医疗、文体达标的小区。

把样本小区居民按照年龄结构细化，结果显示，对中年人而言，可供选择的房子是非常充裕的（小区占比 63%，远远大于人口占比 35%）。青年人宜居小区占比高于青年人的人口占比，但这些房子同时也适合其他人，这意味着青年人与他们的长辈之间存在着对宜居小区的潜在竞争。对老年人而言，不仅适宜老年便利生活的小区比例远远低于人口比例，而且在这些养老设施相对便利的小区中，还面临着来自中年人和青年人的全面竞争。

按环线汇总	内环内	内环 – 中环	中环 – 外环	外环 – 新外环	新外环 – 效环	郊环外	全市汇总	平均达标项数
平均达标项数	5.0	4.2	3.4	1.9	1.8	1.6	平均达标项数	3.5

图 2-5　上海各区域"15 分钟生活圈"平均达标项数

资料来源：城市数据团微信公众号

全民参与的住区更新

明星小区：搭建多元平台，"社区自治"重构社交网络

近年来，国内的一些住区或因为社区文化颇具特色，或因为住区居民的社会资源丰富，从而吸引了规划设计机构、高校学者及社会活动组织等多方人士参与到社区营造中来。政府、规划设计机构、非政府组织、社区规划师、志愿者、媒体工作者等合作搭建社区自治的长效平台，为社区自治探索了多种可能性，也推动了社区参与共识的形成。

◆ 史家胡同社区营造

1. 多方支持成立社区自治平台

史家胡同位于北京东四南历史文化街区内，是北京旧城内典型以居住功能为主的胡同。

2011 年，朝阳门街道和英国查尔斯王子基金会举办了一系列社区工作坊，并提出将史家胡同 24 号改造成胡同文化博物馆——"文化的展示厅、居民的会客厅、社区的议事厅"。以史家胡同博物馆为根据地，朝阳门街道又陆续与北京市城市规划设计研究院、北京工业大学建立合作关系，成立并培育了社区自治组织——"史家胡同风貌保护协会"。协会由理事会、监事会、项目部、办公室组成，配套有志愿者、查尔斯王子基金会等合作组织。查尔斯王子基金会、东城区名城办、街道和社区为更新项目提供资金援助。

图 2-6 史家胡同风貌保护协会成立

2. 社区规划师与居民全过程沟通，推动改善公共空间

史家胡同以大杂院内公共空间改造为题，推出"咱们的院子——东四南文保区院落提升"项目。来自中央美术学院、北京工业大学、北京市城市规划设计研究院等 6 家专业机构的社区规划师志愿者，负责 8 个院落的参与式改造设计。为契合居民需求，社区规划师牵头制定了"前期踏勘、参与式设计、实施准备、动工实施、后期维护"5 个环节全过程公众参与的项目流程，数十次入院与居民面对面交流，在关键节点召开居民会议，签字确定设计方案。院落改造完成后，史家胡同召开"胡同茶馆会议"，由居民自己讨论撰写中英双语《史家胡同居民公约》，悬挂在胡同醒目位置，成为唤起家园意识、约束自身行为的道德准则。

图 2-7 协会聘任胡同规划建筑师

3. 协同策展，扩大社会影响力

史家胡同连续两年借助北京国际设计周机会，举办以"为人民设计"为题的展览、沙龙、工作坊等活动，向公众宣传街区更新理念，总结顶层城市规划与基层城市治理紧密结合的工作模式。活动以旧城社区更新为基本元素，基于"活的胡同，胡同即展场"的概念，将胡同中人们真实的日常生活与各种内生的或外来的设计周展览和活动融为一体。

图 2-8 胡同开放空间讨论会

普通小区：聚焦问题，社区参与冲击传统改造模式

目前，大部分成功的社区参与仍然在资源好、话题性强的小区展开，而数量庞大的普通小区往往无力组织起有效的资源来推动社区更新，也得不到媒体和专家学者的关注。普通小区需要怎样的参与形式和平台？答案可能是聚焦焦点问题，找到政府、企业、居民多方共赢的利益均衡点和结合点。

在我国，伴随着从"住有所居"向"住有宜居"发展，住区更新不再仅围绕危旧房修缮整改、保障房及公租房建设等开展，而是越来越关注多元人群的宜居需求。未来，随着居民物业大量增加，城市的利益相关人开始出现并逐渐形成一个成规模的群体，宜居住区新图景将被如何塑造会有更多答案。

曹家巷"自主改造"模式探索

成都金牛区占地约13.2万m²，曾是繁华一时的"工人村"，但目前大部分房屋已鉴定为D级危房。2002年以来，当地政府就该片区改造问题多次进行专题研究，但均因公房关系复杂、居民诉求不一、整合单位较多等原因无法启动改造。

2012年3月，在市、区两级政府的指导下，曹家巷成立居民自治改造委员会（以下简称"自改委"）。据自改委主任介绍，自改委的成员都在曹家巷生活了几十年，相互知根知底。首先，经过报名、群众推选，由社区工作人员逐一入户，每户画钩，从2885家住户中选出65名楼栋代表。然后，社区又开"坝坝会"、群众代表会，无记名投票产生了13名自改委成员，并将整合片区内8名住户及时补充进来，共计21名成员。最后，自改委在民政部门进行登记备案，成立自改委党支部，建立明确的例会制度和协作工作机制。自改委定期听取政府平台、公司及相关政府职能部门的工作进展，及群众意愿表达，在入户宣传摸底、住户甄别公示、民主监督、动员宣传等多个环节发挥重要作用，化解传统征收矛盾，同时全程参与项目规划设计方案及搬迁方案的制定及优化。

图2-9 曹家巷改造前

图2-10 曹家巷改造后

2012年12月18日，4000多居民参加的曹家巷一、二街坊危旧房棚户区自主改造附条件协议搬迁动员大会成功举行，十年来拆不动的曹家巷进入拆迁改造的实质性阶段。待大部分返迁居民顺利入住后，街道、社区将在充分尊重居民意愿的基础上，继续对返迁安置小区实施自治管理，共同营造一个美好的新家园。

资料来源：成都发布微信公众号

老旧小区改造的多元出资探索

众所周知，老旧小区改造是需要"花钱"的工程，"钱从哪来"是一大难题。长期以来，改造资金几乎全部由政府财政承担。随着老旧小区改造工作持续深入推进，这种出资模式已难以为继。资金共担作为筹措老旧小区改造资金的必然要求，现实中又遇到配套机制滞后、民间资本参与意愿低等难题。当前，各地正积极探索破解老旧小区改造资金共担难题的多种实践模式。

居民出资，政府补贴

针对居民长期以来对政府"大包大揽"的惯性依赖，该模式特点为小力量微改造，主要对策包括建立激励制度，出钱优先改造，在居民出资基础上追加补贴。明确规则，针对业主专有部分建筑面积的改造，"自己的钱自己出"，由点及面，从少数示范到多数习惯。

企业投资，运营造血

老旧小区改造投资回报利润较低，营利周期长，企业资金压力较大。居民花钱买服务意识较弱，有偿服务收费困难，企业营利途径有限。参与企业技术水平良莠不齐，建设、运维存在一定风险。

该模式特点为依托专业力量进行局部改造。政府对投资企业税收减免，提供优惠政策和适当补贴，"先尝后买"消除居民顾虑，逐步建立居民的有偿服务意识，并依托企业信用，建立老旧小区改造参与企业白名单制。

◈ 居民产权部分改造由居民自己出资，政府追加补贴

以往的小区出新，通常由政府承担居民住房及附属物的改造经费，但这种做法极易引发后续维修保养等问题争端。

在常熟市金穗公寓、新沂市新华小区等小区改造中，属于居民个人产权部分的住宅屋面、门窗、雨棚等部分，采取了居民自发报名并出资、政府统一组织施工的方式。

以屋顶防水改造为例，居民自行修补成本一般在 80 元 /m² 以上。而纳入老旧小区改造工程统一组织修补，居民仅需出材料费，由财政补贴一定劳务费，受到居民的普遍欢迎。沭阳县人武小区是县级政府机关住宅区，原农业局住宅楼改造中，根据该栋住宅居民意愿，由居民筹资将车库立面进行了整体改造，街道协调进行了统一组织施工。

图 2-11　常熟金穗公寓屋面改造施工前后

资料来源：常熟城投微信公众号

◈ 通过特许经营权吸引企业投资建设及长期运维

昆山市住建局得知菜鸟驿站在全国寻找合作试点城市时，主动对接，经过多次协商，2020年5月，昆山市住建局、震川城市管理办事处和浙江驿栈网络科技有限公司三方签订相关协议，共同打造菜鸟驿站—中华北村便民综合服务站，成为全国首家菜鸟驿站便民综合服务站。

资料来源：昆山发布微信公众号

图2-12 昆山市中华北村：便民综合服务站建成后实景

◈ 政府加强企业资质审核，PPP模式开展改造

新沂市新华小区列入增设电梯改造试点，采用PPP模式加装电梯。遵循业主自愿、尊重权益、保障安全、美观实用原则，在严格审核企业资质的基础上，小区引入第三方企业为居民无偿加装电梯。企业通过使用收入和广告收入等收回加装成本。PPP模式有效减轻了加装电梯工作中的财政资金压力。

图2-13 新沂市新华小区：电梯加装实景

资料来源：今日新沂微信公众号

社会融资，综合运作

当前，有营利性的改造项目在整体投资中占比较低，大多数公益性改造难以吸引企业投资。社会融资、综合运作的模式特点为加大合力整体改造，其通过小区内外的合理增量空间形成收益，吸引社会资本参与公益性改造，通过融资缓解政府财政现金流压力，通过小区改造收益支付融资成本。

老旧小区改造的根本出发点是为了人民群众，改造资金共担虽然仍面临着种种困难，但只要对人民群众有利，就值得开放思维，勇敢尝试。社会资本虽然只是老旧小区改造系统工程资金投入的来源之一，但会把自己的钱花在刀刃上，以主人翁的立场推动"一次改造易、长效管养难"局面的改变，对提升和巩固小区改造效果显著。未来，只有通过创新规则办法，强化监管约束，才能进一步促使政府、居民和企业形成改造合力，推动老旧小区改造走向"众人拾柴火焰高"的新阶段。

 老旧小区专项债券发行

据不完全统计，2020 年以来全国至少有 15 个地方政府招标发行了老旧小区改造专项债券，累计发行规模为 136.90 亿元，主要发行特征如下：

（1）期限多为 10 年，最长 30 年；

（2）改造内容从老旧小区的基础设施、公共服务提升，拓展至老旧小区改造外的其他商业化项目；

（3）大多数资金来源于财政资金＋专项债券融资，有的采用三方出资（政府、企业、居民）或企业出资＋专项债券融资的模式；

（4）项目净现金流入对总债务本息的覆盖倍数分布在1.06 ～ 8.74 之间，部分专项债券设计有提前偿还条款。

老旧小区改造项目偿债资金来源包括：

（1）项目自身直接产生的收入；

（2）供水供气等收入；

（3）财政补贴；

（4）土地出让收入；

（5）项目改造区域内国有资产出租租金收益。

截至 2020 年 5 月部分地方政府老旧小区改造专项债券发行概览　　　表 2-1

地方政府	老旧小区改造专项债券发行规模（亿元）
湖北省	42.24
上海市	26.70
厦门市	15.00
河北省	12.07
山西省	12.03
江苏省	10.40
河南省	4.54
天津市	3.30
深圳市	2.73
甘肃省	2.36
内蒙古自治区	1.63
新疆维吾尔自治区	1.40
广西壮族自治区	1.00
云南省	0.90
山东省	0.60

◥ 改造投融资与长效管理主体一致，保证改造整体可持续

　　昆山市先行先试老旧小区改造社会化投融资模式，引入社会力量以市场化方式参与老旧小区改造。通过小区内改造后的停车位等运营收入、各种配套设施的租金收入、物业费等作为还款现金流来源，昆山文商旅集团下属的国衡公司获得中国建设银行昆山分行 4500 万元融资，有效缓解老旧小区改造的财政压力。改造完成后，由昆山文商旅集团下属的福田物业公司负责后期物业管理，实现老旧小区改造投资、改造、管理的全流程闭环。

　　新沂老旧小区改造中，新沂市房产服务中心与新沂农村商业银行共同开发"智慧社区平台"，将金融资本和技术力量引入社区治理，通过延伸物业服务范围，提升物业服务质量，逐步实现物业管理与小区居民吃、住、行、娱等生活要素的数字化、网络化、智能化、互动化和协同化。

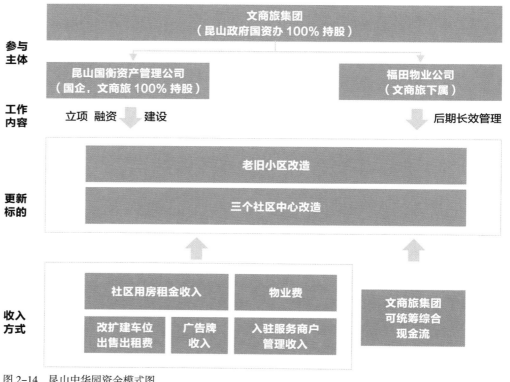

图 2-14　昆山中华园资金模式图

为老年人打造人性化家园：适老化住区环境营建

在我国"居家为基础、社区为依托"的养老服务体系当中，社区是老年人最主要的居住生活空间载体。为实现居家养老，对现有小区的适老化改造必不可少。适老化住区，应充分考虑老年群体身体机能及行动特点，针对住宅室内、室外环境、配套设施三个维度，打造适合老年人生活和养老的社区。其实，住区室外环境的适老化营建，应充分结合老年人的行为特征，围绕道路环境、活动场地、景观环境，进行优化提升，打造有针对性、有温度、有细节的适老化家园。

安全便捷的道路环境

老年人平时户外散步较多，设计时需要保障道路步行安全，将主要车行道与人行道分开，避免老年人在步行时受到机动车的干扰。居住区内步行道路需进行主次划分，主

图 2-15　安全便捷的适老化住区道路
图片来源：宜居昆山微信公众号

图 2-16　适老化住区健身步道
图片来源：上海普陀微信公众号，周涛.居住小区绿地的人性化景观设计研究 [D].泰安：山东农业大学，2008.

要道路注重通达性，连接各个活动场地；次要道路注重趣味性，可采用健身步道、景观步道等，让老年人既能在步行中强身健体，又能欣赏景色。

老年人步速缓、步幅小，步行道路需要做到平整、连续、防滑，防止摔跤等意外。铺装的材料需要耐磨、透水，不宜大面积采用光面材料，避免湿滑。铺装的拼接需要平整、均匀、对缝齐整。不宜铺设凹凸不平的自然材料，防止磕绊。铺装的组合宜形成直线线条，强化视觉引导，在路缘处采用不同的材料或颜色，突出组合与变化，达到分隔效果。

老年人身体机能下降，腿脚不便，上下楼梯较为困难，过高的台阶与楼梯存在安全隐患。户外环境存在一定的高差，室内外的衔接空间，需要从老年人的使用行为出发。坡道的设计要综合考虑坡长、坡度和转折。坡面要平整而不光滑，宽度要大于1.2m，坡度应小于坡道的最低标准。人性化的坡道设计有助于老年人出行，为活动不便的老年人提供安全的出行条件。

户外台阶面层应保持平整，踏面宽度适当拓宽，以便老年人站稳和休息。台阶和平台应结合设计，踏面与外观应便于识别，设计防滑条或者在有高度变化的位置设置醒目颜色标志，起警示作用。台阶的侧边应设置多层扶手栏杆，为上下楼梯的老年人提供防护和支撑，便于借力。

因此，设计中应当注意，与车行道结合设置的人行道净宽不应小于1.2m，道路交叉口处两者应有坡道平缓连接，便于轮椅通行。地面铺装的摩擦系数要在0.5~0.7之间，坡道中途设计的回转平台或者休息平台宽度应该保证在1.5m以上，便于轮椅的回转和对向行走时的避让等。

图2-17　适老化住区的坡道设置

便捷友好的活动场地

老年群体空余时间较多，有更多机会进行户外活动，活动地点多位于小区内部及周边地区。小区内活动场地类型宜丰富多样，形成休闲交往场所、健身锻炼场所、亲子互动场所等多主题场地，营造全龄友好氛围。活动场地布局需要结合活动类型，进行动静区分，避免相互干扰，如围绕主要出入口及主要道路，布置活动区、健身区，便于老年人进行广场舞、锻炼、邻里交往等活动；在安静地带，可布置休闲场地，通过景观设计增加周边围合感，满足独处、静养的需求。

交往空间能够促进老年人交流，是重要的邻里互动场所，是老年人大量偶遇并停留的空间，通常位于小区住宅出入口、凉亭与大树下、主要步行道交叉口等地段。交往空间需要布置休闲座椅，便于老年人的停留、闲坐与交谈，有条件时可设置桌椅，为老年人提供打牌、下棋、饮茶等活动的场地，周边种植树木或灌木，提升景观品质，营造舒适交流环境。

健身场所包括器械场地、羽毛球、乒乓球等球类活动场地、太极武术广场等，是老年人锻炼身体的主要场所。健身场所需要保证老年人使用安全，地面采用保护性措施防止意外摔伤，器材四周留出足够距离避免影响通行。球类运动场地可用网包围，保障内外安全。健身场地的布置包括集中式和分散式，大型的活动场地宜贴近主要道路集中布局，形成热闹、活跃氛围；不同主题的小型活动场地宜分散布局，方便老年群体使用。

老年人渴望与他人交流，也渴望家庭生活。将亲子互动场所引入适老化住区，能够促进老年人与儿童互动，提升老年人的幸福感。亲子互动场地宜布置在居住区的中心绿地附近或邻里公园内，使游戏场地能够覆盖整个小区。儿童活动场地可选择滑梯、跷跷板等器械，采用塑胶等保护性材料地面，也可结合草坪、沙坑、地形进行布置。场地设计中增设座椅等休憩设施，方便家长看护与互动。

图 2-18 社区公园改造后

意境丰富的景观环境

均衡景观节点布局，提升便捷性。景观节点分布应结合老年群体的活动规律，均衡分布在其活动范围内，注重"就近原则"，形成多等级的景观组团。各节点间的活动路线形成洄游路线，适当增加路径的观赏性和趣味性。

增加空间围合边界，提升安全感。清理小区内违章搭建和荒废种植，将被侵占的绿地空间重新向公众开放。空间上利用景观设计适当增加围合感，通过地形缓坡、地面铺地设计、植物配置划分场地，给人依托感和安全感，同时增设座椅和设施，提高空间舒适度。

丰富景观小品，提升实用性。结合老年群体观赏和使用需求，增加休闲、锻炼、艺术等小品设施，如座椅、廊架、雕塑、艺术装置、健身器材，等等，丰富老年人活动类型，为室外空间增添活力。

优化植物景观，提高健康性。通过景观植物配置组合，创造户外健康环境。部分植物对人的身心健康恢复有促进作用，如松类植物对缓解酸痛有一定疗效；银杏对气喘病、高血压、动脉硬化性心脏病患者有敛肺、益心的作用；合欢散发的气体有利于脑神经放松等。在树种选择上，应慎重使用枝干有尖锐刺的植物、散发有毒气体、花粉和花絮等容易引发老年人过敏的植物。

交互水景设计，增加趣味性。人具有天生的亲水性，往往喜欢聚集在水边进行活动，同时，"活水"也象征着生命，好的水景设计给人以活力和希望。社区的水景设计首先要以安全为主，避免老年人因身体平衡性弱而造成危险，注意水深和防护措施设计。近水区的水深不宜过深，水边和桥的位置应设置防护栏杆，水池的高度应根据老年人身体特征设计高度，以满足老年人亲水的活动需求。

在人口老龄化和城市存量发展的双重背景下，关注老年人等弱势群体的需求，推进以人为核心的新型城镇化，打造美丽、宜居的美好家园，有助于满足人民群众对城市宜居生活的新期待，让人民群众在城市生活得更方便、更舒心、更美好。

通往老旧小区改造的善治之路

善治（good governance）即达到最优程度的治理，旨在通过社会管理过程和管理活动实现公共利益的最大化。老旧小区改造不仅是一个建设工程，更多的是社会治理、基层组织动员工作。在这个过程中，如何激发居民的公共意识？如何界定政府的工作边界？如何长效持续地推进改造？已然成为各城市在老旧小区改造浪潮中寻找适合本地的善治路径所必须回答的问题。

激发居民的公共意识

从共享信息开始，以问题带行动

设计应首先从共享信息、发现问题开始，了解居民的关注重点和改造意愿。针对不同群体，充分运用小区宣传栏、意见箱、微信群等沟通方式，分享小区信息，鼓励居民发表看法，邀请居民监督评议。对有条件的小区，设计师可以探索互联网＋公众参与的方式，让居民随时随地通过手机，标记指定位置，反映问题或提出改善建议，在线提交提案。在发现问题的基础之上，通过"参与式设计工作坊"居民议事会等形式，一起集思广益，凝聚空间和制度优化的共识，制定多方愿景的设计方案。

◥◣ 南京市沿河二村在充分征求居民意见基础上的改造

南京市建邺区莫愁湖街道沿河社区沿河二村14栋和15栋之间，有一处闲置空地，在充分征求居民意见的基础上，被改造为儿童游乐场。游乐场用什么材料、摆放哪些设施、要不要有顶、多大的孩子可以进去玩耍等大大小小几十项问题，都是由楼栋长、网格党支部成员充分讨论决定的。居民提出的种植好存活的植物、种植一些驱蚊虫的植物等建议都被采纳。

图2-19　改造前的废旧车棚

图2-20　改造后的儿童游乐场

图片来源：新华报业网．小区治理，35个小微公共空间改造完成"微更新"撬动"大幸福"[EB/OL]．（2019-01-23）[2024-03-05]．https://news.sina.com.cn/o/2019-01-23/doc-ihrfqzka0431664.shtml.

从改善邻里关系入手，以理解增认同

老旧小区人口的异质性和流动性减少了居民们交往和互动的机会，影响睦邻友好关系的形成。为增进居民对家园的认同感，需要弥合人际关系，织补社交网络，培养协作、参与、信任的小区精神。应充分发挥党建引领作用，鼓励对小区改造工作认知度高、协调能力较强的老党员、小区能人等居民代表，通过带头示范、志愿服务、化解矛盾等方式，加强协调，增进居民对改造工作的信任。合肥市皖东小区内一楼道路和中心花园的私搭乱建很多，改造过程中，如何动员居民拆除"自留地"，曾让工作人员颇为头疼。当时有位老党员主动提出把他家庭院围墙做试点，让大家直观了解改造后的效果，这样才让改造得以顺利进行。

从改变环境到凝聚人心，以改造促自治

居民自主设计、亲身参与改造过程，成为小区改造的实践者和受益者，有效增进了"主人翁"意识的形成。在此过程中，小区居民感受到共谋、共建家园的魅力所在，对参与小区改造有更高的热情。未能参与其中的居民，看到共同参与下小区环境的变化，也会心有所动。潜移默化之中，参与的意识逐渐在居民心中生根发芽，也凝聚了民心民力。

在楼栋外部的小区公共空间改造点燃居民热情、改善邻里关系的基础上，应鼓励居民通过协商的方式，主动消除楼道负面因素，进一步提升楼栋内公共环境，实现从硬件改造的微更新到居民自治能力提升的微治理。

界定政府的工作边界

开展精细化菜单式改造

老旧小区的情况千差万别，在具体改造内容上不应"一刀切"，而应"对症下药"。应聚焦居民关注问题，开展菜单式改造，实现从"政府配菜"到"居民点菜"、从"一厢情愿"到"你情我愿"的转变。改造方案可以进行基础类和自选类改造，其中基础类是必须改造的内容，如安防、消防等安全保障，水电气路及光纤等配套设施增补；自选类是在已实施基础类改造的前提下，根据居民意愿确定的改造内容。在北京老旧小区综合整治中，就针对楼本体、小区公共区域、完善小区治理等方面提出了基础类和自选类的改造整治菜单。

引入社会资本参与，探索受益者付费机制

在明晰产权的基础上，应厘清居民、产权单位、房屋管理单位、市场和政府的责任以及出资的边界，确定资金筹集责任主体。改造项目建立产权主体与市场主体共建共享

机制，通过老旧小区公共资源的二次开发利用（如对改造产生的增量进行市场化运作、绿色能源合同管理、物业增值服务等模式），形成长效收益回报机制。在此过程中，政府一方面要扶持和鼓励社会资本的参与，另一方面也要建立科学有效的监管细则。

鼓励自主更新的以奖代补政策和资金支持

良好的制度设计能够引导和激发居民自己筹资、自主更新，释放促进老旧小区改造的触媒效应，常见的措施包括"以奖代补""资金支持"等。"以奖代补"不同于直接提供财政补偿，而是对做得好的项目、活动予以奖励，以此鼓励居民改善小区的公共空间和环境，彰显资源和特色。厦门市鹭江街道推出《鹭江街道旧城有机更新以奖代补实施办法》，思明区出台老城区私危房翻建解危的"以奖代补"办法。对符合《鹭江旧城有机更新总体风貌控制导引》中的风貌控制要求和设计风格的，在房屋立面改造和内部改造等项目上可以申请奖励；对改造后用途为居民自住或者发展当地特色业态的可以申请奖励。"资金支持"征集居民对于小区改造的"金点子"并鼓励居民自己予以落实执行，旨在培养社区自治能力，激发居民主动改善小区环境的积极性。上海市杨浦区四平路街道的"四平空间创生行动"中，采取居民与街道1：1配比的资金投入方式。如抚顺路363弄5号楼底层原有一处闲置空间，12户居民自主发起改造，每户出资4000元，共同商议、相互协调，将其改造为"居民会客厅"。街道予以每户4000元的资金鼓励和支持，保障了居民自发更新的落实。

◆ 北京市老旧小区改造整治菜单（小区公共区域部分）

北京市老旧小区综合整治建立受益者付费机制。海淀区在老旧小区综合整治中，规定基础类项目资金由政府、产权单位、专业公司共同筹集解决，自选类项目资金可以由实施主体、产权单位、房屋管理单位、业主共同出资，也可以通过PPP等多种形式引入社会资本参与，推进改造实施和受益者付费机制的实现。部分自选类项目在政策范围内政府给予一定补助。

北京市老旧小区改造整治菜单

表2-2

类别	改造整治内容		
基础类	拆除违法建设	完善公共照明	更新补建信报箱
	绿化补建	增设再生资源收集站点	维修完善垃圾分类投放收集站
	进行地桩地锁专项整治和清理废弃汽车与自行车		有条件的大型居住小区增建公厕
	根据实际情况进行水、电、气、热、通信、光纤入户等线路管网和设施设备改造，架空线规范梳理及入地		
自选类	修补破损道路	完善安防、消防设施	无障碍设施和适老性改造
	增建养老服务设施和社区综合服务设施	补建停车位及电动汽车充电设施	完善小区信息基础设施和技术装备

资料来源：《北京市人民政府办公厅关于印发〈老旧小区综合整治工作方案（2018—2020年）〉的通知》（京政办发〔2018〕6号）。

长效持续地推进改造

培育内生力土壤，鼓励居民自觉维护

前期参与改造、共建家园的过程，激发了居民的认同感和归属感，有利于他们更加爱惜改造成果，主动自觉维护小区环境。一方面，可以通过居民内部讨论商定或居民公约的形式，建立公共设施、绿地、树木认领的长效管理机制。在厦门市前埔北社区，社区居委会联合共同缔造委员会、居民议事监督委员会和社区居民形成了《前埔北社区居民认领办法》，鼓励各方出资出力。另一方面，也鼓励居民以志愿巡逻的方式进行后续的维护与管理。深圳富华社区丽景城小区有一支老年义工队，他们每天在小区的各个角落巡逻，遇到乱扔纸屑、随意晾晒、高空抛物等不文明行为，都会予以制止。

此外，还可以充分发挥公益组织、居民团体的积极作用。公益组织既可以开展丰富活动、调动居民热情，也可以通过专业知识和技能对公共空间进行运营维护。居民团体则充分发挥扎根小区、居民号召力强的优势，为维系改造成果注入持续动力。

整合多方资源，形成改造共同体

老旧小区不仅是居民的家园，也是整个地域发展的有机组成部分。在激发居民"主人翁"意识的同时，也要注重整合地域资源，以实现共同更新。通过空间改造将小区与更大的地域场所连接起来，通过社会纽带强化吸纳更多的行动者。以开展活动、活化既有空间等形式，建立起各方主体与地域场所之间的紧密联系，形成改造共同体。

探索适合老旧小区特点的物业管理模式

在尊重居民意愿的前提下，根据不同小区的规模、资源、管理基础与成本等实际情况，因地制宜采取灵活多样的管理模式，促进老旧小区管理的良性循环。

探索"环境改造与物业管理同步实施"，将物业管理作为改造的前置条件，改造中物业服务企业或其他管理单位要全程参与，提出合理建议。改造后管理单位要无缝对接，及时有效开展物业服务。

探索让社会资本参与小区后期公共服务的管理。按照目前的老旧小区改造方案，在改造基础上要引导发展社区养老、托幼、医疗、助餐、保洁等服务。对于前期投入小区改造资金的社会资本而言，介入未来可能会大量涌现的相关服务机构，是对其参与改造的回报。为避免"便民"变为"扰民"，这些服务机构在小区的空间分布、运营时间等方面，需要进行精细化的政策设计和持续的科学监管。

老旧小区量大面广，情况各异，老百姓的"急难愁盼"问题多，群众愿望强烈，是重大民生工程和发展工程。因此，老旧小区改造需要加强政府引导，压实地方责任，加强统筹协调，也需要发挥社区主体作用，尊重居民意愿，动员群众参与，更需要创新投融资机制，鼓励金融机构和地方积极探索，推动建立后续长效管理机制，让老旧小区改造行稳致远。

共同缔造提升社区治理水平

为了所有人的宜居城市，需要所有人的共同努力，党的二十大报告指出，要"健全共建共治共享的社会治理制度"。如何通过高效的社会治理，听见每一个声音，收集每一分力量，提高城市中居住的每一个人的福祉，是全球共同关注的问题。从国内外相关实践来看，虽然其形式各异、过程不同，但都呈现出丰富多元的主体参与特征，通过社会赋能，有效组织各方主体，推动美好生活"共同缔造"的扬帆起航。

充分发挥基层党组织和在地党员的定锚领航力量

新时代的"支部建在连上"——发挥基层党建的力量

将个人、组织嵌入以基层党建为经纬线的横纵网上，整合各类组织，贯彻党的领导。"社区大党委"在共同缔造中也发挥着"搭台"的作用，搭好台才能唱好戏，才能深入

沈阳市牡丹社区以基层党建带动社区治理重构

牡丹社区以自管党员和在职党员作为基础，以社区大党委作为牵引力，以两代表一委员作为撬动力，探索出"一核多元，共治共享"社区治理新体系。

1. 发挥社区大党委的牵引作用，凝聚沈飞集团工会、七三九医院、航空实验小学等单位的力量，采用"专职委员＋兼职委员"模式，搭建居民议事平台。

2. 发挥自管党员及在职党员的基础作用，党员骨干通过座谈会、宣讲会、入户走访等多种形式征集整合意见，使得拆除违建工作顺利进行。

3. 发挥"两代表一委员"的撬动作用，代表委员捐赠社区广场的休闲座椅，并为社区广场绿地增补树木，美化了社区环境。

4. 发挥社区共建共管共享的作用，沈飞集团在幸福广场上与社区共建休息亭，七三九医院认领安装社区防护围栏，增强了社区凝聚力。

图 2-21 牡丹社区老年就餐食堂及梧桐书房

资料来源：中国建设报微信公众号

推进社区党建工作从垂直管理向区域整合发展，实现社区党建工作"条块结合"。党员在共同缔造中可以充分发挥先锋带头作用，如海南五指山市通过"居民点单、支部下单、党员接单"的形式，完成了"党员所能所愿"和"群众所需所盼"的无缝衔接。

小船开得快，全靠船头带——优化政府职能

市民和政府的关系应从"你和我"变成"我们"，从"要我做"变为"一起做"。围绕房前屋后的实事、百姓身边的小事，把"不该管的""不应管的"事项下放给社会，并实现社区"有权管事、有人做事、有钱办事"。与此同时，政府应发挥媒介平台的作用，扩大资源运用，链接并强化各类主体。政府应做到：群众心声要耐心听取，真正做到动员全体居民有效参与；企事业单位的积极性要充分调动，切实实现政企合作新局面；社会组织的发展要不断助力，有效保障社会自治自管力量壮大。

发扬光大居民"我的地盘我做主"的精神

亮出身份牌——社区能人站起来

从近年各地的实践来看，即使社区营造把公众人物、贤良人士聚到一起讨论社区公共事务，也不一定能得到完善的成果。那么出路在哪里？应该有一群富有公共事务自组织和执行能力的热心居民站起来，担当共同缔造的领袖。

北京市路滨河社区自助志愿服务兑换机助力社区志愿者服务

北京市西城区展览路滨河社区出现了一个新鲜物件——"益行社区"自助志愿服务兑换机。"益行社区"兑换机以"供需平台 + 网络平台"模式，创新积分管理理念，搭建志愿者积分管理平台。

社区工作人员通过"益行社区"微平台，在手机端就能发布志愿公益活动，减少了管理工作人力投入。志愿者可以通过手机了解活动内容并进行报名，参与公益活动后通过手机进行记录并获得一定的公益积分，随时通过兑换机扫码领取一定的小奖励，提升志愿工作热情。

"益行社区"入驻社区后，深受广大志愿者欢迎。志愿者王阿姨是位热心公益事业的退休工人，经常积极参与社区清洁工作，她说："我退休了，就想多为大家做点事儿，现在通过手机就能了解有哪些活动在招募，报名方便，而且服务完成还能获得积分，在门口的机器上就能兑换自己喜欢的东西，自己的工作得到认可，特别有干劲！"

图 2-22　多名志愿者到服务站进行积分清零和兑换各类礼品

资料来源：[1] 邓利武. 邻里协调、社区规划……南湖街里住着180名"社区能人"[EB/OL]. (2018-01-31)[2024-03-07]. http://www.cjrbapp.cjn.cn/p/13498.html.[2] 陈悦，单芳. 一日益行助力社区志愿者服务[EB/OL]. (2019-03-06)[2024-03-07]. http://pic.people.com.cn/GB/n1/2019/0306/c1016-30961248.html.

社区能人往往是社区的领袖，在社区内拥有良好人际关系和社会资本。根据观察，社区能人一般有这样几个来源：社区里的意见领袖、自组织领袖、楼组长或业主代表、业委会委员等。自觉、自动、自发对于"社区领袖"固然重要，但能否让他们在为社区工作的过程中变得更有能力也非常重要。应为社区能人搭建一个平台，不拘身份，不拘形式，给他们提供一个有利于形成多元治理的良好环境，鼓励他们"亮出身份牌"，主动承担社区公共事务。社区能人可以通过组织集体活动、调节住户矛盾、链接外部资源、谋求公共福利、整合不同意见等途径，发挥"能人效应"，建设"熟人"社区。

发挥光和热——社区志愿者暖起来

一般来说，社区志愿者有四种类型：一般志愿者（数量多但非常态）、核心志愿者（随叫随到的主力）、专业志愿者（具备一定的专业知识）和专职志愿者（可以全职工作的社区工作者）。为了调动志愿者的能动性，社区应做好志愿者管理登记、督导培训等工作，建立完善志愿者绩效评估机制。志愿者们则在制度的激励下、奉献意愿的驱动下，发挥自己的光和热，增强社区吸引力。如在厦门市金鼎社区，由专业志愿者带领电工组成"救火队"，奔赴现场进行维修，推动老旧小区改造；社区还活跃着一支志愿巡逻队，既可以守护居民安全，还可以及时处理纠纷和摩擦。志愿者们还可以通过策划具体活动、对接利益相关方、参与活动发布与宣传、日常维护社区管理、招募志愿者队伍等途径，在社区方方面面实现自己的价值。

调动社会力量为共同缔造注入活力

在共同缔造的过程中，除了党政机关的指引、居民自发的努力，还应凝聚更多来自社会的力量。

有力支持——社会组织

从发达国家和地区的经验来看，共同缔造的过程中需要发掘第三方组织的力量。社会组织的构成形式和分类方式是多种多样的，其服务范围和业务模式也千差万别。如南京的翠竹园社区互助会，前身是住区居民自治团体，后经备案，注册为民办非企业单位，2015 年成立南京互助社区发展中心，支持无锡、镇江、成都等地的共同缔造；如台湾信义公益基金会，依托于房地产企业，目的是回馈社会，在台湾、上海等地进行了丰富的社区营造实践，探索了共同缔造的前置模式；如长沙 HOME 共享家，是一家民间公益组织，致力于推广可持续的生活方式，协助政府进行共同缔造，在全市范围开展各种文化活动，先后建立"36 间房""HOME 书房"等公共设施。

乐于奉献——在地企事业单位良性互动

企事业单位可以通过现金捐赠、物资援助、员工志愿者派遣、慈善团体生成、设施开放共享、活动组织策划等方式，积极投身共同缔造事业。这本质上也是一种"双赢"。企事业单位进驻社区、回馈社会，一方面可以提升社会的硬件基础设施、改善软性人文环境，并从中获取便利；另一方面可以提升单位形象、赢得民心，从而吸引更多的就业和促进单位发展的机会，更好地巩固社会关系。例如日本佳能公司，自2003年起每年组织居民参加公司运动会，在企业附近社区开设"镜头工作教室"，在东京大田区举办"多摩川河道美化活动"，极大地宣传了企业形象，促进了企业的可持续发展。

陪伴服务——设计师角色转变

在传统设计模式中，设计师被视为拥有专业技能和素养的"精英"，但对社区缺乏深入的了解。在共同缔造中，设计师由单一的"旁观者"变成多元的"参与者""陪伴者"，甚至搭建一个协调多元主体利益、平衡多元主体诉求的专业平台，从以往的物质规划的主体转向利益调节的主体。

无论设计师的角色如何变化，其多面手的定位是不变的。他们同时是学习者，广泛学习，增强实践能力，贴近群众生活；是组织者，拟定计划，梳理现状问题，推进活动进行；是宣传者，扩大宣传，解说美好家园，便于群众理解；是沟通者，收集意见，促成多方交流，协调平衡矛盾；是教育者，传授技能，提供专业支持，丰富课程培训；是规划者，总结成果，促进社区发展，践行自身使命。

共同缔造的真正要义是激发所有人的"自发性"，克服"依赖"惰性和"被动"惯性，"主动"缔造美好生活。这需要所有人的不懈努力、常态坚持；需要实操层面的因地制宜、因势利导；需要认知层面的"拧成一股绳，共圆一个梦"。

福山路跑道花园位于上海浦东新区陆家嘴街道。跑道花园原是某健身房门前一片不起眼的公共空间，功能单一、缺乏主题特色，路面高低不平，下雨积水，滋生蚊虫，也常有人遛狗，环境不尽如人意……

陆家嘴街道党工委搭建"党建＋公益"区域大平台，积极引入社会组织参与公益项目的设计与运维。陆家嘴社区公益基金会响应党工委号召，开展各类公益项目。

2016年3月，该健身房向街道提出，希望出资对其门店前的公共空间进行改造提升。企业自发改造的热情得到了街道办的回应，社区组织街头采访，倾听居民对公共空间需求的发声。

经过一系列的访谈调研，街道办对居民的需求有了基本了解，迅速成立项目组。陆家嘴社区公益基金会招募设计师等专业志愿者参与项目的方案设计。2016年5月，设计团队快速给出设计提案，福山路商城路街边健身道设计方案初步形成。

初步方案设计完成后，项目组开展了入区宣传，听取居民对项目方案及社区未来发展的建议。此外，他们还采取头脑风暴、分组讨论的方式，邀请居民、设计师和专家对方案进行讨论。

2016年12月，由陆家嘴街道出资30万元、商户出资10万元（其中7万元为服务捐赠），在区政府、学校、社区基金会、居委会和商户的共同配合下，福山路跑道花园正式施工实施。2017年3月，项目竣工，如今这个70多米的跑道空间承载着运动、游戏、休憩等功能，成为社区居民公共生活的戏剧舞台。未来，还会发生更多惊喜……

图 2-23　跑道花园更新改造前后对比图

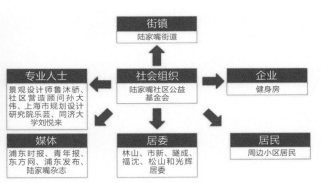

图 2-24　跑道花园更新改造组织模式

宜停指数测度下的居住小区停车

解决停车难问题是解决老百姓"急难愁盼"的重要内容，是推进城市建设管理高质量发展的重要任务。

彼得德鲁克认为，"无法度量就无法管理"，因此，探索有效量化评估小区停车难的方法，是系统化解决城市停车难的基础。本书立足居住小区停车的刚性需求，提出了一种用于表征停车矛盾强烈程度的"宜停指数"，旨在为深化城市停车供给侧改革提供思路，也为城市制定针灸式停车治理政策提供量化评估工具与决策参考。

居住小区停车为何难：配建不足，增量受限

配建车位难自给自足

20 世纪 90 年代，住房私有化进程启动。原建设部通过《城市居住区规划设计范例》提出了居住区（小区）配建居民小汽车停车场或公共停车场（库）的要求，但未制定具体的指标。当时，居民出行方式是以自行车、摩托车为主，汽车限购刚刚放开，家庭小汽车拥有量还不足以对居住小区的公共空间和环境造成太大的干扰。

2000 年以来，随着市场经济与城镇化的快速发展，汽车产业红利大量释放。然而停车供给模式和建筑物配建停车指标却未能充分预见汽车发展政策的变化和用车需求的增长，也未能及时对已建小区采取有效且适度超前的弥补措施。于是，住宅小区不断增长的停车需求与停车位短缺之间的矛盾由此愈演愈烈。

产权问题难协调

为了满足居民家庭小汽车拥有量增长带来的刚性停车需求，管理部门首先将目光锁定在小区内部空间，期望通过挖掘小区内部空间潜力，比如拆除违建、绿化改造、道路占用、规范停车等方法增加有效停车泊位数量。然而，具体实施过程中却面临着不少现实问题，最大的就是产权问题。

目前，按城市居住小区供给停车泊位所有权属性来看，可分为个人产权车位、人防工程车位、开发商所有车位和全体业主共有车位。

其中个人产权车位、人防工程车位、开发商所有车位在小区建成之初已依各地建筑物停车设施配套标准配建到位，可调整空间不大。于是，全体业主共有车位成为目前最受居民期待的新增车位挖潜对象。然而，占用小区共有道路、绿化等公共空间修建车位的决策需要至少一定比例业主达成同意。较高的组织和协商成本、难以化解的利益冲突常让增设车位的设想"胎死腹中"。可以说，缺乏权威、有效的法理依据，小区居民自治下的共有产权收益有效划分机制不明确等现实，让小区居民尝试凭自身力量挖潜区内空间缓解停车问题并不轻松，也不具备广泛的可推广价值。

自1998年起南京已组织开展《南京市建筑物配建停车设施设置标准与准则》编制，并在2003年、2010年、2012年、2015年、2019年开展多轮修订。其中，住宅类建筑物机动车标准车位配建指标随着历版修订都有较大调整，主要体现在两方面：一是自2010年版以后，户均标准由固定值调整为区间指导值，配建标准趋于灵活；二是同类户型机动车配建标准均有所提升。但是，在2003版标准中，除户均面积大于120m²非老城的小区外，其余住宅户均配建停车位数量均小于1。换句话说，南京2003年以前建设的居住小区基本不能满足户均一辆车的停车需求。随着全市户均私人小汽车拥有量逐年增长，小区停车难问题自然日益凸显。

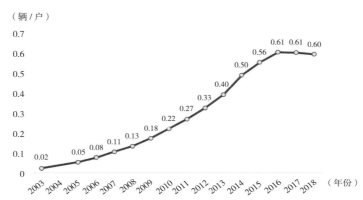

图2-25　南京历年户均私人小汽车数量变化

注：数据源自《南京统计年鉴》。此统计数据中户数与私人小汽车数量均为全市总数，不反映主城区户均私人小汽车数，故此图仅供参考历年全市居民户均小汽车拥有数量的增长趋势。

停车难易评估新思路："推倒"围墙，资源分享

小区停车难也不仅仅是一个交通问题，更是一个社会性问题，因为它还承载了民生、安全、环境等多种超出小区范围的发展需求。无论是从停车泊位服务对象的使用范围，还是从地区资源统筹高效利用的角度，小区内部停车难题也可以向"外部"求解。

事实上，早在2015年，住房和城乡建设部在《城市停车设施规划导则》中就提出，对于新建或改建的住宅项目，若周边邻近300m范围内地块存在基本停车位缺口，可适当增补该项目停车配建标准并对周边共享使用。

该条款为缓解小区停车难问题提供新的指引，采用小区可用停车泊位与自身基本车位需求的比值来评价区域停车矛盾状况，从硬件设施层面反映停车的相对便利程度，具体数值可称为"宜停指数"。

图 2-26　居住小区外部停车资源共享示意图　　　　图 2-27　外部停车资源"二次"共享示意图

宜停指数模型如何用：案例示范，各取所需

住宅小区停车需求为该小区居民拥有的私人小汽车数。精准评估时结合物业管理资料进行统计，模糊评估时以地区或全市户均车辆拥有量为基础，结合地区人均消费水平或房价等特征指标进行折算。

住宅小区可用停车泊位由两部分组成：一是小区内部的既有停车泊位；二是小区邻近步行可达、可以弹性共享的"泛"停车位资源。

外部可共享的资源，兼顾该泊位与周边附近小区、潜在停车需求的"二次共享"需求。这是"宜停指数"核心价值所在。

本书获取南京市 2170 条有效的居住小区信息和 3510 条有效的公共停车设施（包括路内停车位、路外停车场）信息，将内部供需比/宜停指数从小到大排序，划分为 5 级，级数越大，说明停车越容易，反之亦然。分析结果如表 2-3 所示。

宜停指数的价值更在于促进资源共享，因此应更关心小区或区域在资源共享前后指数的相对变化。从全市的空间分布来看，在不考虑外部泛停车资源情况下，南京市各小区的宜停指数普遍分数较低，而当寻求外部"泛"停车资源后，老城区居住小区的宜停指数显著增加，停车供需矛盾下降较为明显。究其原因，一方面可能是因为老城区居住小区内部的停车泊位本身不足，另一方面则是因为该地区拥有较为丰富的公共停车资源，其通过共享外部停车资源缓解停车难问题的效果较佳。

对于城市外围新城区，停车资源共享前后的宜停指数并没有显著增加，这可能因为新城区居住小区多为新建小区，自身已拥有较多的内部停车泊位，而同时外围地区对外开放的公共停车资源却不是很多。

以上原因也反映在各行政区之间的比较中：位于中心城区的玄武区、秦淮区、建邺区和雨花台区的居住小区宜停指数改善较为明显；而位于城市外围区栖霞区、江宁区、溧水区和高淳区的等级没有提升。

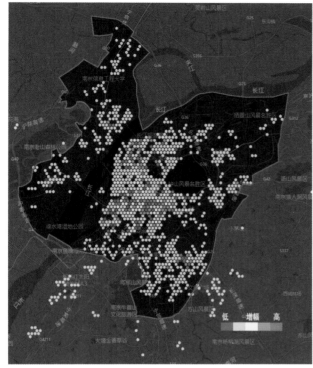

低　增幅　高

图 2-28　南京市居住小区内部供需比和使用外部"泛"停车资源的宜停指数

南京市各区宜停指数　　　　表 2-3

区名	内部宜停指数级别	综合宜停指数级别	宜停指数提升幅度（%）
玄武区	Ⅲ	Ⅲ	13.91
秦淮区	Ⅲ	Ⅲ	13.21
建邺区	Ⅲ	Ⅳ	22.75
鼓楼区	Ⅲ	Ⅲ	8.95
浦口区	Ⅳ	Ⅳ	6.22
栖霞区	Ⅳ	Ⅳ	2.04
雨花台区	Ⅲ	Ⅳ	17.11
江宁区	Ⅳ	Ⅳ	2.35
六合区	Ⅲ	Ⅲ	1.18
溧水区	Ⅳ	Ⅳ	0.65
高淳区	Ⅴ	Ⅴ	0

　　小区停车难是城市现代化治理难以绕开的话题。如果不深入到具体用地单元，其实很难发现具体问题，也就很难提出针对性的解决方案。本书从资源统筹利用的角度出发，提出了"宜停指数"测算方法，可以为客观评估、科学统筹片区停车资源利用提供决策参考。显然，评估过程并不是为了粉饰小区停车难，而是从城市"一盘棋"的角度了解相对难易，判断轻重缓急，从而为政策的分区调控提供精准化指引。说得再直白一点，区域基本泊位（包括泛资源）不足，就只能从增加总量的供给角度采取措施；区域基本泊位充足，但小区居民停车还是觉得难，那就应该从资源统筹利用的角度去施策。比如，利用评估对比，发现通过共享能够有效降低地区停车矛盾的区域，应加快从法律、政策、管理、协调机制等方面清除共享障碍，避免停车泊位供需的"贫富不均"。值得强调的是，实现科学评估、精准施策，停车泊位数据"一张网"不可或缺。

观察

调查 / 分析 / 评论

社区工作者带动居民深度参与老旧小区改造实践

老旧小区改造因其量大面广、诉求多元、类型复杂等特征，历来是城市更新的热点和难点议题。苏州工业园区官渎社区娄门路130号小区，在时任社区书记极为"用心用情"的精细化推动下，小区居民踊跃出资参与改造，改造后小区居住环境品质得到较大提升，成为苏州市老旧小区改造的样板工程。本书通过对小区更新改造"执行人"时任副书记王春的访谈调研，梳理形成老旧小区更新中的社区经验及可行做法。

图 2-29　娄门路 130 号小区改造前后对比图

将"两个一"意向资金作为小区改造前提条件

老旧小区改造初期，为解决资金筹集难题，各地纷纷探索包括居民在内的多方资金共担模式，缓解财政资金压力。娄门路 130 号小区所在的官渎社区，提出将居民缴纳"两个一"意向性资金作为改造前置条件，即每户"一元一平方米改造费用与一元一平方米维修基金"共建改造方案，小区业主同意实施改造并按要求缴纳资金比例达到 2/3，即列入综合改造计划。

但在实际收缴过程中，遇到不少阻力。虽然居民改造的诉求很强烈，但因其长期缺乏缴费观念，同时对改造后的价值提升效果缺乏感知，很难认同自身的出资责任。为此，官渎社区"老旧小区改造行动支部"发动社区工作者、党员志愿者上门，在征集居民改造意见的同时筹集"两个一"维修资金。

王春也自带一队，参与到争取居民支持的工作中来。"通过两轮筹集，我们最后的收缴率达到了 95%，除居住在外的业主，

图 2-30　社区工作人员上门收集"两个一"维修资金

这可以说基本实现了人人参与小区改造。"

以缴纳维修资金作为老旧小区改造前置条件的做法，不仅可以部分减轻财政压力，更重要的是，居民通过象征性的出资，重新开始思考、接受和认可在住区这一共同生活环境的共有价值，增强投身住区更新的意愿，并成为其内生动力。这种观念的形成不是一蹴而就的，参与改造前期的出资可以看作是共治共建共享的开始。

细分停车需求，优化精细化停车管理措施

娄门路 130 号小区有 267 户居民，停车位却只有 50 个。小区改造在满足消防安全、绿化覆盖的前提下，通过对潜在空间的内部"开源"挖掘，利用缩减路侧花坛面积、拓宽道路沿线、清理边角闲置地等方式，将停车位从 50 个增加至 176 个。

但新的问题又随即出现。在开展车位分配工作时收到了 191 份申请，超出了小区可提供的最大车位数。超出的停车申请主要源于一些并非长期居住在小区里的业主。

小区资源有限，单纯增加车位解决不了根本问题，必须从内部"节流"。官渎社区党总支和小区物管会、物业共同探讨后，决定取消地面车位固定化的管理方式，转而推行"不固定车位停车法"，辅以精细化的车辆管理破解这一难题。"我们小区里现在停车位地面是不喷车牌号的。居民都是先到先停，防止出现固定车位空置却无处停车的情况。现在常住居民的车辆数是 150 辆，176 个车位完全可以满足需求，相当于我们只要把控好 26 个临时停车位就可以了。于是我们提高了临时停车收费，可以减少临时车辆的停放，收取的停车费还可用于补贴物业收入，推动小区管理进入'自我供养'式的良性循环。"王春书记补充道。

此外，为满足居民外地子女探访期间停车需求，娄门路 130 号小区制定了更精细化、人性化的管理制度。原本访客车辆是有 2 小时免费停车时长的，但是有很多人反应，有时回父母家，孩子吃饭比较慢，2 个小时不够。于是小区通过核实子女身份进行登记，将符合条件人群的免费停车时长延长至 3 小时。

图 2-31　社区停车位改造后效果

在老旧小区的改造过程中，针对停车位这类具有公共属性的设施，不仅事关硬件设施的空间改造，还涉及居民资源的权益再分配，其平衡不是简单地少数服从多数可以实现的。这不仅要对小区的空间规划进行精细化设计，还需要就公共资源的分配达成共识，建立起情－理－法三个维度的平衡机制，三管齐下，精准施策。

创新电梯长租模式缓解居民资金压力

在加梯工作中，诸多小区居民表示一次性拿不出这么多钱。目前市场上加装一部电梯的普遍报价是 40 万～ 60 万元，按户分摊后，部分高楼层居民仍需面对 4 万～ 5 万元的资金投入，对普通家庭来说费用仍然较高。

在社区党总支的牵头下，娄门路 130 号小区开启了建立"经营性租赁"电梯加装模式的探索之程。社区党总支经过种种方案的对比论证，确定了江南嘉捷作为电梯设备供应商及 EPC 总包方，苏州金租作为融资方。租赁期限为 15 年，老百姓只要根据楼层不同支付 1000 ～ 5000元不等的初装费，余下每年按时往苏州银行交付租金，就可以享受加梯带来的便利。

图 2-32 加装电梯

王春表示，"租赁期间电梯的维保和维修都由电梯公司承担，15 年后产权收回居民手中，老百姓可以选择继续自己出资让江南嘉捷维保，或者是加在物业费里，让物业公司进行维保。这种加梯模式的总价比一次性购买会高出很多，也一度遭到老百姓的反对。后来，党总支牵头与金租公司、电梯公司多次协商，两家公司同意以此次电梯加装作为试点推广，营造良好商业口碑，最终这台电梯以成本价落地开工，现在 8 幢 5 单元的居民正式进入了'电梯时代'"。

一梯两户住宅加装电梯方案资金对比　　　　　　　　　　　　　表 2-4

一次性购买电梯方案	经营性租赁电梯方案		
	楼层	每户首付（元）	每户年租金（元）
	六楼	5000	5668
	五楼	4000	4533
不同楼层每户约 1 万 ～ 5 万元不等，部分高楼层用户约 4 万元以上	四楼	3000	3400
	三楼	2000	2267
	二楼	1000	1132
	一楼	0	0
	单元合计	30 000	34 000

探索物业费"过渡期"，培养居民花钱买服务意识

为巩固老旧小区改造成果，社区决定为小区引进市场化物业管理公司。社区首先对物业管理模式进行了广泛宣传，居民对小区改造的效果很满意，总体上还是比较愿意接受物业服务的。社区工作者们通过筛选比对确定了安洁物业作为小区物业服务单位，作为娄葑街道的下属企业，服务质量有一定的保障。市场化物业的一级收费标准为每月 1.1 元 /m²，经第三方专业机构对房屋、设施设备、管理成本等进行系统评估，初步测算出小区的保本价格是每月 0.65 元 /m²。

王春谈道，"虽然物业费只是 0.65 元 /m²，但要让老百姓掏钱还是比较困难。后来我和安洁物业商量，并在街道的大力支持下，我们决定先收每月 0.4 元 /m²，适应三年后提到成本价，再过两年提高到市场一级标准。以居民可以接受的价格先提供服务，培养居民花钱买服务的意识。"

"2022 年一整年我们的物业费收缴率是 92%，而今年，居民在享受到物业服务的品质后，只用了半个月我们物业费收缴率就达到了 92%，这也反映出，老百姓对物业解决居民诉求的反应速度，日常管理的精细化程度是很满意的。"

物业管理的引进，不仅是基于市场交易的消费行为，也是社区实现长效治理的重要一环。娄门路 130 号小区通过设置物业费过渡期，使得原本没有缴纳物业费习惯的居民，在享受物业服务的过程中感受到小区环境的改善和自身生活质量的提升，进而自发形成购买物业服务的意识，已实现迈向成功的第一步。

图 2-33　娄门路 130 号小区与安洁物业签约

02

完整美丽的街道

　　街道不仅是方便行人、车辆通行的交通空间，也是居民邻里交往最为密切的公共活动场所，集中体现着城市生活宜居性和公共空间价值。街道更新改造要从重视汽车通行到关注人本活动空间塑造，打造完整、安全的街区空间。除了重视路面拓展外，打造富有特色的街道空间还需关注两侧整体空间界面的特征挖掘，把握街区典型色彩。宜人的街道不仅需要重视设施配置，还需关注尺度、品质及空间整体的使用。街道活力的塑造需从重视通行效能转变到关注街区综合功能提升，不断重视人的感官体验，营造快乐的街区氛围也是提高完整美丽街道软实力的重要组成。

上海市幸福里街道
来源：长宁区文化和旅游局

从道路迈向人性化街道的迭代升级

从道路到街道,是机动车交通空间向步行化生活空间的回归,是路权从"机动车为主"向"步行为主、兼顾车行"的转变。在现代城市生活中,街道被赋予更多角色,一条理想的街道不仅是方便行人、车辆通行的交通空间,更是保障安全、促进互动、展示魅力、激发活力的城市公共活动场所。

从重视汽车通行到关注人本活动空间塑造——打造安全街道

安全是街道最基本的要求,通过对慢行交通、静态交通、机动车交通和沿街活动的统筹安排,实现从"以车为本"到"以人为本"的转变。

打造安全街道的设计要点包括:

推广道路稳静化措施。改造方案合理采用全铺装道路、减速弯、收缩交叉口、设置安全环岛等措施,降低车辆行驶速度;适度缩小交叉口转弯半径,缩短行人过街距离;对交叉口进行铺装或抬高处理,以增加步行连续性和舒适性。

保障行人优先路权,完善慢行交通配套。有条件的街道可实施人车分流,隔离慢速交通与快速交通,或采用人行天桥、过街地道、步行街、步行区等形式。应合理控制机动车道规模,增加慢行空间,控制过街设施间距,使行人能够就近过街;应将各类设施

 美国纽约百老汇大街

2009年,百老汇大街拆除车行道、限制转弯、拓宽人行道以及增加独立的自行车道、步行广场和人行长廊等。其重新设计后为行人提供了更安全、更舒心的体验。

常州罗汉路

常州市将罗汉路作为老城厢街巷品质提升的"样板路"进行打造,通过实施交通稳静化改造,营造交通畅行安全的示范道路。

图2-34 百老汇大街街道场景

图2-35 罗汉路划定自行车道和休憩区域

集约布局在设施带内，避免市政设施妨碍步行通行；附属功能设施及建筑附属设施应坚固可靠，不得妨碍行人活动及车辆通行安全。

从重视路面空间到关注两侧整体空间界面有序——打造特色街道

《现代汉语词典》将街道定义为"旁边有房屋的比较宽阔的道路"，城市道路、两侧建筑和附属空间等共同构成了完整的街道空间。因此，街道不仅要关注"道路"本身的顺畅，还要关注包括道路两侧界面和附属空间在内的整体街道空间的完整风貌。

打造特色街道的设计要点包括：

街道两侧可通过贴线率管控形成整齐、连续的空间界面。

建筑首层、退界空间与人行道保持相同标高，形成开放、连续的室内外活动空间，避免高差变化形成空间和活动的阻隔。

沿街店招、广告、遮阳棚和雨棚等，应与街道整体风貌相协调，简洁美观而又不失个性。

城市家具围绕风格、造型、色彩、元素、材料等开展整体设计建造，做到尺度适宜、协调统一。

◈ 法国巴黎圣路易恩利街

这条风景如画的巴黎街道是一个可游览和欣赏巴黎生活美丽景色的好地方。古色古香的建筑立面加上漂亮的阳台和充满了红酒、奶酪、糕点、鲜花的迷人店面，吸引来自世界各地的访客信步漫游在这条特色的街道上。

图 2-36　恩利街古色古香的建筑立面

◈ 美国加利纳主街

加利纳坐落于伊利诺伊州沿密西西比河流域，其最迷人的主街是当地社区的经济和社交中心。凭借砖砌建筑、古色古香的店面和人性化的标牌，加利纳的主街成为美国典型大街的极佳展现载体。

图 2-37　加利纳的主街街景

从重视设施配置到关注尺度、品质及空间整体使用——打造宜人街道

宜人的街道空间有利于促进步行出行，街道空间应舒适宜人、界面整齐有序、尺度人性化、空间多样性。

打造宜人街道的设计要点包括：

鼓励通过在道路两侧整齐地种植行道树，保证宜人的步行环境，有条件的情况下，增加公共通道以提高步行网络密度。

通过对沿街建筑第一轮廓线高度管控，保证宜人的界面尺度及街道空间高宽比。

街道沿线应设置街边广场绿地，形成休憩节点，丰富空间体验。

增加街头公共活动空间，方便老人和儿童使用，提供可停留和可交流场所。

芦原义信在《街道的美学》中提出了两次"轮廓线"的概念，即建筑本来外观的形态称为建筑的"第一次轮廓线"，而建筑外墙的突出物和临时附加物所构成的形态称为建筑的"第二次轮廓线"。

从重视通行效能到关注街区综合功能提升——打造活力街道

活力街道不仅包括功能的多样性，还包括街道发生活动的多样性和频繁性，以街道功能的多样性来促进街道活动的多样性，进而提升街道活力。

 美国丹佛市拉里默广场

灯光与横幅如幕般垂在科罗拉多州丹佛拉里默街的两边，这条街上一年四季都能营造出一种温馨而喜庆的感觉，公共座椅及休憩节点形成了丰富的交流场所，以便行人驻留。

图2-38　拉里默广场为行人设计灯光

 成都玉林西路

赵雷的一首《成都》让成都玉林西路成为全国的网红打卡点。玉林西路片区艺术氛围浓厚，成都味地道。通过微更新，将脏乱差的街角背街空间改建为小景点、小公园，在不破坏原社区商业生态的前提下，鼓励市场主体改造闲置空间，合理开发原有业态，打造丰富活跃的消费场景。在沟通物质空间改善的同时，实现了消费人群的迭代升级，有力赋能城市发展。

图2-39　成都玉林西路网红打卡点实景
图片来源：先锋成都微信公众号

打造活力街道的设计要点包括：

设置更多的出入口，对沿街商业进行管控和协调，形成精美多样和富有韵律的建筑立面，关注建筑底部设计细节，对店招广告进行统筹设计与管控。

在街道空间允许的情况下，沿线可结合设施带、街面微空间设置商业活动区域，增加街道活跃度。

鼓励街区和沿街门店形成水平与垂直的业态混合，形成连续活跃的步行街。

街道是与城市居民最为密切的公共活动场所，是城市中最易识别和记忆的空间，也是城市宜居性的重要展示面。很多人被问及一个城市是否宜居时，首先回想起的画面是在城市街道漫步的体验。街道作为城市生活和城市文化的物质载体，不仅具有交通功能，而且承担着休闲、生态、商业、文化等功能，是城市的活力和魅力所在。一条理想的街道，不仅仅是允许车辆、行人通过的基础设施，还应该有助于促进人们的交往与互动，有助于寄托人们对城市的情感和印象，有助于增强城市魅力和激发城市活力。

◆ 丹麦哥本哈根斯特罗盖特街

斯特罗盖特街是欧洲最古老和最长的步行街之一，在1962年就禁止车辆通行，成为步行街道。斯特罗盖特街以拥有众多值得光顾的店铺为傲，从丹麦家居用品巨头与奢华百货公司到前卫时尚先锋设计品牌，从价格低廉的店铺到高端时尚品牌与休闲餐饮场所，该街每天吸引数十万人的行人到此。除了是一条知名的购物街外，其还是当地人的聚会场所。

图2-40　哥本哈根斯特罗盖特街

◆ 广州永庆坊

广州永庆坊是有百年历史的骑楼街，是广州旧城"微改造"的首个样本。永庆坊在改造过程中遵循修旧如旧的基本准则，保持原有建筑的外轮廓不变，对建筑立面进行更新、保护和整饰，强化岭南建筑整体风貌特色，保留岭南建筑民居的空间肌理，让"旧"和"新"有机结合。改造之后，特色餐饮、休闲娱乐、时尚精品、老字号、文化艺术、创意工作室、精品民宿酒店等新业态纷纷入驻，为永庆坊注入了更多活力。2018年10月，习近平总书记视察永庆坊期间，表示城市文明传承和根脉延续十分重要，并强调传统和现代要融合发展，让城市留下记忆，让人们记住乡愁。

图2-41　永庆坊沿街功能

场所营造巧思让人们重新回归街道生活

场所营造（place making）是一种城市设计手段，也是关于开发公共空间的艺术与科学。场所营造手段能创造社区、激发互动、鼓励创业、培养创新并培育人性。

当前，更易交往、更加安全、更加有趣的街道空间已成为老百姓对现代街道生活的普遍期待，如何通过场所营造的设计手段重塑街道，也必将成为一段时间内城市工作重要的努力方向。以波士顿为代表的一些国外先发城市经验与做法显示，通过场所营造手段打造更促交往、保障慢行交通安全、增强生活体验感的街道，符合城市街道场景塑造的新趋势，其主要的策略如下。

打造促交往的街道空间：重新定义街道空间场所价值

小空间，大利用：策略公园

策略公园（tactical park）是指利用路网不规则布局形成的冗余空间，设置供行人交往的休憩场所。其通常设置在城市非高等级道路且有较多商业活动、公共交往需求旺盛的城市中心商业区或居住社区。

消费和休憩港湾：户外咖啡馆

户外咖啡馆（outdoor cafe）是都市生活中让人们驻足休憩的城市港湾，同时也为城市街道增添了活力，而一个好的户外咖啡馆设计，更体现了城市特色与温度。在空间选址上，户外咖啡馆设置应尽量不与防火栓、街道绿植、街道家具等设施冲突，并且不宜设置在街道排水设施上。

停"车"也留"人"：停车位公园

停车位公园（parklet）是指在车流量较小、人流量较大且临近交叉口的地区，将路内停车泊位改造成容纳人群休憩活动的小型公园。

城市会客厅：街道家具展厅

街道家具展厅（furniture exhibition hall）是指通过精细化设计道路路灯、座椅、自行车停车架、垃圾箱、消火栓等市政交通公用设施，使其在提供独立的工程功能以外，成为重塑城市特有街景、装饰城市展厅的特色展品，吸引人群参与街道活动与驻足。

2018 年，波士顿市政府借鉴 "策略公园" 设计思路，缩减机动车道宽度、取消一侧停车泊位，通过铺设不一样的硬质铺装、座椅、花坛与机非分隔装置，将道路北侧不规则冗余空间设置成可供行人驻足休憩的街角花园。自项目实施以来，该策略公园给街道两侧商业活动带来人气与活力，也让街道本身成为吸引市民停留的城市新景观。

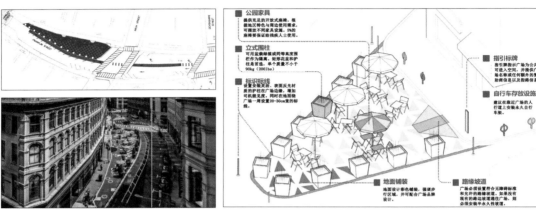

图 2-42　策略公园设计示意图

图 2-43　街道座椅布局及相关净空要求示意图

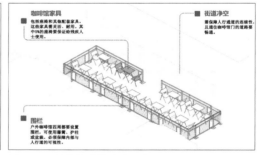

图 2-44　户外咖啡馆设计示意图

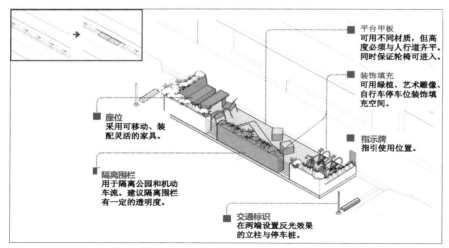

图 2-45　停车位公园设计指引

保障慢行交通安全：步行和骑行成为最韧性的出行方式

漫步街头：步行道安全设计

步行道安全设计原则上建议对于社区或街坊级道路较窄的步行道采用统一、完整的铺装，对于市中心步行网络发达、步行道较宽的地段，宜采用不同的材质区别建筑前区空间、人行空间和绿化与家具空间。

与车同行：道路稳静化设计

道路稳静化设计是降低街道机动车速、保障慢行交通通行安全的有效手段，其实现手段主要包括路段缩窄、路段弯道、中央过街岛、抬坡减速带、行人过街铺装、共享街道等六种方式。

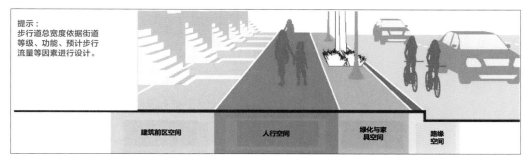

图 2-46　步行道设计断面示意

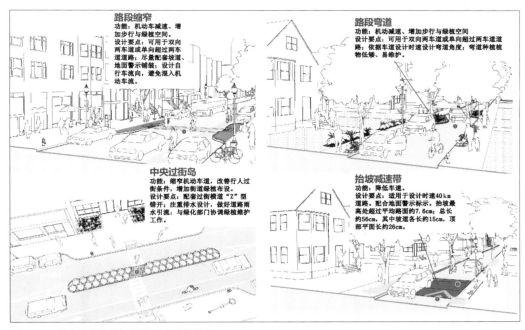

图 2-47　道路稳静化设计措施示意（部分）

增强街道生活体验感：引导丰富多元的活动体验

彩色街道：街道美化设计

可开展路面彩绘与建筑立面美化。路面彩绘是指在低交通流量的社区邻里街道进行路面喷绘；立面美化是指在商业或综合类街区的底层建筑立面上，通过立面布景与适当穿插的透明窗留白，增加街道的视觉趣味，让街道成为展示城市文化与精神，为自己"代言"的场所。

消费场景：街道消费空间设计

除视觉体验以外，街道生活体验的精彩之处也在于消费场景的拓展。作为美国街头文化的标识之一，波士顿餐车文化已然成为丰富街头体验的重要工具。尽管目前国内尚未形成成熟的餐车消费习惯，但波士顿以餐车为代表的街道可移动消费空间的探索和在街道设计导则中专门围绕餐车制定相应设计指引的做法值得我们学习。

作为城市公共空间最大的载体，街道成为引导百姓回归公共生活最重要、最受期待的场所之一，如何兼顾百姓在城市"前街后坊"的日常社交与活动场所使用需求，考验着城市建设与管理的智慧。值得一提的是，本书提及的设计方法仅从技术层面提供一些思考，街道设计既是一种针对物质空间的技术手段，更是分配城市权利的设计工具。街道设计方式方法的转变，实际上是行政与技术的跨界协同。设计师只有突破惯性思维下的条线工作壁垒，才能在街道重塑过程中实现创新治理与综合施策，让街道既兼顾对弱势群体的包容与尊重，又实现对所有使用者的公平共享，最终让百姓重回街道生活的愿望变得更加可期可待。

餐车的布局选点要综合考虑周边餐饮空间布局、预控行人步行空间和紧急车辆行驶通道等因素。餐车的尺寸大小约为 2.4m × 7m，同时在餐车停放前后需预留消防净空空间，以及人行道上的排队空间等。

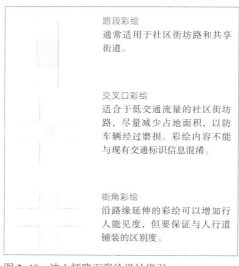

路段彩绘
通常适用于社区街坊路和共享街道。

交叉口彩绘
适合于低交通流量的社区街坊路，尽量减少占地面积，以防车辆经过磨损。彩绘内容不能与现有交通标识信息混淆。

街角彩绘
沿路缘延伸的彩绘可以增加行人能见度，但要保证与人行道铺装的区别度。

图 2-48　波士顿路面彩绘设计指引

图 2-49　波士顿街头路面彩绘实景

图 2-50　波士顿街头的餐车

感官视角下的快乐街道

《感官地理》的作者罗德威把对身体、感官和空间的分析联系在一起。他指出感官也是空间性的，每种感官都在对人们进行空间定位，感受它们与空间的关系，以及鉴赏它们对特定微观和宏观环境的性质等方面起到的一定作用。

与以往对街道的关注不同，"快乐街道"直接聚焦在了人的情感属性上，关注人们在街道空间活动的情绪体验。快乐街道可以理解为城市中被精心设计的、受欢迎的、安全和包容的公共空间，常常以小规模的、简单的、经济高效的干预措施改善人的社交关系，且能显著增强城市居民的幸福感。它的概念关键词逐渐由生活化、流动性、共享，转向可玩性、游戏性和快乐。

"体感"的概念不仅指涉身体的触感和身体部位的动作，也涵盖了身体在环境中的移动穿越。

——罗德威（Paul Rodaway），*Sensuous Geographies:Body, Sense and Place*

罗德威进一步指出有五种不同的方式将各种官能相互联系而产生感官环境：官能间的协作；不同官能间的等级系统，比如大部分西方近代史中的视觉官能；一种官能跟随另一种官能的次序；在另一种官能起作用之前必然遇到的某一特定官能的起始效应；某种官能与对其似乎产生恰当反应的物体之间的相互关系。

——汪民安、陈永国、马海良，《城市文化读本》

"都市动物"（urbanimals）是交互式视觉装置的项目，利用投影仪和传感器与市民互动。市民在与海豚、袋鼠、兔子或甲虫一起玩耍的同时，发现建筑环境的隐藏价值。

图 2-51　视觉装置互动图景

图 2-52 创意斑马线

视觉：色彩让街道抓人眼球

个性化的界面和视觉性的刺激有助于强调居民的自由，激发他们表达自我的意愿并加强对空间的依恋。

个性化的界面从色彩搭配入手，运用富于变化的颜色点缀街道，打造"三季有花、四季有景"的意象，形成可供惬意享受的街道色彩；视觉性的刺激强化景观灯光作用，实现夜间街道色彩的补充与点缀，若能以互动灯光辅助，则将为居民带来更好的空间体验。

当然，快乐街道绝不是单纯地在视觉上追求刺激，而应契合以人为本、步行优先的理念，切实将稳静化、安宁落在实处。通过台阶、灯杆、硬质铺装的色彩强化，凸显人行道的优先地位；通过 3D 立体涂鸦等手法，降低机动车车速、礼让行人，实现步行者的尊严出行。

嗅觉：气味让街道富于联想

罗德威将同地点发生关系过程中嗅觉的威力总结为：将某些味道同导致形成地方感和对特征地点的感觉的那些特定事物、组织、情形和感情联系起来。列斐伏尔也曾提出，空间的生产与嗅觉相关联，"'主体'和'客体'之间产生亲密关系的地方肯定是嗅觉世界和他们的居住处"。街道作为人居环境中对外接触的第一站，对街道嗅觉的区分不断反映出现代性与气味的斗争。

曾经的街道以消除异味为己任。公共卫生系统的发展，使水同污水系统分离，沐浴和淋浴技术的发展，使没有异味成为个人和公共卫生干净的象征。

而随着"去味之战"的成功，有气味又成为新的"文艺复兴"。人们厌恶了冰冷无味的街道，希望街道拥有怡人的味道，比如拥有花香、拥有当地特色味道或是贴近自然气息。

快乐街道在此表现为拥有特定"嗅觉上的地标"的街道，是嗅觉上的抽象，也是嗅觉上的认可。芥川龙之介散文《大川河的水》中引用了俄罗斯作家麦列日科夫斯基的话："佛罗伦萨街角的特有气息就是伊利斯（希腊神话中虹的女神）的白花、尘土和古代绘画的油漆味。"他自己则声称，东京就是"大川河的水的气息"。

听觉：音乐让街道引发"共鸣"

听觉作为人类感官第二大功能，极易调动情感共鸣，可以通过多种方式让街区"发声"。

方式一是完善电杆、音响等基础设施建设，通过实时信息播报、智能语音提示、背景音乐播放等，加强信息流的传递，提升居民生活的便利性和舒适度。

图 2-53　南京银杏里街头芭蕾表演　　　　图 2-54　上海阳台音乐会

方式二则是加装趣味"声"动的街头设施，例如音乐喷泉、地面钢琴、地面足球等，强化设施与人的交互。

方式三是鼓励空间的活化利用，比如开展别开生面的停车场音乐会、市民自发组织的阳台音乐会和广场舞等，充分发挥街道的复合功能属性。此外，音乐也可以成为引爆街道的潮流亮点，无论是阳台音乐会和广场舞，还是音乐大道，都紧紧围绕听觉做文章。

触觉：街道上的触物与触人

快乐街道致力于将空间接入"玩乐基础设施"，以多种游戏方式使人群与城市街道互动。

置身街道也必将在人际关系中穿梭，在一种交互接触中不断"碰人"与"被碰"。不像那些看人而不被看的观察者，"碰人"者也总是"被碰"者。就快乐街道而言，要想让居民在日常交往中感到舒适和愉悦，顶层的组织架构必不可少。街道办等国家行政力量、物业公司等市场力量、业主和业委会等社会力量的互动博弈，形成不同街道的不同半嵌入性互动治理模式，为快乐街道保驾护航。

味觉：特色餐厅让街道美味诱人

"舌尖上的中国"总是离不开家门口的美味，充满活力的美食街浓缩了城市的发展。大多美食街有着极为不同的"两副面孔"，白天安静、质朴，静静讲述城市历史；夜晚喧嚣、热烈，尽情体现城市热情与包容。可能会有人诟病这样的环境"脏乱差"，曾经的历史"没能留住"，但是在城市演化过程中，如果有这样一条充满烟火气、人情味的美食街存在，恰恰也成为时代变迁的缩影和一代代人的城市记忆。

丰富的城市美食店铺点缀着街道的"牙床"，五大洲四大洋口味兼容、米其林和"苍蝇小馆"并蓄，这得益于全球化和城镇化的发展，并赋予了街道独特味道。

街道最终要回答"谁的街道"这个核心的问题，人民街道为人民，街道的活力是建立在人民最原始的、最深层的需求之上的。只需要观察一个街道到底能不能让人民快乐，就能知道这个街道是否具有活力。从五种感官出发，我们解析了街道围合成的区域，也谈到了包含由区域内各种尺度和界面的路径所联系形成的、有组织规则的和文化连续性的街道系统。快乐街道作为城市的末端单元，建立了一种"毛细"的空间组织的关系和人与人之间的交往途径，当然，快乐作为一种持续性的情感概念，不仅存在街道上，也会向着街区和城市延伸。快乐街道最终激发的是整个城市的活力。

印度"快乐街"倡议

"快乐街"是《印度时报》与各地区当局、政府部门和州警察合作共同倡议的。该倡议鼓励人们使用非机动交通工具，并在每个星期日早晨通过各种活动参加街头社交。被"快乐街"选择的道路在周日早晨被封锁3～4个小时，这个时间段里，它们成为一个自由的空间，任何人都可以在其中自由散步、慢跑、骑自行车。

图 2-55 印度"快乐街"

 ## 英国布里斯托尔市的"水滑梯"

英国布里斯托尔街道上的"水滑梯"旨在重现20世纪初叶美丽空旷的街道上孩童玩耍的景象，滑梯上的人成为表演者，两侧的人成为观众，这传递了一种集体记忆和故事，也反映出简单的装置干预和对街道景观的有趣反应。

图 2-56 在水滑梯上玩耍

 ## 南宁中山路美食街

中山路，对于很多南宁人来说，是从小长大的地方。白天的中山路静谧、沉稳，展现着时代发展的烙印；夜晚的中山路人潮涌动、水泄不通，成为居民和游客打卡的胜地。

图 2-57 中山路美食街

承载美好生活的街道空间塑造

充满活力且和谐有序，是衡量一个好的社会的重要标准。改善街道的秩序性，要以解决现实矛盾为切入点，将安全环境保障、日常出行改善、城市家具优化、街道界面优化等目标逐个击破。提升街道的活力度，要顺应人民对美好生活的向往，在生活服务提升、全龄友好塑造、健身空间建设、小微空间改造等方面逐步完善。用更加多元、更为精细的手段，塑造安全安宁、生活便利、慢行舒畅、全龄友好、健身积极、交往活跃、设施完善、界面有序的高品质街道环境。

安全提升
全龄友好
公共交往
便民设施

居住类街道舒适便民

激发交往的公共场所——上海的宏兴里弄堂，在户内空间局促的情况下，针对主弄的公共环境进行微改造，融入共享客厅、社区舞台、空中书房等各类活动，增进邻里交流。

开放友好的街道界面——在瑞典哈默比湖城，临街住宅底层商业形成丰富的街道空间，非临街住宅围合成半开放的庭院，既不影响街区与城市衔接，也保证了内部的舒适安宁。

图 2-58　瑞典哈莫比湖城街道空间

图 2-59　上海宏兴里弄堂

商业类街道活力塑造

街区特色的设计管理——银座是日本东京最具代表性的繁华街区。2006年银座设计委员会成立，2008年《银座设计导则》出版，不符合地区特质的新建、改建项目无法通过审核。

引人入胜的空间格局——北京三里屯太古里的设计灵感来自开放式的胡同与四合院，大胆的几何造型赋予每幢建筑独特的外观，花园庭院和四通八达的小巷激发探游的乐趣。

宜步建设
空间功能复合
服务设施增补
优美环境营造
公共交通支撑

图 2-60　北京三里屯太古里　　　图 2-61　日本东京银座

历史建筑院落保护
街区整体风貌管控
街巷附属设施保护
历史空间创新利用
多元推动复兴发展

历史类街道文化复兴

历史街巷与现代生活的相遇——广州恩宁路永庆坊改造后的老骑楼，保留了原有民居建筑的轮廓和空间肌理，引入现代元素，成为文艺青年的青睐之地和街坊们怀旧的好去处。

严格的风貌管控与积极的功能活化——美国丹佛LoDo历史街区成立了设计和拆除审查委员会，严控建筑外部改造，鼓励内填式发展。由历史建筑改造成的Loft住宅因空间划分灵活、窗户宽大而广受欢迎。

图 2-62　美国丹佛 LoDo 历史街区

图 2-63 广州恩宁路永庆坊老骑楼

安全环境保障

　　安全环境涵盖街道交通安全、街旁设施安全、防治犯罪侵害等，是居民幸福生活的基本保障。

　　空间安全改善方面，应依托空间环境设计激发丰富的公共活动，营造更多积极的监视空间，是有效预防犯罪侵害发生、社会成本较低的安全保障措施。

　　安宁街道建设方面，应推广应用道路稳静化措施，保障各种交通参与者的人身安全，有效治理道路和工地噪声，营造安宁街道环境。

　　美国作家简·雅各布斯观察到，热闹的街道和守望相助的街坊，增加了更多警惕的"街道眼"，潜在的坏人会感受到来自邻居的目光监督。她据此主张保持小尺度的街区和街道上具有公共活力的各种小店铺，用以增强街道的安全感、抑制犯罪活动。

生活服务提升

　　街区是各类生活服务与百姓距离最近的"窗口"。

　　服务业态丰富方面，应重点关注日常生活的便利，如早餐铺、水果摊、药房等便利市场和便利店。补充和完善社区养老、助餐、助医、托幼、家政等生活服务设施，增加城市书房、文化驿站、街道博物馆、社区博物馆等文化场所，合理引入文创展览、共享办公、线下体验店等新型业态。

　　服务功能复合方面，应鼓励将商业、办公、文化、社区服务等多种功能设置在沿街建筑的不同部位和不同楼层，实现在便利可达的范围内复合多种生活服务设施，形成连续活跃的步行街，最大化地利用有限的街区空间。预留可变的多功能公共活动空间，并注重商业设施与地下空间的一体化建设。

　　如上海宏业花园社区美术馆采用低造价的手法，将闲置教学楼改造为服务于周边居民的社区美术馆，让艺术以一种接地气的姿态走入百姓生活。美术馆选用价廉且加工方

图 2-64　守望相助的街坊"街道眼"
图片来源：人与城市微信公众号

图 2-65　上海宏业花园社区美术馆儿童图书角

图 2-66 伦敦展览路改造前后
资料来源：
姚栋，张侃．文化设施集聚区伦敦展览路的街道改造 [J]．国际城市规划，2020，35(3)：152-158.

便的阳光板搭建室外长廊，在离居民楼较近处增加不低于 2.2m 的墙体，解决隐私问题。室内空间设置可移动展板，不需展览时可靠墙收起，留出场地举办艺术活动，还布局了一处儿童图书室，提供很多画册和小人书。

日常出行改善

街道空间的设计与改善，能有效引导更为健康的出行方式，提升街区归属感。

慢行交通优化方面，应提供连续完整的步行道和自行车专用道路，减少路面颠簸和坑洞。鼓励道路横断面资源分配向慢行交通倾斜，尤其是人流量较大的路段，需重点加宽人行道，以提升慢行舒适度。合理增设公共自行车租赁站、共享自行车停放点，减少不集约停放。着力塑造优美的慢行环境，添置绿化景观与休憩桌椅等。

伦敦展览路改造是典型性的"共享街道"项目，实现了从以车为本的畅通之动，到人行优先的交通之静。设计师将人行通道拓宽一倍，超过 3.5m，移除一切警示牌、红绿灯及隔离路障，将马路与人行道融为一体，形成宽敞、平坦、延续的共享空间，采用大理石铺就路面，并设计成纵横交错的棋盘图案，使驾驶员进入后形成"心理预警"，限制行驶速度。

停车供给改善方面，机动车的有序停放，不仅能提高道路通行效率，还能为街区腾出更多的公共空间。路内停车应慎重设置停车带或少量停车位，并避免影响步行连续性。鼓励利用地上地下空间建设停车楼、停车场、机械式立体停车库等。创新停车管理方式，探索分时共享停车位、鼓励短时停靠的收费机制等。

全龄友好塑造

根据儿童、老年人和身心障碍人士等弱势群体的行为特点和生活需求，街区设计应有针对性地提供暖心的空间和设施。

适老化公共空间改造方面，在老年人经常活动的公共场地应设置休闲凳椅、扶手抓杆、凉亭石桌，实施路面平整、防滑和坡化改造，在各路口设置人行道缘石坡道。

儿童友好空间建设方面，应根据不同年龄和性别设置差异化的儿童游乐空间，建设安全有吸引力的儿童出行线路，设置儿童图书馆、博物馆、艺术画廊等公共设施。

如 2018 年，成都市桂溪街道双和社区成为国内首个"儿童交通友好社区"项目试点。社区在硬件改造方面，新增阻车花台、交通标识、黄闪灯及儿童分类垃圾桶等设施，解决机动车占道问题，保障儿童出行、玩耍、上下学安全；在制度创新方面，联动儿童、家长组建志愿服务队，成立双和儿童保护委员会，推出 17 条儿童交通友好社区公约；

在社区服务方面，建立儿童交通友好商家联盟，汇集更广泛的主体参与。

无障碍环境建设与维护方面，通往绿地游园的道路应保持平整，符合轮椅通行要求，并留有轮椅停放空间。有高差的公共空间，倡导坡化全覆盖，设置鲜明的无障碍设施导向和定位标识，整治盲道违法占用现象，定期维修因踩踏而凹凸不平的公共场地铺装等。

图 2-67　上学路上可爱的交通标志

小微空间改造

成本低、灵活度高的小微空间改造，能够"变废为宝"，在极其有限的城市空间中，为人们提供可观赏的景致、可停留的场所和可交流的平台。

图 2-68　儿童分类垃圾桶

畸零地设计改造方面（畸零地是指由于地形限制而形成的边角空间），通过"自下而上"的公众参与，充分挖潜街区畸零地，因地制宜，植入文化展示、社区苗圃、运动休闲、科普基地、共享单车停放等功能，促进邻里交往。

口袋公园建设方面，充分利用闲置空间建设街心花园、笼式球场、艺术公园等口袋公园，为居民提供玩耍、对话、聚会的场所；对场地内的休憩、照明、商业及无障碍设施进行合理布置，重点关注老人和儿童的特殊活动空间。

便民绿地增补方面，集中连片、缺乏公园绿地的地区，利用闲置土地、拆迁棚户区和夹心房、公共设施街旁绿地对外开放、沿河沿路带状绿地等，创设"见缝插绿"的便民绿地；巧用立体绿化、屋顶绿化、阳台绿植等手段，增加绿量和绿视率。

健身广场建设方面，依托街道转角和建筑前区等空间，补充健身器材、广场舞场地等功能与设施；增设顶棚廊架、配套座椅等休憩设施，为公众创造交流的机会。

南京火瓦巷"梧桐雨"小型城市客厅

南京火瓦巷"梧桐雨"小型城市客厅，利用街区角落的低效用地，于2021年更新改造建成街角口袋公园，公园设计全面梳理了道路沿线空间载体，充分挖掘红色基因，将火瓦巷打造成以红色文化为主题的党建文化街区，并围绕"星火巷传"主题将红色文化、历史文化、群众文化相互交织。城市客厅中的朗读亭成为团员青年活动基地。

图 2-69　南京火瓦巷"梧桐语"小型城市客厅

街区绿道建设方面，沿路沿河地带或宜向居民开放的不可进入绿地，增设健身绿道；既有绿道须打通堵点，串联形成可观、可游、可赏的景观线路；设置绿道标识系统，沿绿道布设多功能服务驿站，并合理搭配乔灌花草，解决庇荫问题，提升绿道沿线景观体验。

社区体育公园建设方面，在有条件的社区建设具有一定规模的体育专类公园；在常规球类运动场地以外，鼓励增设儿童游乐场、攀岩、轮滑等特殊运动场地，配备看护并定期保洁；增设遮阳避雨和休憩空间，完善公厕、零售、器材租赁等配套服务设施。

城市家具优化

城市家具设置在街道、广场等公共空间，包括交通管理、公共照明、路面铺装、信息服务、公共交通、公共服务等六大类设施。城市家具的视觉比例占街道整体空间构成的 1/5 以上，是影响街道品质高低的重要因素。

城市家具系统性建设方面，应以功能完善为出发点，强化城市家具在设计、布置、制造、施工、管理、建设等方面的系统性思维，鼓励围绕风格、造型、色彩、元素、材料等展开整体设计。依据人流密度，以集中布置和均匀布置相结合的方式，避开出入口、无障碍通道，确保通行空间顺畅，减少公共空间占用。

城市家具创新应用方面，设计可倡导集约化、智慧化和艺术化，推行"多杆合一、多箱合一、多头合一"，例如将通信基站、路灯、环境监测、公安视频监控、LED 广告、充电桩等功能整合在同一杆体上；探索路灯、公交站台、路牌的智慧化应用，打造具有文化和艺术特色的城市家具，使之成为环境景观的亮点。

街道界面优化

街道既是街区的外部轮廓空间，同时也是街区居民往来最为密切的生活空间。

德国柏林公主花园

德国柏林公主花园便是利用闲置土地、自下而上改造空间的很好案例。其前身是一块闲置空地，2009 年居民自发将荒地改造为菜园。400 余种蔬菜全部种植在轻便环保的可移动塑料箱中，既节约资源又方便照料。农园定期开设农艺讲座，组织学生亲近自然、参与农耕。作为自下而上的微更新项目，农园初期依赖第三方策划，吸引社会资本成功实施后，通过审批途径实现土地使用合法化，还申请获得了社区更新类公共资金支持。

图 2-70　公主花园改造前后鸟瞰

近人区域界面有序方面，应优化建筑控制线与贴线率，鼓励开放沿街建筑退界空间，协调建筑高度和朝向，重视细部塑造和材质选择，形成连续性、有韵律、有趣味的街道界面。

沿街围墙设置优化方面，应遵循整洁、美观、通透的原则。不宜设置高于视高的连续实墙，采用易识别的通透式院落大门，鼓励有条件的单位拆墙透绿，开放临街附属空间。

街道绿化与美化方面，在街道两旁种植树木花卉、设置花坛绿篱，鼓励形成四季有景、主题鲜明的特色街道。对有条件建设林荫路的路段进行再设计、改造与串联。在沿步行道设置长椅、茶座等室内外休憩场所，增设喷泉、花架、亭、廊等小品。

广告招牌风貌协调方面，沿街店招是街道的"名片"，在尺度、色彩、位置等方面应与街道整体风貌相协调，简洁美观而不失个性。近地面的附着型广告不宜过多，保证固接稳定且不影响人行。沿街遮阳棚、雨棚宜采用透光材料，并合理设置排水。

街道空间的宜居舒适感来源于人们能够平等享受公共空间，美好街道的实现需要综合的内容设计和多部门的通力合作。街道空间的设计需综合考虑安全、服务配套、慢行交通、儿童友好、口袋公园、城市家具等多元要素的功能配置与空间设计。同时，街道空间的复杂性也对多部门协同提出了要求，多要素的系统谋划、集成建设需要住建、资规、消防、市政等的共同参与。

西雅图市中心第二大街

西雅图市中心第二大街通过交互式的街道家具设计，为公众创造了新的互动空间，变成了全龄化的游乐场。交互式街道家具共包括8个模块，每个模块都是用再生木材制成，特点是轻巧、紧凑而灵动。简单、基本的模块可以创造出无限种休息或游玩的空间。与各类人群需求相匹配以及有趣的产品创意充分激发了公众参与的积极性。

图 2-71 用于饮食与聚会的街道家具

图 2-72 用于娱乐与交流的街道家具

巴塞罗兰布拉大街

巴塞罗兰布拉大街是欧洲最美丽的林荫大道之一，采用半开放式交通组织，中央是宽阔的步行道，两侧是单向行驶的机动车道，其余为临街步行区。步行道两侧种植成排落叶悬铃木，夏季可以遮阳，冬季有阳光照耀。林荫道上既有不同历史风格的建筑，又有日常生活所需的花市、书店等，还有街头艺术表演，充满活力。

图 2-73 巴塞罗兰布拉大街两旁成排的悬铃木

图 2-74 林荫道上充满活力的市集

人文力量驱动下的网红空间塑造

　　互联网已全面渗透人们的生活，改变了人们获取信息的方式和社交行为，引发新的消费模式变革，进而深刻影响着人们对人居空间的使用。网红打卡地，一种全新的空间使用潮流，以一种极具话题性的新颖姿态，进入现代都市生活。我们发现，富有浓厚都市人文色彩、结合城市更新打造的街道等网红空间，对大众具有更强的吸引力。

新空间：网红打卡地的涌现

　　随着社会的发展，人们对空间魅力的感知，正在悄然发生转向，从关注传统意义上的景区景点，更多地转变为关注由艺术家、设计师或者文化商业品牌所营造的高颜值、有独特地域文化内涵、展现当下鲜活生活场景的都市型品质空间。

　　互联网时代下，千万线上虚拟社交圈层形成，传统社交模式被解构，兴趣取代了血缘、地缘、行业缘等社交要素，成为新时代人们建立认同感和信任感的纽带。网络用户群体新的交往模式，带来了全新的跟随性、种草化消费模式，使得实体空间成为网络内容消费流量的线下物化平台。

图 2-75　苏州淮海街改造前后对比

因此，作为一种互联网衍生现象，网红打卡地既是新消费模式下的线下实体化引流平台，也是新时代人们的社交符号。这种背景下，线下实体空间提供的不仅是功能性物质产品，更是生活态度与价值追求，文化价值跃升为网红空间的核心竞争力。

新需求：围绕美的多元深度体验

网红打卡地现象折射的是新时代人民群众对空间的新型需求，包含对美和艺术的追求、对空间背后鲜活文化的情感共鸣、对个性化元素的新鲜感追捧以及对深度参与和互动的体验性需求。

美感——可拍可见性

当下，"美丽"成为人们认可空间具有吸引力的首要因素，一个拍不出能发朋友圈（微博、小红书、抖音等自媒体）的照片或视频的空间，是没有网络群众基础的。

情感——共鸣性

相比于优美的自然景观，多元化主题的网红建成环境，折射出现代都市化人群多样化的情感诉求。具有岁月感的生活记忆和复杂情愫等，都能够隐藏在特定的空间中，唤醒人们的情感并产生共鸣。

新鲜感——独特个性

网络社群追寻新鲜感的兴趣，以自成一派的语言体系来表达特定兴趣认同，对空间产品的需要，已超越基本功能，上升为能够反映其独特品位的个性化需要。

参与感——互动性

人们对空间的使用方式，已经不满足于简单地停留、休憩和观赏，而是通过多种趣味化、艺术化、体验性的方式，来深度获取空间中的内容信息。

新塑造：空间品质提升中的人文内核

网红打卡地呈现出建筑和空间塑造背后巨大的"人"和"人文"力量。互联网强大的传播能力，使得每个具体的人，都可以成为人居环境品质的评判者。以往建筑、街道等空间的美丑，最多只惊动你的邻居，现在可能忽然"惊天下"。在城镇化下半场的城市更新时代，我们的人居环境营建，必须要回归品质。

图 2-76　电影《你好，李焕英》拍摄地——湖北襄阳郊外的胜利化工厂卫东厂区

在这样的时代浪潮中，人间烟火、鲜活日常、生活美学的人文偏好已经呈现出强大的人群黏性，成为品质空间的核心内涵。脱离了人文的空间，同样也会远离人们的关注。当代的空间塑造，已经不仅局限于物化本身，更演变为故事的叙述及社会文化过程的形成。

设计在这一过程中的作用和力量变得更加突出，有必要充分释放并发挥设计的创造性和想象力，将历史文化、集体记忆、故事小说等稀缺性的人文内容，进行艺术性的空间转译和表达，将塑造本身作为一个容纳人们参与的社会化过程。

不仅是人文内核，后期活力业态的持续运营同样是美好空间品质的重要决定要素，只有超越"氛围"的"场景力"塑造，聚焦主题设置和活力业态配比，才能形成长久的生命力。

但是，我们长期使用并习惯的设计、施工、运营流程化建设模式，在最终的活力运营以及多变的市场面前，已显露出明显的局限性。在这个以城市更新为主体的存量空间建设中，面对新的空间发展逻辑，我们要特别注重前置性，一体化统筹考虑建设实施和长效运维，要面向招商、运营等多变的市场需求，统筹考虑全流程成本和可变因素，实现规划设计、建设实施、运营管理的前后有序衔接、协同配合、高效运转，甚至和招商、税收优惠等政策联动，形成面向高品质空间建成结果的政策工具包，从制度层面推动高品质人居空间的最终呈现。

网红空间刷新了人们对于空间吸引力和使用方式认知的同时，也带来关于"超越网红"的思考。以追求短暂高光时刻的超流量消费经济，成为当代一种发展逻辑，网红打卡地现象背后，是以快速变现为核心，以热点性、高迭代性、碎片化为表征的快消文化，以及审美意识和趣味的时代局限性。

如果永恒性是设计师的执着所在，那么如何能够创造符合时代并超越时代的建筑、街道等空间作品，也许是当代人居空间环境塑造者们站在更宽广的历史维度中，以更高的视野和使命感，给自己设置了一个极具挑战性的命题。

也许其中关键的问题是，相比于一味迎合大众审美口味和网络化行为需求，如何适应、引导甚至创造新的需求内容和使用模式，并利用网红空间塑造，促进人们积极健康的生活方式，激发城市人文力量和文化自信的增长，显得更有价值和意义。

城市更新时代，网红打卡地正在成为影响未来空间塑造不可忽视的力量。带给我们更多思考的是，如何正视、接纳并利用好这股新生力量，以一个个网红空间为基点，进行"美"的空间拓展延伸，塑造面向未来的高品质建筑、空间、街道和街区。

观 察

调查 / 分析 / 评论

大数据测度下的街道色彩分析

色彩直接影响着人们对建筑和空间的主观认知。在大数据时代背景下，海量的街景数据为客观刻画空间色彩提供了可能。本书通过搜集行人视角下的建筑立面、色彩等丰富多源的数据信息，采用深度学习、图像处理等新技术，对江苏省城市空间建筑色彩进行聚类分析及对比，并选取典型街区分析其色彩特征。

基于街景的色彩分析技术方法

本书对城乡建设数据库积累的江苏省约 240 万张街景照片进行了图像识别。街景图像包含诸多视觉信息，如要素、颜色、占比等。首先，深度学习技术能够准确、高效、快速识别它们，并对城市建筑色彩主色调进行识别和提取；其次，逐像素提取建筑颜色，得到街景影像的色彩结果；最后，在不同空间层次上进行色彩聚类分析和空间可视化展示，形成城市建筑色彩分析结果。

江苏各市建筑色彩的差异呈现

本书对江苏省 13 个市街道建筑色彩聚类分析后，发现城市主题色盘及占比结果横向对比没有突出的差异化特征，它们的建筑色彩在统计特征上类似，主要都是白、蓝、灰、黄。

具体而言，色谱方面，各市主题色图谱集中分布在红、橙色系为主的暖色调和蓝、青色系为主的冷色调。色相方面，南京、扬州、宿迁的暖色调占比较多，且冷、暖色调占比差异较大；苏州的冷、暖色调占比相对平均。

饱和度方面，各市以中低饱和度为主，宿迁、扬州的低饱和度占比峰值高于苏州、南京。

明度方面，南京、扬州的低明度占比数量小于苏州、宿迁，中高明度占比高于苏州、宿迁。

总体而言，南京建筑色彩呈现高饱和度、高明度的特征，整体较为丰富、艳丽。苏州为主的环太湖区域建筑色彩具备高饱和度、低明度的特征，整体偏向黑色与白色，符合江南水乡传统吴文化粉墙黛瓦的普遍认知。扬州建筑色彩具备低饱和度、高明度的特征，与"苍青""暖秋"相符合。宿迁建筑色彩以低饱和度、低明度为主要特征，"水韵淡彩"特征鲜明。

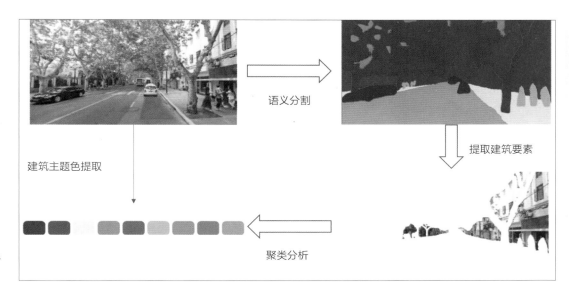

图 2-77 信息化背景
下的建筑色彩感知分析
思路

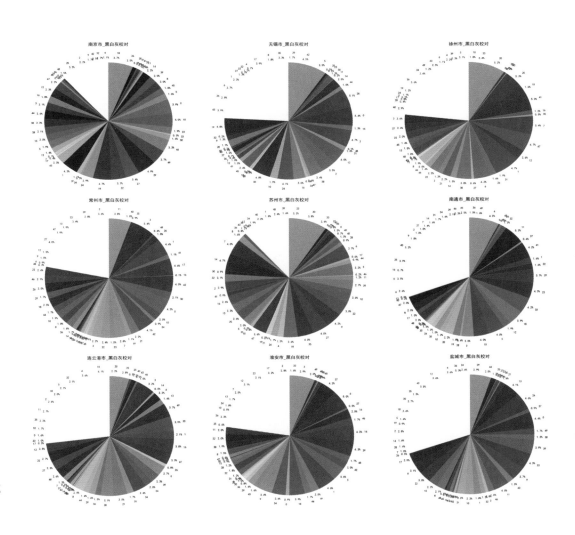

图 2-78 13 个市建筑
色彩感知分析

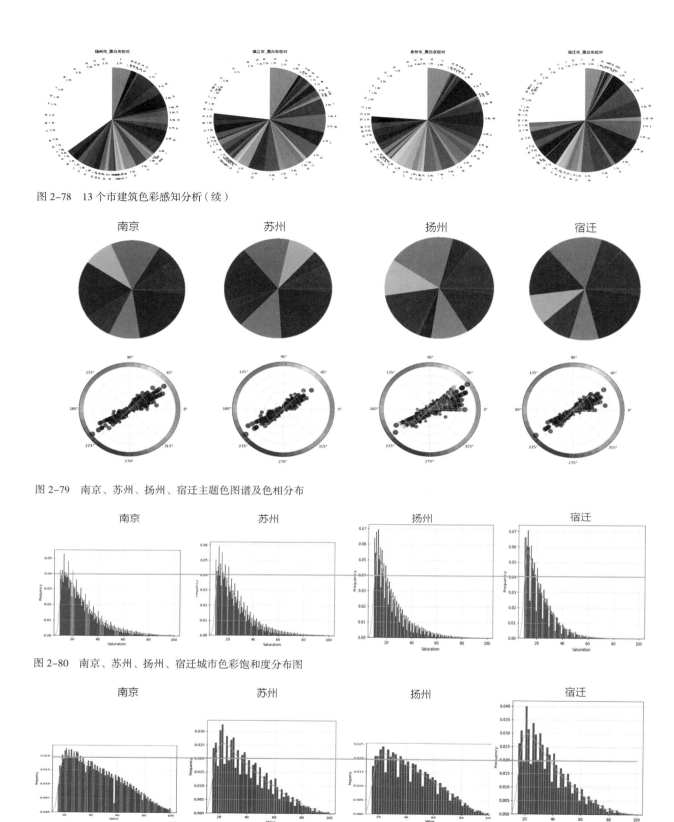

图 2-78 13 个市建筑色彩感知分析（续）

图 2-79 南京、苏州、扬州、宿迁主题色图谱及色相分布

图 2-80 南京、苏州、扬州、宿迁城市色彩饱和度分布图

图 2-81 南京、苏州、扬州、宿迁城市色彩明度分布图

片区建筑色彩特征

为深入研究城市特定场所的独特色彩谱系，本书选取南京奥体南、龙江、颐和路、南大鼓楼校区、新街口、夫子庙秦淮观光带、新港工业园等 7 个片区进行建筑色彩的细化分析。

片区主题色差异明显，与片区功能紧密关联

历史文化类片区主题色以浅灰、深灰、黄色特征为主，包括夫子庙、颐和路片区；商业片区主题色以蓝色为主，辅以浅灰、褐色，包括奥体南、新街口片区；工业片区主题色则是蓝色、灰色色系均匀；科研类、居住类片区主题色则是以水泥灰、深褐色为主，包括南大鼓楼校区、龙江片区。

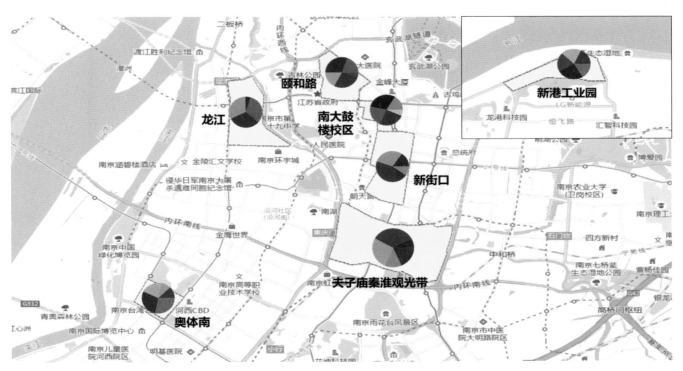

图 2-82　部分街区主题色提取

片区	主题色提取结果	主题色特征
奥体南		蓝色系为主
龙江		以浅灰色和深灰色及褐色为主
颐和路		以明黄色和深黄色为主
南大鼓楼校区		以灰色系为主，褐色为辅
新街口		以浅灰色和深灰色及棕色为主
夫子庙		以浅灰色和深灰色为主，蓝色为辅
新港工业园		以深蓝色和深灰色为主

有秩序的空间内色彩协调度更好

长期以来，老门东、夫子庙、颐和路等片区致力于历史文化保护和街区层面的整体风貌控制，因此，片区内百花巷、长乐街、颐和路等街道的色彩协调度较好。同样，以商业办公为主要功能的新街口、奥体南等片区，主色调以蓝色、灰色为主，色彩协调度也较高。

可见，研究的空间尺度越是下沉，片区的功能越是单一，其主题色、色彩协调程度就越接近于常识判断，现场踏勘也证实了这一点。"有秩序的空间内，色彩才具有意义"，一方面，城市是一个复杂系统，城市内所有建筑的色彩很难统一到个别主题色中；另一方面，城市内的街区通过结合自身特色进行色彩管控和引导，仍是一条提升风貌品质的有效路径。

图 2-83　部分街区色彩协调度

03

友好包容的场所

　　街道公共场所是促进交往、提升家园归属感、体现城市公共生活属性的重要平台。街道公共场所的改善，要响应一系列社会新需求，优化空间供给，营造友好包容的场所；围绕青年群体交往需求，要让体验感、仪式感的公共空间成为情感的容器；为更好地服务哺乳期女性及相关照顾人员，要加强母婴友好空间建设，打造守护母爱和女性尊严的空间；更要重视儿童友好空间营造以"一米高度"和"童眼"视角，释放空间温度，探索街头巷尾处、公园、街角、宅前屋后等各类小微空间更新改造；要响应日益增强的全民健身和逐渐增多的养宠爱宠人士新需求，因地制宜建设遛狗公园，与动物共享我们的空间。

北京市海淀区海淀街道稻香园北社区小公园

交往空间——让空间成为情感的容器

有这样一类公共空间，它似乎具有一种魔力，一种能够吸引人们更加紧密联系在一起的魔力。无数美好的感情，都源于美好的公共空间。

让真挚的情感自然发生，是好的公共空间的重要功能之一。一百个人心中的公共空间也许有"一百种"意义。如何判定公共空间的意义呢？美国城市学者弗雷德·肯特（Fred Kent）认为，只有当人们愿意在空间中投入时间，驻留、感受、使用并与之产生依恋时，公共空间才被赋予意义。培育空间意义的过程是极其缓慢的、内在的、分散的，是需要通过无数的感动与幸福、惊喜或悲伤的"小时刻"建立起来的。正是这些生动的"小时刻"，让空间成为情感的容器。

恋人们需要什么样的公共空间？

充满安全感与舒适感

感情的产生依赖于一种深刻的安全感和舒适感，人们必须身心放松才能敞开心扉，表现出爱和友好。这不仅是恋人们对公共空间的需求，也是一切人类正向情感表达的需要。

具有强烈的地点依恋和记忆体验

感情稳定的情侣会愿意分享各自童年生活的环境，属于自己的空间记忆；也更加倾向于选择具有强烈空间特征、能够产生记忆体验的空间。

有助于公开的情感表达

充满感染力和喜悦感的"官宣恋爱"，往往是吸引恋人们来到公共空间谈恋爱的原因。无论是观看还是被观看，恋人们都需要一个适度开放的空间，可以大声地告诉世界——"我爱Ta"。

"小而美""小而精"的场所或建筑空间

小的空间尺度可以使人们看见和听见他人，也可以使人们更加敏锐地欣赏到空间中的细节，感知情感的波动和变化。尺度宜人的街道、小巧的空间、建筑物和建筑细部、空间中活动的人群……都可以在咫尺之间深刻地被体会和感知。

在哪儿更容易吃到"猝不及防"的"狗粮"

适合"朋友圈"的体验空间

在互联网已全面渗透人们生活的今天，城市空间愈发需要满足人们的线上体验和网络社交需求。

富有浓厚都市人文色彩、结合城市更新打造的城市街区和园区类网红空间等，这些适合"朋友圈"的体验空间既是新消费模式下的线下实体化引流平台，容易使情侣们产生强烈的场所情感共鸣，共同分享一段鲜活的"甜蜜体验"；同时也是新时代人们的社交符号，能够将个人的审美趣味拓展至情侣，满足情侣们"公开一段恋情"的愿望。

宜兴市古南街

宜兴古南街是紫砂传统手工制作技艺的发源地，保留了陶文化非遗传习所、古龙窑传习点等"活着"的紫砂制作场所和匠人工作室，吸引了很多年轻情侣在此体验手工制陶的"幸福感"。

一部经典电影《人鬼情未了》，让陶艺成为"浪漫"的代名词。

图 2-84　宜兴古南街实景及手工制陶体验

图片来源：王建国.历史文化街区适应性保护改造和活力再生路径探索：以宜兴丁蜀古南街为例 [J].建筑学报，2021(5)：1-7.

富有"仪式感"的地标场景？

在古代，善男信女们会在乞巧节放飞祈福天灯，或去"姻缘树"求个好彩头。现代社会，无论是用311种语言说"我爱你"的巴黎爱墙，或是传说中被"结缘神"祝福的东京塔，这些富有仪式感的地标场景成为年轻人表达情感的"代言人"。除了传统的大型地标场景，一些富有文化创意的小型地标或场景也能够为城市空间增添不少浪漫的"仪式感"。

◆ 成都地标场景

成都合江亭因"二江双流，合江故亭"得名，因寓意极好，当地新人结婚都会绕道合江亭讨彩头。成都也因此以爱情文化IP为地标场景，开设"1314"爱情专线和合江亭公园式婚姻登记中心，在锦江开设"爱情"主题夜游游船，以浪漫爱情经济为消费主题，推动城市经济、文化、消费的提档升级。

图 2-85　爱情专线装置

图 2-86　七夕限定主题公交

图 2-87　爱心斑马线

图 2-88　"成都"墙的玫瑰瀑布

图 2-89　北门里·爱情巷

具有时代记忆的老城空间

"我来到，你的城市，走过你来时的路。"家门口的馄饨摊、路口拐角的菜市场、小学放学路上必经的小卖部……这些与成长息息相关的鲜活的记忆，叠加了时间与空间的变迁，在老城空间中徐徐展开。在充满烟火气的老城街巷间，偶遇三五老邻街坊，乡音问一声好，品尝一碗儿时最爱的小吃……恋人们分享着关于自己的过去，憧憬着关于对方的未来，年轻的爱情也因此更具有了一份岁月沉淀的美。

常州南河沿历史地段东至古运河东岸，南至南运河南岸传统民居，西至勤业路，北至梳篦厂，是常州仅存的有原汁原味的常州市井风味老街之一。常州许多米厂、木厂、豆厂、油厂的老板曾经在此聚居，留有许多不同风格的建筑，彰显了近代常州因河而兴的水利、商贸文化和江南水乡的传统生活方式，成为很多土生土长的常州人记忆中"最常州"的老城空间。每到周末，有很多情侣来到南河沿，或沿河畔散步聊天，或拍照打卡留念，分享关于这个城市的儿时记忆。

一座充满朝气的城市，应该是青年友好的。其要发掘营造适合青年的情感空间，发掘城市的恋爱空间，让城市和青年互相成就、共生共荣。

图2-90 常州南河老城空间

母婴室——守护母爱和女性尊严，让爱无"碍"

与其他公共设施相比，母婴室是一类特殊的公共设施：它有着非常特定的使用群体——婴儿、哺乳期女性及其他需要照顾婴儿的人；它对空间环境品质要求极高——安全、私密、卫生；它具有非常普遍的使用需求——对于嗷嗷待哺的婴儿来说，"吃上一口热乎奶"简直堪比"人有三急"的第四急。随着"三孩"生育政策的放开，母婴室建设有了新需求：更充足的数量、更完善的设施、更贴心的服务、更细致的管理……母婴室，如同钢筋水泥森林中一方温暖而柔软的角落，给予母爱更多的空间，也守护着女性尊严的底线。

兼容私密性和公共性

母婴室设计要为不同使用者同时使用同一空间提供最大的私密性和便利性。对于尿布台、哺乳间等私密性更高的需求，哺乳空间应尽量单独隔离，同时通过对空间的隔离过渡处理，避免"视觉死角"。

母婴室私密空间设计的另一个难点是要注意私密空间的可视性。可视性不仅能确保使用者获取必要的视觉信息，还能赋予其安全感。随着多孩家庭时代的到来，家长在照顾较小的孩子时，确保较大的孩子也能在视线范围内显得尤为重要。因此，母婴室内部独立设置的私密空间入口不但要与周围环境形成一定的距离感，还要照顾到场地的空间感，不能完全与公共空间分离，阻断空间之间的联系。

 各地母婴室规范

上海：2018 年 6 月，上海市出台《关于加快推进上海市母婴设施建设的实施意见》，文件针对方便哺喂母乳、婴幼儿护理、孕妇休息和保护妇女儿童隐私而在公共场所和用人单位等为有需求的特定人群提供的专用空间和专门设施，提出了分类建设要求和配置标准。

北京：2018 年 10 月，北京市发布《母婴室设计指导性图集》，对商业、医疗、办公、交通、公园等各类公共建筑中母婴室面积、位置、平面布局及室内环境进行详细阐述。

深圳：2019 年 5 月，深圳市出台《深圳市公共场所母婴室设计规程》SJG 54—2019，明确提出各类新建、扩建、改建公共场所独立母婴室的设计规范。

广东：2021 年 6 月，广东省地方标准《母婴室安全技术规范》DB44/T 2279—2021 正式实施。该技术规范在母婴室环境质量、卫生、配套用品、安全标识等的合格评定方面做了统一标准要求。这是国内首个从安全角度提出母婴室建设标准的技术规范。

兼顾女性友好和儿童友好

　　从哺乳期女性生理和心理的特殊性出发，母婴室空间环境设计需要更多体现对女性审美和功能需求的满足。尽管审美偏好个体差异较大，但是从设计角度看，女性偏好会与男性有着较多明显区别。例如，在空间色彩方面，女性更偏好于暖色系、明度相对一致、饱和度偏低的空间色彩，而在空间意向上，女性更偏好于朦胧的、抽象的界面。

　　随着多子女家庭日益增长，儿童友好的空间设计也显得更加重要。母婴室的空间设计应考虑不同年龄层儿童的空间需求：对家庭中较大的孩子，应提供具有一定可视性、安全、富有趣味性的公共空间；而对处于哺乳期的婴儿，则应提供安静、稳定和具有安抚作用的公共空间。因此，针对不同年龄层的儿童，母婴室需要体现差别化的灯光、色彩、风格设计。

◆ 微型移动母婴室

　　2021年6月，全球首款搭载盥洗功能的微型移动母婴室在深圳客流枢纽车公庙地铁站投入使用，可在1.6m²的空间内实现哺乳、婴儿护理、辅食喂养、盥洗、奶瓶清洗消杀等功能。微型移动母婴室不仅可在地铁站、高铁、机场、会展、商场等室内场景使用，还可以在公交站台、商业街、公园、绿道、景区等室外场景推广，为育婴家庭提供更优质、舒适的哺乳环境。

图 2-91　深圳车公庙地铁站的"微型移动母婴室"

◆ 家庭亲子间

　　为了让男性也能方便地带娃出行，很多国家和地区，出现了不排斥男性进入的"家庭亲子间"。这类家庭亲子间被称为"家长室"（parents room），男性家长可以进入，并在独立的空间进行更换尿布、冲泡奶粉等操作。厦门某医院将传统的"母婴室"改造成为"亲子间"，打破了传统的母婴室只能为妈妈和宝宝服务的做法，将原有母婴室分区为哺乳区、护理区、休憩区等，每个区域都有明显标识，并用布帘遮挡，奶爸们可以光明正大地进出使用。

图 2-92　广州海珠区设置了鼓励夫妻共同使用的"亲子室"

中国国家博物馆（以下简称"国博"）母婴室整体环境营造强调触觉的柔软、舒适、安全。在通感设计方面，其从视觉、听觉等方面营造温暖舒适的氛围。国博母婴室整体色调为温暖的浅黄色，并辅之以浅绿色、浅粉色及白色。在照明方面，国博母婴室无论是环境光还是氛围光，均采用间接照明，没有直射光线，营造出温馨氛围的同时，切实保护宝宝的视力。而在听觉上，国博母婴室在坡屋顶的格栅上嵌入了音响系统，一进入国博母婴室，便有舒缓轻柔的音乐环绕，使妈妈和宝宝们能更快地放松下来。

图 2-93　国博母婴室

满足不同年龄儿童使用的母婴室

在日本和新加坡的一些公共设施中，母婴室兼具了洗手间、化妆间、更衣室、休息室等综合功能，提供包含儿童用餐区和活动区为一体的多功能空间。有些母婴室还会设置图书角，提供可供大孩子阅读的绘本和玩具。

图 2-94　具有亲子设施与符合儿童友好设计的母婴室

兼有"刚需"和疗愈功能

出门在外，母婴室的使用场景往往需要满足哺乳期女性和儿童对空间环境、公共设施的刚性需求。母婴室不是一张座椅、一个尿布台就能草率建成的。除了标准规范中所提及的基本款——哺乳设施、换尿布设施、卫生设施等，在满足"刚性需求"以外，母婴室也可以具有更多"加分项"。

一些公共母婴室，集成了自动贩卖机、免费试用领取箱等零售终端设施，可以提供必需的母婴用品。

通过空间设计让母婴室具备疗愈功能，也成为目前母婴室设计的主要方向。针对哺乳期女性的特殊生理和心理需求，在一些国家和地区，公共母婴室还集成了育儿辅导室和心理咨询室的功能，将"亲子课堂"搬进母婴室，普及科学育儿和心理知识。

母婴室如同"城市的初心"，带着爱与温度，支撑着一处温柔与温暖的角落，默默守护着无数孩子人生之初的"第一口粮"，也守护着母爱与女性尊严的底线。

守护城市的初心，从建好每一个街区中的母婴室做起。

配有自动贩卖机的母婴室

随着母婴消费市场的发展，一些母婴品牌主动加入母婴室的建设和产品供应行列。与此同时，一些公共母婴室也提供了必需的产品销售终端，除了母婴用品自动贩卖机，还有一些智能化设备，为家长解决"燃眉之急"。

图 2-95　银泰百货母婴室

提供育儿知识咨询和心理辅导的母婴室

日本的一些母婴室设有育儿座谈室，定期会有保健师和助产士为妈妈或准妈妈们解答问题。如孕期和产后身体、心理辅导、哺乳问题、辅食营养问题、孩子教育问题等在育儿过程中遇到的各种问题都可以来这里咨询。

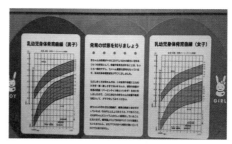

图 2-96　日本母婴室中的育儿座谈室和科学育儿知识展板

儿童友好让空间拥有柔软的力量

从发达国家的城镇化经验来看，城镇化水平和质量提高的同时，大多伴生少子化现象。第七次全国人口普查（以下简称"七普"）数据也印证了我国的少子化趋势，十年间我国城镇化率提升超过 14 个百分点，与此同时，虽然 0～14 岁人口（2.53 亿人）占比较第六次全国人口普查（以下简称"六普"）（2.21 亿人）增加 1.35 个百分点，但育龄妇女总和生育率却降至 1.3‰，已经处于较低水平。少子化将成为我国下一阶段无法回避的社会发展趋势，据预测，2035 年我国义务教育阶段在校生总量将下降约 3000 万人。虽然儿童整体数量趋于减少，但儿童在城市中的空间分布并不均衡，老城区相比新城拥有更加优质和密集的公共服务设施，尤其是高质量的教育设施，成为吸引青年家庭的主阵地。以南京鼓楼区为例，2010—2019 年的九年间，全区常住人口降低超过 20 万人，但 3~18 岁（幼儿园至高中）的入学人数却增加 1.6 万人，人口密度降低的同时，儿童密度却显著提高。

可见，针对老城区尤其是与儿童活动联系最为紧密的街区空间进行更新改造，打造更适宜儿童的发展环境将成为我国下一阶段的城市建设重点。应探索利用旧工业场地、高架桥、道路、儿童设施等常见的公共场所，集合为整个城市和社会的儿童友好空间。

"六普""七普"数据变化 表 2-6

	城镇化率	14 岁以下人口比重	总和生育率
"七普"	63.89%	17.95%	1.3%
"六普"	49.7%	16.6%	约 1.63%
变化	+14.19 个百分点	+1.35 个百分点	−0.33 个百分点

数据来源：国家统计局

南京市鼓楼区常住人口与在校学生数变化 表 2-7

	2019 年	2010 年	九年变化	变化幅度
常住人口	1066400 人	1271191 人	−204791 人	−16.11%
在校学生数	120480 人	104383 人	16097 人	15.42%

数据来源：《南京统计年鉴》

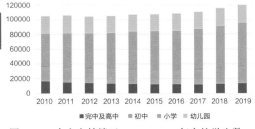

图 2-97　南京市鼓楼区 2010—2019 年在校学生数
（单位：人）

彩色光带重生的旧工业场地——工厂改造后的活力乐园

经济转型使得城市出现了旧工业场地。这些场地曾遭受过不同程度的破坏和污染，成为城市环境治理和改造的重点。通过生态修复和环境治理，旧工业场地被重新赋予艺术、美学等价值，既可成为丰富城市景观绿化的独特资源，又能有效节省其他土地进行儿童公园的利用。

靓丽彩绘的消极空间——高架桥下的儿童游戏场

汽车的飞速发展致使城市新增大量高架桥，桥上的车水马龙展示着城市蓬勃发展的活力，而鲜少被关注的桥下成为使用率低、环境脏乱、视线昏暗、空气潮湿的消极空间，通常用作停车、市政管养等用途。在用地局促的老城区分布着的多而广的高架桥下空间，往往成为周边小区增补活动场地和服务设施的潜力空间。

◤ 澳大利亚哈特工厂更新为儿童空间

澳大利亚阿德莱德的哈特工厂毗邻码头，其标志性的工业建筑遗产是该地区的重要风貌特色。工厂更新设计延续场地的工业历史，保留工厂的原有铁路和标志性工业建筑，在公共区域植入适合不同年龄段儿童的游戏设施，并以此作为码头区的吸引点，打造成极具工业特色的儿童乐园。

图 2-98　哈特工厂更新后场景

◤ 上海市凯旋路高架桥下儿童游乐场

上海市长宁区凯旋路一处高架桥下，原先因立柱隔断，缺乏整合而显得零散，且由于光线不佳、空气潮湿等原因，成为城市空间"边角料"的"剩余空间"。2020 年 11 月，通过整合空间，增加圆弧形的板凳、体育健身设施，增设儿童秋千、攀爬架、弹跳板等全套儿童休闲设施，高架桥下被改造成为一处人气儿童游乐场。桥面的楼梯也涂上了彩绘，昔日"乌糟糟"的交通空间，变成了名副其实的城市佳景，受到周边小区居民的喜爱。

图 2-99　建成后实景　　　　　　　图 2-100　桥墩彩绘

从"车本位"到"以人为本"的快乐街道——路边的儿童口袋公园

一座城市的活力来源于街道，经济社会的发展不仅让街道上的车越来越多，也让我们反思街道与人的关系。作为日常使用率最高的公共空间，如何让街道成为人们喜爱的场所？如何让儿童在街道上更安全地活动？经过精心设计、遍布城市的街道，是展现城市发展态度、人文价值和儿童友好的公共场所，也是吸引人们从"围墙内"走向"围墙外"的城市客厅。

体现儿童关怀的公共服务设施——儿童服务设施里的童趣角落

由"大人们"设计的儿童医院、学校、青少年活动中心等城市公共服务设施，大多从成年人的使用角度出发，对儿童的空间需求和空间态度关注有限。作为面向儿童的特定空间，如何让儿童公共设施更契合儿童的使用需求？如何让公共环境展现童真童趣？儿童是公共设施的主人翁，规划应该充分尊重他们需求，从儿童角度进行设计。

儿童既是未来，也是现在。在开放空间弥足珍贵的高密度建成环境中，"孩子们在哪玩儿"成为必须正视的问题。"儿童友好"不仅是一种设计方式，更是一种价值理念。我们要更加关注儿童在社会中的地位，从儿童的视角审视街区空间设计，将母婴室、候学区、青少年活动中心等空间的建设落到实处。这既是我们给未来的保障，也是我们给现在的关怀。

◤ 盐城市戴庄路街角的儿童友好花园

盐城市戴庄路（世纪大道至盐渎路段）是一条长 2.4km 的城市次干道，其两侧集聚居住区、小学、停车场和沿街商业。改造前，道路空间狭窄、街角绿化空间消极郁闭，"人非"路权混乱，尤其在接送学生的高峰时间段，非机动车占据主要道路路面，交通较为拥堵。设计师通过不规则树池、曲线状地面铺装、家长休憩等候座椅等空间要素的增补，将街旁绿地打造为各具特色的儿童花园。改造后的街道具有儿童友好示范性，满足了片区儿童及居民安全出行、互动交流的多元需求，提供了人文趣味的场所体验。

图 2-101　戴庄路儿童友好花园建成实景
图片来源：盐城市住建局

宜兴市艺术幼儿园面向城市次干路，幼儿园出入口旁原为一处停车场，上学放学时段人车混行。这不仅有安全隐患，也影响城市道路的正常通行。2019年，原停车场外移，设计师利用幼儿园围墙与城市道路人行道之间的空间，将其打造成包容友爱的候学区。改造后的候学区与人行道整合为一体空间，避免人车流线交织，提升了步行安全，同时通过色彩明亮的廊架塑造等待区的活力，丰富场所的趣味性。

图 2-102　改造前的幼儿园出入口停车场　　　　图 2-103　改造后的家长等待区和外移后的停车场

童眼看世界 儿童视角的多维场景营造

童眼看世界，世界不一样。当儿童用他们的语言向我们描绘家园时，我们惊叹于他们天马行空的想象力，却往往忽视了背后的逻辑——儿童的尺度感与成人不一样，因此儿童认知的世界也和成人不一样。让我们回归"1米高度"的儿童视角，看看儿童的玩、行、卫、食等小场景、小细节，切实体会这份力量。

玩·尽兴场景

爱玩是孩子的天性，儿童能在玩耍中加深对世界的认知，并锻炼语言表达、情感认同和智力水平的发育。住区内外的儿童活动场地是儿童日常生活的重要场所，是伴随儿童健康成长、社交的根据地，然而在实际使用中，却存在着尺度不宜"童"、材质不宜"触"、安全保障"弱"等问题，设计师要从保障儿童安全、方便照护和自然体验等角度，优化儿童玩耍场所。

儿童"全龄"友好

针对不同年龄段儿童设置不同尺度的活动设施，并增设安全设施和辅助设施，鼓励丰富的活动形式与主题，为儿童创造"全龄"友好的社交空间。

比如，济南树洞精灵乐园设计了树洞、洞洞山、水溪等儿童友好设施，游玩动线与交通动线在多个层次中穿插交错，场地玩法综合考虑了全年龄段的需求，形成丰富的空间体验。

图 2-104　济南树洞精灵乐园

培养"自然之子"

应尽量采用自然、健康的材质铺装，例如泥土、沙子、木屑、草皮、小石子等，让儿童充分接触自然、拥抱自然，激发无尽创造力。

比如，深圳市粤海街道社区花园设计保留场地所有树木，充分利用在地材料，将场地原生植物落叶拓印在汀步上，保留并利用现状置石，形成儿童青少年障碍训练场地，营造亲近自然的环境。

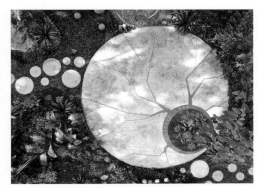

图 2-105　深圳市粤海街道社区花园

增设活动"眼"

在儿童活动场地周边增设家长观察座位，减少视觉盲区，在保障儿童安全的前提下减少成人干预。

比如，广州滨江海宝乐园利用红砖打造起伏地形的地景式乐园，临近处设置隆起座椅，方便家长休息、观察、保护孩子的安全。

图 2-106　广州滨江海宝乐园

行·无忧场景

出行是儿童走出家门，感受自然、认识社会的重要方式。生活中我们常见提醒成人的交通安全标识，但少有针对儿童的交通安全设计。儿童视野更低更窄、步伐更小更慢，成年人身边的交通工具看似普通，但对于儿童来说则可能是致命危险源。比如，儿童的脚比较细小，容易在上下地铁时踩空。儿童的身高较矮，难以触及地铁、公交车的扶手，上下

用"儿童方式"标注危险地段

用街头涂鸦和种植物的方式来标注幼儿园、学校、公园之间的路段，马路周围的建筑也用亮色进行突出。一方面吸引儿童注意力，另一方面提醒司机减速慢行。

比如，苏州昆山市振华实验小学周边道路用醒目的色彩和造型进行更新改造，提醒道路过往司机此处为学校路段，应注意安全驾驶和减速。

图 2-107　苏州昆山市振华实验小学周边道路

从"一米高度"看世界

儿童好奇心强，容易被与众不同的空间所吸引，趣味性能引导儿童活动。空间设计应增加儿童尺度的设施建设，在方便儿童驻足观看的位置导向标识牌，简单、易懂，便于儿童理解。

比如，北京中关村众享荟科学人文街区街道空间设计采用儿童易懂并充满趣味的方式，设置声音传播游戏装置，便于儿童理解声音传播的相关科学原理。

图 2-108　北京中关村众享荟科学人文街区街道空间

保障"儿童路权"

设计师要为儿童构建连续的出行网络，以提高儿童步行的安全性、连续性与舒适性。

比如，深圳坪山的"学道"试点工程，采用彩色透水混凝土，配以彩色标线和标识，凸显儿童友好特色，打造安全舒适有趣的学生通道。

图 2-109　儿童出行"学道"
图片来源：深圳交通微信公众号

公交车也较为困难。幼儿出门需要婴儿车，在乘坐地铁电扶梯时，家长需一手抱娃，一手扛车。缺乏监护人看管的儿童在电扶梯随意走动、跑跳、蹲坐，在扶梯进出口处逗留嬉戏，甚至可能将头部、四肢伸出扶梯之外……因此，出行空间设计有必要以儿童视角重新审视。

卫·健康场景

厕所不仅是人们日常生活必备的设施，还是一个地方文明程度的标志。近年来，经过坚持不懈的"厕所革命"，"如厕难"这件群众关注度极高的"小事"，在不少城市已经得到显著改善。但儿童由于身高的限制，坐便器尺寸对于他们过大，洗手池的高度对于他们过高，因此在公厕如厕成为家长担心、儿童揪心的问题，因此，小小的厕所也需要儿童尺度的设计标准。

"第三卫生间" "儿童卫生间"

第三卫生间也被称为中性卫生间，是协助行动不能自理的亲人（尤其是异性）使用的卫生间。儿童卫生间是专为儿童设计使用的卫生间。

两种卫生间均为儿童友好型，可在商场、学校等不同场所酌情选用。

图 2-110　儿童卫生间

儿童尺度的厕所设施

专设儿童坐便器、儿童洗手盆，以及儿童如厕的相关设施。儿童坐便器高度应降低至离地300mm，尺寸是日常坐便器的3/4。儿童洗手池的高度应离地700 ~ 800mm。

比如，各类儿童尺寸的厕所设施。

图 2-111　儿童厕所设施

柔软的厕所配套设施

考虑到儿童好动的天性和柔软的身体，设计应避免尖锐物品出现，在明显直角转角的位置采用圆角或软材料包边。区域内应铺设防滑垫、换衣台等。

比如，换衣台是日本厕所的设计进化，这样不会把脚弄脏。且其可折叠，几乎不占用空间。

图 2-112　儿童换衣台

食·为天场景

俗话说"民以食为天"。在现代社会中，餐饮已经突破生存功能，成为亲友聚会的重要生活内容。对家长来说，外出就餐关注舒适的环境和健康的餐食；对儿童来说，丰富的空间体验无疑更有吸引力。此外，安全的就餐保障则是基础保障。在观察儿童外出就餐场景时，我们发现并非所有餐厅都是儿童友好的，主要存在安全问题、尺度问题和环境问题。具体来说，餐厅缺乏儿童专用餐桌椅和餐具，造成家长和儿童的就餐不便；超出宝宝椅使用年龄的儿童使用成人餐桌椅、餐具时略有不便等。因此，儿童友好餐厅设施更要注重设施更新、空间的安全和品质提升。

城市是"为所有人的"，无论小朋友、大朋友，还是老朋友，都应成为设计的主角，都应能够体会到城市的包容与友善。关注儿童视角下的空间场景利用，不仅关注了儿童本身，方便了儿童，也关注了成人、"解放"了成人。我们要推动儿童友好型的建成环境建设，在儿童心中种下一颗主人翁的种子，也为街区增添柔软的力量，让街区更有温情、充满希望。

 打好安全"基础牌"

保障儿童就餐安全和环境安全，将危险源远离儿童，呼吁家长看管好自己的孩子。

比如，有餐厅安装大量摄像头做到无死角监控，家长们就餐时可以观察孩子的一举一动。

图 2-113　餐厅监控

 优化设施"尺度牌"

适度优化餐桌椅的尺度和材质，方便儿童就餐。优化照明、铺装、色彩、装饰等硬件设施。

比如，阿那亚儿童泡泡餐厅充满了光影、海洋球、哈哈镜和空心球，营造出一个神奇的深度梦境。

图 2-114　儿童泡泡餐厅

 提升空间"品质牌"

尽可能地优化空间组织流线、提升空间品质，为儿童营造一个活泼、可亲的空间。

比如，小鸭家亲子餐厅合理区分室内流线，以圆角软包和实木地板避免了儿童擦伤。

图 2-115　亲子餐厅

非常规健身场所 实现家门口的"健康自由"

每个人是自己健康的第一责任人。从健身应用程序（App）的繁荣到健身直播的火爆，近年来我国居民健康素养水平提升到 25.4%，经常参加体育锻炼人数比例达 37.2%。居民健康观念提升效果显著，"全民参与，健康中国"的氛围日益浓厚。

当下健身空间体系，主要包括健身房、住区活动设施、口袋公园、体育公园、线型空间等，健身房门槛较高，且一旦离家超过 20 分钟的步行距离，就难以保持规律健身。有健身房或健身设施配套的住宅小区一般都是新建或相对高端的小区，大部分老旧小区居民缺乏足够的小区健身设施配套，因而出现了网络上大爷大妈的街头健身、公园健身的火热场面。口袋公园和健身公园中的健身器材基本配套完备，但是机械的设施与布局难以满足健身需求，常常出现部分设施扎堆排队，而另一部分设施无人问津的情况。

没空间，健身无从谈起；不健身，健康将受影响。优质、充足、丰富的健身空间对推动全民健康有着积极意义。那么，应该如何寻找、挖掘、改造健身空间呢？

满足高需求——更日常、更开放

健身空间本质上是社会公共物品，应面向公众开放，具有非竞争性和非排他性，然而当前的健身空间出现了场地缺乏、功能单一、缺乏监督的问题，如果不加以解决，公众的健身需求和热情会受影响。

因此，应该建设更日常、更外向的健身空间，将体育健身设施融入公园绿地等城市空间，将健身活动场地与公园绿地、城市线性空间、自然生态空间、商业文化设施等共建共享，持续扩大城市公共健身空间的面积、增加公共健身空间的开敞性、完善公共健身空间布局的合理性，满足人们的不同健身需求，避免"需求—功能"错位。

2017 年，《经济学人》旗下的经济学人企业组织（Economist Corporate Network）发布《中国开赛：崛起中的中国体育健身产业》研究报告。报告指出，2016 年中国的体育健身市场规模接近 1.5 万亿人民币，超 4 亿中国人有经常锻炼的习惯。这个数字中，广场舞贡献了 1/4，也就是说每天在祖国大地上翩翩起舞的阿姨（偶尔掺杂几个大爷），有近 1 亿人。

体现高效率——更包容、更灵活

要关注城市公共空间的品质供给，注重空间使用的效率和灵活可变性。首先，鼓励采用弹性可变的健身器械、分割单元和城市家具，促进功能复合利用，争取能在同一场地上提供更多元的服务；其次，倡导健身空间与其他空间的有机融合，例如咖啡店、轻食店、美容院、电影院、社区中心等，提高空间使用的包容度；最后，可通过智慧化、数字化技术的引入，及时发布健身空间的空余和闲置信息，突破空间限制。

图 2-116　开在公园里的"智能健身房"　图 2-117　健身房＋咖啡店　图 2-118　当贝投影与乐刻健身房共建沉浸式健身体验馆

适应高龄化——更有温度、更接地气

当下，健身行业从业者普遍将关注重点放在了 40 岁以下的年轻群体，行业内普遍认为年轻群体消费能力强，更喜欢聘请私教，附加价值高。但随着健身房竞争日趋激烈，面向年轻群体的健身房利润已经很低，市场一片红海。另一个显著的趋势是，老龄化引起的全民关注和讨论，老年健康背后的激增需求和市场潜力以及各细分领域的机会，更加明确地展现出来。

在北京二七厂居民区的自行车棚里，就藏着一家"二七健身俱乐部"，使用的杠铃不少是工人用厂里的废弃边角料自制的。健身房对学生、80 岁以上老人等免费开放，每年运转仅靠 30 人每年人均 300 元的费用。

健身不再是年轻人的"专利"，也逐步从传统意义上的增肌、减脂、塑形，走向康体养身、疾病预防、生

图 2-119　北京二七健身俱乐部内景
图片来源：《工人日报》微信公众号

上海虹桥街道"心乐空间"长者运动健康之家总建筑面积约为100m²，内设健康指导、体质检测、有氧心肺、微循环促进、等速肌力等5个功能区域，为老年人提供近10项运动健康促进服务，其半公益收费（每月99元）吸引了广大市民前去健身。

图 2-120　上海长宁"心乐空间"门面
图片来源：上海长宁微信公众号

图 2-121　上海长宁"心乐空间"内部
图片来源：上海长宁微信公众号

活习惯引导等，可以说，"老龄友好"的健身观已初步形成。然而，应对供需不平衡、前景广阔的老年健身市场，也需要正视老年人群的特殊属性，设置一批功能丰富的嵌入式社区健身场所，引入适老器械，加强健身康养指导，循序渐进地引导广大老年人进行健身活动。此外，针对一些有基础、有能力的"高端玩家"，健身市场也须考虑到老年人的社群归属感和勤俭节约的生活习惯，尽可能增补低成本、接地气、公益性的健身空间，让"银发群体"健得开心、健得放心。

应对高存量——更（gēng）新、更（gèng）新

在城市更新大背景下，应整合各类公共服务资源，积极打造健身空间，更好地满足市民群众就近锻炼、家门口健身的需求，为"全民健身"奠定坚实的基础。

利用存量空间资源，呼吁政府与市场主体共同参与，充分挖掘城市街旁空间、屋顶空间、老旧厂房、短期暂不开发土地、商业建筑内部空间、小区院落空间、桥下空间等"金角银边"空间，在保证安全的前提下，因地制宜、灵活多样地设置体育场地和设施，建设"小而美"的社区体育公园、运动场地等健身场所。

"健身自由"是愿望也是承诺，当健身不再是一个口号的时候，健康才会切实回到生活语境。广大的设计者、建设者和管理者，应响应居民的健身需求，满足各种类型与功能，充分寻找、开发和利用各类公共空间，合理配置各类设施与配套服务，加强设计引导、建设维护和运营管理，让健身空间成为街区的闪光点，点缀人们的健康梦想。

图 2-122　巴黎建筑间空地改造为不规则篮球场　　图 2-123　深圳闲置屋顶改造为体育训练基地　　图 2-124　上海街头设置灵活移动的集装箱健身盒子

加拿大多伦多本特威荒地改造

　　多伦多本特威地区加丁纳高速公路下方 1.7km 长的消极空间，被更新改造为一系列户外空间、步道和服务于社区及创新活动的场所。该场所串联缝合了周边 7 个社区，提供了连续而多元的体验，将城市中不受欢迎的场所转变为全新的共享公共空间，实现了高度的功能性和适应性。

图 2-125　本特威荒地改造后的场景

遛狗公园 营造和谐共栖的共享空间

　　与猫"宅"在家不同，狗生性活泼好动，每天需要一定的户外活动，遛狗也因此成为养狗人群的刚需。随着城市宠物狗数量的增加，遛狗需求不断增长，随之而来的是发生在街道、公园、广场等城市公共空间日渐增多的人狗冲突。如今，对遛狗实行规范化管理已成为共识，遛狗应牵绳已被写入《动物防疫法》，部分城市的公园禁止遛狗已被写入地方性法规。然而，人狗互动需要自由的空间，宠物狗需要嬉戏玩耍的场地，管理制度与现实需求之间存在一定的矛盾。如何化解这一矛盾，与狗共享城市公共空间？在街区中建设便捷可达的遛狗公园，是许多先锋城市的答案。

 遛狗公园

　　遛狗公园是指专门为宠物狗提供的，在主人监察下，狗能进行自由锻炼与玩耍的户外场地空间。

　　遛狗公园一般有明确的标识和范围边界，如标识牌铁质围栏、栅栏、双层门、绿篱等；园内通常设置保障安全和满足人狗需求的各类设施，如长椅、简易水源、狗厕所、狗游乐设施、垃圾桶等，并提供宽敞的活动区域，如草地、溪流。

图 2-126　纽约勒鲁瓦遛狗公园

图 2-127　伦敦汉普斯特斯德遛狗公园

图 2-128　悉尼布伦海姆遛狗公园

图 2-129　东京代代木公园遛狗场

图 2-130　香港观塘码头广场宠物公园

图 2-131　台北迎风狗运动公园

遛狗公园怎么建——功能设置始终是首位

遛狗公园是由于功能需要而产生的，因此在设计时功能必须放在首要位置考虑。设计需要考虑的问题有：是否需要根据狗的体型分区，如何清晰地将标识与告示提供给狗主，如何挑选耐用的铺地材质与休憩设施，如何设计灯光与夜景的效果，如何设置能有效保持清洁的粪便箱等。

图 2-132　双层门

图 2-133　使用者守则

图 2-134　狗游乐设施

图 2-135　饮水器

图 2-136　休憩设施

图 2-137　沙地狗厕所

遛狗公园怎么建——以景观美感的营造为辅

功能第一，并不代表遛狗公园可以完全忽略美感。毋庸置疑的是，虽属锦上添花，但是美感的营造仍然是狗主评判遛狗公园优劣的重要指标之一。小小的构思，如骨头形的铺地、犬只形状的艺术绿篱都能成为来往游人津津乐道的话题。

图2-138 华盛顿斯万普公园的骨头形捐赠牌与狗爪图案的围栏

图2-139 芝加哥弗雷德安德森公园将狗的饮水器、戏水区与微地形塑造相结合

遛狗公园怎么建——选择合适的植物种类

遛狗公园同样需要考虑植物的种植。粗壮葱郁的大乔木是遮阳的首选，而灌木和草本植物除了可作为分隔大小型犬不同区域的自然屏障外，应种植在人和狗聚集较少的地点，以免影响生长。配置植物时应特别注意选择能抵抗恶劣环境的本土物种，并避免对人和狗有毒的植物。

 设计小贴士

① 选择抗性强的植物

狗的尿液中含有高浓度的氮。小剂量的狗尿，是可以被当作有机肥来补充氮，但如果其被反复浇淋在植物上或渗透到土壤，反而会伤害花草，使得草地像被灼烧过那样变得枯黄。加之宠物狗喜欢咬食花草，或者抓树干来磨爪子，因此要选择对高浓度氮具有强抵抗力、自我修复性强的植物。

② 避免对人和狗有毒的植物

人与狗的构造不同。如同人类爱食的巧克力对宠物狗来说是剧毒之物一样，园林中常见的一些植物虽对人类无害，但是被狗吞食下去的话却是剧毒的，有可能会引起腹痛、呕吐、抽搐甚至死亡。所以，进行植物的选择时，要尽量避免对人和狗有毒的植物。

蝴蝶谷道宠物公园位于香港蝴蝶谷道 2 号立交桥下，设于荔枝角雨水排放隧道净水池的上盖。该处原为广泛绿化的操作及维修用地，经改造后，成为占地约 $7000m^2$，满足防洪、休憩与运输三大功能的宠物公园。该公园除了必备的狗粪收集箱、垃圾桶、洗手盆和宠物厕所等设施外，还设有多项宠物游乐设施，包括供宠物玩乐的模拟排水管道、穿梭摆杆和跳跃圈环等。该公园还兼具雨水排放、储水等功能，荔枝角雨水隧道汇集的雨水在净化后将用作灌溉园林、冲厕和清洗街道。

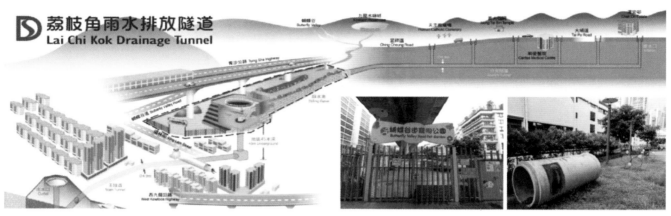

荔枝角雨水排放隧道透视图，图中红圈部分即为宠物公园　　　宠物公园入口　　　宠物游乐设施

图 2-140　蝴蝶谷道宠物公园

作为附属型遛狗公园的香港荃湾公园宠物公园

宠物公园占地约 $350m^2$，位于荃湾公园西侧，为一块独立封闭的区域，而荃湾公园其他活动区禁止宠物狗活动，并设置明显的"请勿携犬入内"标识。宠物狗既可以在指定区域不受约束地活动，又不会干扰到其他区域的使用者。

图 2-141　荃湾公园地图，图中红圈部分为宠物公园

遛狗公园怎么管

制定法律保障制度体系。针对宠物狗的检验检疫、饲养及遛狗公园的使用须知制定一套完善的法律保障机制。目前我国多数城市的养犬管理条例明确禁止宠物狗进入公园等公共空间。若要建设遛狗公园，则需要修改和完善相关条例，补充有关遛狗合法性区域和合法性行为的条例。

此外，建设遛狗公园必然会存在一定潜在的安全卫生问题，使用遛狗公园的宠物狗须在专门机构注册并通过检疫。明确遛狗区域管理人员、遛狗人士、其他人群的职责、义务、行为规范及发生纠纷后分别要承担的责任等，如香港规定遛狗过程中产生的各种矛盾纠纷应由宠物主承担，公园管理方只负责公园设施维护及环境卫生管理。相关部门在处理纠纷时应该严格依据法律规定进行责任认定和处理。

多方合作共同管理。可探索政府牵头、民间组织监督、市民配合的共同管理模式。如香港渔农署、康乐署与香港爱护动物协会等民间组织共同管理与维护遛狗空间。再如在世界上第一个遛狗公园——美国奥洛内公园，养犬人成立了一个管理协会——奥洛内遛狗公园协会来负责维护公园，并保证公园的长期存在。民间组织及市民的参与一方面有利于降低管理成本，提高遛狗公园服务的质量与效率；另一方面也有利于增进养犬人"主人翁"意识的形成，推动遛狗公园的长效维护。

各地养犬管理条例中对于狗能否进入公园的不同规定 表 2-8

分类	城市	相关规定摘录
狗可进入专门活动区域	广州	市政园林行政管理部门可以在其管理的公园内开设犬只活动公共区域
由各公园管理者决定狗是否可进入	上海	其他场所的管理者可以决定其管理场所是否允许携带犬只进入
无禁令即可入	南京	不得携犬进入设有犬只禁入标识的公园、风景名胜区等公共场所
	北京	不得携犬进入公园、公共绿地等公共场所
狗不得进入	深圳	禁止携带犬只进入公园等公共场所
	苏州	禁止携带犬只进入封闭式公园
	徐州	不得携犬进入公园、公共广场

加强对新技术的运用。可为宠物狗配发相关身份信息的二维码标识牌，并要求其在遛狗公园等城市公共空间活动时必须佩戴，以方便对狗的活动进行多方监管。可推出与狗证配套的 App，向养犬人推送近期狗疫苗接种的日程提醒、宣传附近的遛狗公园及相关活动等内容。

可探索通过 AI、大数据、能源转换等方式，让狗的粪便得到及时清理，乃至"变废为宝"。如以色列的特拉维夫要求养犬人在延期狗证时提供狗的 DNA 样本，形成数据库，通过测试未清理的城市公共空间狗粪的 DNA，识别出养犬人，并对其罚款处理。

该计划通过每天从遛狗公园中收集的狗粪，再混合其他废物废渣，经过特殊处理程序后产生可作为天然气的甲烷，从而为遛狗公园的路灯供电。这不仅维持了环境的干净整洁，又充分地利用了资源，可谓一举两得。

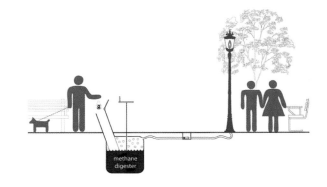

图 2-142　狗粪回收利用计划工作原理示意图

图 2-143　狗粪回收利用计划实景图

城市文化生态学认为，一个空间区域，如果不能满足各个层面的功能需求，必然会引起内部的矛盾冲突，从而导致整体的功能下降。建立遛狗公园不仅是为了狗，而是考虑其身后的主人和其他所有使用空间的人。这既是社会文明的进步，也是关怀不同群体、保护生物多样性的重要体现。我们期待，更多遛狗公园在街区中出现；我们呼唤，更好地与动物共享街区空间。

口袋公园 方寸地兜起幸福生活

随着口袋公园在我国各地的兴建，这一从美国引入的"舶来"概念，逐渐走入百姓视野，并成为与居民日常生活联系最紧密、空间距离最近的公园绿化活动场地。与此同时，口袋公园也从"为上班族和购物者提供可以休憩片刻空间"的简单场所，变成被设计师、管理者、市民等寄予多重期望的复合空间。口袋公园承载的不仅是市民对就近游憩、观赏的服务型、体验型绿地的需要，更是对城市园林绿化高品质建设的期许。

简单好用的"实用"口袋

1967 年 5 月 23 日，宰恩设计的佩雷公园（Paley Park）正式开园，成为世界上第一个口袋公园。它位于美国纽约 53 号大街的佩雷公园，占地面积 390m² （12m × 32.5m），一面临街、三面建筑环抱，原先只是两栋建筑之间的场地，在种植了 17 棵间距 3.6m 的皂荚树、摆放了 20 余组桌椅后，为周边的上班族提供了午间用餐、交谈的场所，为周边的居民提供了与自然亲近的空间，还为前来消费的购物者提供了短暂休憩的场所，成为公认的口袋公园经典案例。

家门口的"可用绿化场地"

许多城市的中心城区，由于建设年代早、居住密度较高，公园绿地难以覆盖所有居民，且由于空间有限、用地紧张，更鲜有新增空间用来建设独立占地且面积较大的社区公园（面积大于 1hm²）或游园，因此选址灵活的口袋公园成为城市公园绿地的补充和延伸。通过对闲置地、边角地、畸零地、腾退地等小微地块、灰色空间的再利用，建设成老百姓家门口的口袋公园，可以织密城市公园绿地服务圈，让公园绿地走近市民日常生活，实现出门进园、街角遇绿。与此同时，通过对使用率低的小微绿地、道桥边角空间、桥下空间等消极场地的改造，以及对封闭观赏型绿地的优化，口袋公园还能够有效提升绿地的服务功能，让绿地成为"进得来、坐得下"的交往、游憩场所。

图 2-144　佩雷公园建成初期（左上）及现状实景

图 2-145　深圳市梅丰社区将闲置用地（左上）改造为口袋公园的形状实景

街头巷尾的"特色名片"

佩雷公园简单的"乔木+广场+座椅"的设计，已经不能满足人民群众对高品质园林绿化的需求。口袋公园"国产化"以来，为了提供更精致、精美的空间，其设计手法和建设内容也愈发多样。一方面，灵活的选址为口袋公园的空间形式和功能布局带来了丰富多元的可能性，围墙与道路之间、围墙与河流之间等狭长的场地也被打造为层次丰富、活力有趣的口袋公园。另一方面，设计师更注重挖掘场地周边的历史文脉、人文底蕴等地域特色资源，通过兼具当代美学特质和时代人文精神的园林空间建设，将口袋公园打造为展示城市特色风貌和人文魅力的特色名片和活力打卡地。

在单个口袋公园设计品质不断提高的同时，部分城市还注重口袋公园的系统性建设，从城市层面对口袋公园的选址、规模、功能和服务范围进行统筹考虑。在小微公园绿地由点到线、由线到面，形成一定规模的生态绿地网络和系统的同时，口袋公园也成为城市中贴近居民生活的园林绿化"品牌"。

 ## 昆山市"昆小薇"城市公共空间提升

2020年以来，昆山实施"昆小薇·共享鹿城"专项行动，挖掘城市中一些未被充分利用的空间、边角地、闲置地，通过渐进式微更新，共新建、改建42个口袋公园，使城市建设和改造中触不到的盲点、断点及景观较差的空间得到改善。在口袋公园成为街区亮点、增强了人民群众获得感和幸福感的同时，"昆小薇"也成为昆山城市公共空间的品牌。

图2-146　"昆小薇"城市公共空间现状实景
图片来源：昆小薇微信公众号

凝心聚力的"共享载体"

作为家门口日常使用的公共空间，口袋公园离不开居民的出谋划策。居民全过程的深度参与，有利于建立居民的在地性联系、提高社区和邻里的凝聚力。

首先，在规划预控阶段，管理部门和设计师应通过广泛宣传和深度调研，对口袋公园的选址、规模、出入口等关键要素，广泛征询公众意见，将自上而下的要求与自下而上的需求相结合。其次，在方案设计阶段，可以通过设计工作坊等方式，组织居民对口袋公园的初步方案构想展开讨论，鼓励居民提出设计想法和思路，共同探讨方案的可实施性。最后，在建设和使用阶段，居民可参与口袋公园的植物栽植等简单易操作的建设环节。

口袋公园被不同年龄、不同职业、不同爱好的人群赋予越来越多的期许，并容纳了多种功能类型。在各种想象、创造和需求的交织下，口袋公园不仅是承载多样人性化需求的多元复合邻里场所，更是有着无限可能、触手可及的乐享空间。

◆ 深圳市福田区社区共建花园

在街道、社区的全力支持下，深圳市福田区 2020 年计划建成 20 个社区共建花园。益田花园点彩人家社区共建花园位于居住社区中，紧邻住宅楼宇，是离居民最近的休憩场所。居民与设计师通过两次设计工作坊，共同确立各方认可的口袋公园方案。在建设过程中，居民以家庭为单位，参与卵石地面铺装、轮胎彩绘、轮胎花园种植、彩绳廊架、标识牌制作等互动环节，并认养了各自的轮胎苗圃，共同建造完成口袋公园。

图 2-147 福田区社区共建花园改造前

图 2-148 福田区社区共建花园改造后

04

便捷共享的智慧服务

　　街区服务设施是老百姓宜居生活的基石。社会结构及其需求的快速变化，决定了街区公共服务设施和水平的提升，必须适应和引领社会新发展趋势，更好回应生活新需求。街区的服务配套改善，一是要注重完整便捷的服务圈建设，细分需求层次，精准配置；二是要强调开放和活力，以老百姓对街区服务的新趋势、新需求为出发点，通过各类软性措施及空间改造提高街区的共享性，激发街区共享活力；三是要注重智慧化等新技术的应用，利用科技手段解决街区服务中的防洪、停车、老龄化等问题，提升街区服务效率和水平。

苏州双塔市集
图片来源：内建筑设计事务所提供

①上海：15分钟社区生活圈规划导则——构建5、10、15分钟生活圈层级

设施类型

○ 儿童常用设施
◐ 儿童 & 老人常用设施
◑ 老人常用设施
● 上班族常用设施

设施服务圈

60～69岁老人日常设施圈：以菜场为核心，与绿地、小型商业、学校及培训机构等设施临近布局

儿童日常设施圈：以各类学校为核心，与儿童游乐场老人常用设施及培训机构等设施有高关联度

上班族周末设施圈：以文体、超市等设施形成社区文化、娱乐、购物中心，引导上班族周末回归社区生活

图 2-149　上海 15 分钟社区生活圈规划导则
图片来源：《上海15分钟社区生活圈规划导则》

②雄安新区：社区生活圈规划建设指南——以5分钟生活圈作为"基因街坊"，构建理想生活的"五宜""十全十美"社区

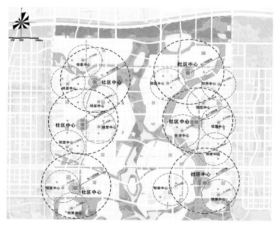

图 2-150　雄安新区社区生活圈规划建设指南
图片来源：《雄安新区社区生活圈规划建设指南》

生活圈让居民多样化需求"近在咫尺"

生活圈的设立完善是为了让街区更美好、生活更宜居，透过生活圈我们能够看到无数温情的、气氛感十足的场景，完整了"家"的形象。生活圈越便利、越丰富，说明街区越宜居。在各类突发事件背景下，生活圈需要满足生活"必选项"；在强调生活多样性、尊重多元化的需求下，生活圈又需要提供功能和形式的"可选项"；在鼓励分时共享、社区融合的扁平化生活趋势下，流动生活圈又链接了多元主体。

生活圈的定义

"生活圈"一词起源于日本，与国家区域、大都市、地方县和地方市等不同空间尺度的开发规划及结构调整紧密相关，用于指导设施布局、公园绿地、防灾避险等的规划设计。

生活圈是人们居住和生活的空间单元，需要满足市民的消费和工作需求。其应配备基本的服务功能，包括医疗、福利、教育、交通、污水处理等公共服务与市政设施。

国内上海、雄安新区等地就生活圈也进行了探索与实践，推行了一系列导则和指导办法。

生活圈的必选项

生活圈的底线需求

在遭遇公共卫生事件等突发事件时，城市居民的活动范围瞬时缩小，生活需求随之降低。生活圈必须满足底线需求，才能保障市民生活正常运转。一系列调研报告、实际走访、网络问卷等显示，生活圈的"必选项"包括网购投递、商超配送、医药购买、水电气缴费等一系列

功能。然而，突发事件解除后，居民对生鲜食材的需求并未消失，未来将长期保持对生鲜食材的购买需求且趋向选择更加下沉式、社区性、便利性的渠道，例如社区团购和生鲜、便利店等，这极大地促进了生活圈的蓬勃发展。

生活圈的"合为一体"（all in one）

值得关注的是，在生活圈的"必选项"中，有很多电子化、复合利用的功能，恰好在便利店中得到集成；同时，便利店因高密度、短半径、即时、便利的特点，成为生活圈中重要的构成部分。这里所说的便利店有着较广泛的含义，包括国内品牌连锁便利店、外资便利店、杂货店，还包括小本经营的夫妻店等，共同构成生活圈的"all in one"。以日本为例，便利店俨然是一座微型商场，它虽空间有限，却将有限的空间利用到了极致，包含打印、购物、邮寄、送洗衣物、现金取款、使用洗手间等 12 种服务功能。

新冠肺炎疫情前后的消费渠道变化

疫情期间，消费者对生鲜食材的购买呈爆发式增加趋势，超市、综合性电商平台、外卖等居民购物零售渠道火爆，小区业主微信群也成为意料之外的流量平台。

疫情后，消费者对传统的线下渠道的购买频率逐渐恢复，对电商平台、水果店 / 果蔬店、便利店等的需求保持平稳并逐渐增加。

图 2-151　疫情后萌生的社区生鲜品牌

生活圈的可选项

多样化的消费者催生了多样化的需求，除了生活圈的"必选项"之外，不同类型的便利店、小卖部拥有各自的"可选项"，提供的特色化、专营化的产品，构建了自身的消费场景，迎合了生活圈内部多元人群的需求。

小卖部和便利店拥有差异又丰富的消费场景，增加了生活圈的"可选项"。它们逐渐成为人情味的代名词、市井文化的缩影、孤独灵魂的精神栖息地。

可选项 1：土味小卖部

类型：夫妻店、家庭店
消费客群及情感属性：
"老顾客买完东西也不着急走，会站在门口和老板云里雾里地侃大山"
"偶尔忘带钱包，忘带手机，赊个账也是可以的"
"特意为某一顾客进的货，街坊四邻帮忙抬进屋的冰柜，闲谈小道消息"

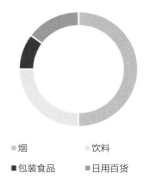

图 2-152 土味小卖部消费分析

可选项 2：本土便利店

类型：苏果好的、美宜佳、永辉、天猫小店等
消费客群及情感属性：
"美宜佳对标二三线市场消费群体，包括商品组合、市场推广都是围绕着这个赛道去做，所以在它眼里是没有竞争对手的。"此外，苏果、永辉生活等便利店引进知名IP吸引年轻人，如热血街舞团、反斗联盟等游戏IP，多鱼、萌猫等萌宠IP。

图 2-153 本土便利店消费分析

可选项 3：外来便利店

类型：711、罗森等外来的 24 小时便利店
消费客群及情感属性：
因为拥有多样功能，特别是即食食品占比高，许多上班族三餐在便利店解决，这也成为打工人的深夜食堂和放空自己的地方。许多知名电影（《重庆森林》《春娇与志明》）都会以深夜便利店作为都市情感的发生地。

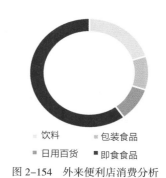

图 2-154 外来便利店消费分析

生活圈的"飞行嘉宾"

固定门店和设施固然是生活圈的"常驻嘉宾"，流动的市集、摊贩等则是"飞行嘉宾"，对生活圈进行了有益的补充，在满足社区周边居民的生活需要中扮演了举足轻重的角色。

澳大利亚凯文格罗夫（Kelvin Grove）周六市集是典型的社区市集，为周边居民带来更为丰富的休闲方式。

市集采用灵活多样的销售方式，设置更多休闲服务，如售卖咖啡、工艺品、鲜花、大众服装以及各国风味小吃等，并伴有公益属性。常常有公益机构租用临时摊位进行公益宣传、募捐或义卖活动，关注环保、少数民族文化传承和社区服务等。

宜兴丁蜀镇蜀山陶集是以陶瓷产业生产为基础的主题市集。

图 2-155　澳大利亚凯文格罗夫周六市集

图 2-156　丁蜀镇蜀山陶集

陶瓷文创市集在丁蜀镇掀起一阵强劲的"陶"艺创意清风，与丁蜀镇的传统产业结合迸发出了蓬勃的生机。

市集内容包含手工技艺、独立设计等陶文化相关产品，以及网红小物、纯粹美食等休闲产品。市集每期还设定"众里寻她""三十而已茶服秀""最美摊主"等文化主题活动，吸引了一众客流，尽显"陶式生活"的魅力。

参考简·雅各布斯的观点——"多样性是城市的天性"，生活圈天生也拥有丰富的多样性，我们应鼓励生活圈，多些"烟火气"，抚慰普通人的酸甜苦辣；多些"生活气"，沾着泥土、冒着热气、带着露珠、接着地气；多些"人情味"，在街头巷尾间点缀起平凡人的宜居梦。我们应鼓励生活圈既关注老年人，又关注儿童，让"一老一小"都能享受到照顾。这既延续传统小卖部，又支持数字化无人店，让旧晨光和新纪元交相辉映；这既设置流动摊贩，又保证24小时不间断供应，让流动与固定、分时和全时互为补充；这既满足所有人的生活需求，又让每个人都在城市找到归属与爱。

解密街区消费引力的场景营造密码

随着居民消费需求的释放与大众消费文化的转型，良好的消费体验街区通过空间设计与场景营销，带来全新的情感共振、感官刺激和沉浸体验，不仅成为"消费的场所"，更实现了"场所的消费"，为当前发展有效拉动内需消费，构建新发展格局提供有益支撑。

经济学家在1998年的一篇文章中首次提出"体验经济"的概念，它是指：通过空间环境的氛围感染、配套设施的优质服务以及城市文化的洗礼让消费者产生愉悦，得到精神的满足，从而刺激消费。"体验式消费"首次从消费视角突出强调了空间营造的作用，明确指出消费活动对城市空间改造、再生产的控制与引导。

从消费心理学来看，体验式消费始于空间连接，强化于情感认同。因此，消费体验街区通过空间场景的服务品质化、情境带入感以及与周边生活业态融合共生给人们带来情感认同，从而建立了新的消费欲求渠道，帮助人们完成"认知—意志—购买"的行为，以此提升了街区活力与场所体验价值。

从消费体验街区诞生的内生逻辑来看，目前主要有历史记忆型、圈层符号型、时空赋能型消费体验街区。

历史记忆型消费体验街区

历史建筑、有年头的街坊、有年代感的沿街店招设计体现了城市的原真性，吸引着不同人群的聚集与体验。由此可见，当前主打历史文化为主题的街区成为当代文化、商业消费的主要空间载体之一。

并不遥远的近现代风貌
近现代的许多物质和精神文化的延续在人们记忆中依然保持着似清晰、似模糊的朦胧感和亲切感，这正是消费空间可以利用的最大卖点。19世纪中期的标志性建筑与街区景观在许多城市中仍保持着较好质量，在功能置换、景观重塑中有较大余地，给商业消费空间塑造创造了较大弹性。

在该类街区空间设计中，符号化历史文化氛围成为最大的特点。设计者提炼符合当地历史文化的意向、符号等，加载到建筑等的空间设计中，并改造入驻商业品牌形象，从而在该地域范围内打造出风格统一、整体符号化的空间意象，让往来者沉浸于这种外向化的文化氛围。这样便为消费者建立了消费欲求的新渠道，使其自觉地消费商品与服务。

废旧厂房的生活化演绎

工业遗产街区的活化利用，在理念上兼顾了空间的公益属性与经济社会属性；在做法上不仅强调建筑内外风貌的设计，而且注重商业文化业态运营。工业遗产街区吸引人群驻足、体验，最终产生消费行为的关键在于充分保留工业遗存的原真性，引致视觉震撼与情感共鸣，以及通过关联性文创、生活服务、商业功能植入，提供消费载体。

消费文化转型和消费体验街区

关于消费文化转型：工业化高速发展后的生产积累，必然导致以消费为主的社会文化转型。进入 21 世纪以来，借助于现代信息技术与商业资本流动，资本助推下的新一轮消费文化、消费主义逐渐传播，也带来消费逻辑的转译——消费不单纯追求实用性消费，而更追求附加的价值。

关于消费体验街区：消费体验街区是城市街区的一种类型，不同于以居住、生活服务功能为主的街区，消费体验街区营造更注重融入多元业态与复合功能，具体而言，消费体验街区通常围绕特定主题IP，引入相关商业、文化、公共生活服务业态，并通过沿街界面、街巷、建筑的设计给人们带来情感、感官冲击，增强场所认同感，进而刺激消费。

澳大利亚悉尼詹姆士德街区

澳大利亚悉尼的詹姆士德街区始建于1904年，到了 2000 年前后，破败严重，政府以原先电车仓库为核心启动片区的整体改造。改造项目最大程度保留了原建筑外部近现代风貌特征，仅对内部钢筋架构进行重新搭建，保留被修复过的旧时电车。改造后的街区以餐饮为主要业态，同时形成促进社区交流的场景。

南京 1912 街区

1912 街区位于南京长江路文化街，紧邻总统府，是南京传承民国文化、展现当代魅力的"城市客厅"。在文化符号空间植入上，1912 街区建筑风貌设计围绕民国文化、中西合璧，与总统府遗址建筑群总体保持一致，让往来各类人群仿佛置身于民国年代生活氛围之中，不自觉地进行商品与服务消费。

图 2-157　詹姆士德街区内开放式的餐饮消费空间

图 2-158　南京 1912 街区

20世纪90年代起，比利时对市中心占地6.5hm²的梅迪亚西特工业基地厂房进行改造，将其打造成比利时最大的购物中心。梅迪亚西特改造最大的亮点在于，保留了钢铁中心原有的主要结构——长廊，并用该廊道完美地连接列日市的新城与旧城。

图2-159　梅迪亚西特厂房改造后外景

南京第二机床厂

南京第二机床厂始建于1896年，后成为我国数控齿轮机床的重要生产基地。原厂自20世纪90年代中后期迁出主城，机床厂旧址经历了保护性设计更新，如今成为南京6个工业遗产历史风貌区之一。目前，区内老厂房在保留外观风貌基础上，置入文化创意等产业板块，成为现代消费空间载体。

图2-160　南京第二机床厂改造后的街区内部实景

圈层符号型消费体验街区

文化符号是处于某个圈层的人们所表现出来的特征。面向更有消费欲望的95后年轻一代群体，在塑造街区特色的基础上，若能适度与他们所理解的潮流——国风、电竞等亚文化完成对话，以多元场景和沉浸式体验，迎合年轻消费者的个性化需求，建立起情感认同，就能聚集更广泛且忠实的客群，将客群流量转化为街区消费价值增量。

文艺青年必去的打卡地

能够提供个性化"打卡"场景的街区逐渐成为城市的重要地标。它们借由社交和点评软件的晒照传播，提升街区曝光度，激活潜在消费力。

真实极致的社群聚集地

与城市文脉相依、与周边人群特征契合的"在地"场景，保留了更新前老街坊的烟火气、产业文化基因，使街区空间由内而外做到真实且极致，形成长久消费吸引力。

澳大利亚墨尔本街区

菲茨罗伊曾是墨尔本中央商务区北部的一个工薪阶层郊区，如今已成为这座城市的艺术天堂。

街头艺术家把视觉强烈的艺术涂鸦展现在街道，与原本平凡的环境对话。澳大利亚的顶级厨师和调酒师纷纷来到这里运营新的餐馆、咖啡馆和酒吧。越来越多时尚的梅尔布利亚人来到这里参与时尚消费。

图 2-161　墨尔本街区的特色店铺和街头艺术墙绘

澳大利亚阿富汗市集

街旁增设的座位区再现了传统阿拉伯文化中的"苏法"（suffah）高台，让人们能够体验独特的交流方式。座椅和铺地的图案来源于传统的花砖拼贴，并选用了具有重要文化意义的绿松石和青金石色彩。沉浸式的城市街景吸引了许多顾客前来体验。

图 2-162　澳大利亚阿富汗市集上的传统花砖座椅和铺地

时空赋能型消费体验街区

简·雅各布斯指出，只有多样化的环境才具有实际的魅力，产生自然的生命之流，带来源源不断的使用人流。优秀的消费体验街区善于将单一的购物功能转变为集购物、旅游、创意等于一体，通过多元业态的合理配比，刺激人们多方位的需求。除了在空间维度上的复合，如"地摊经济""夜间经济"等在时空维度上的延展也为街区复兴、消费增长与文化繁荣带来新的引擎。

在有限空间里体验多元

多功能的空间复合主要体现在独立商铺内部的功能叠加、水平方向相邻商铺的功能错位、立体方向沿街建筑内部的功能混合，以及商业街区与周边地段的功能互补等方面。

在夜间经济中享受闲暇

夜间经济是在不变的场景、流动的时间上延伸出的消费链条，在夜间时段更新空间场景与功能，提供新的消费品类。主题感、社交性成为打造夜间消费街区关键。

消费体验街区作为丰富城市公共生活、提振内需消费市场的现实载体，是城市特色魅力、社会文化价值的集中空间体现。在消费文化转型背景下，"为体验买单"成为城市空间经营的新视角与新思路。如何顺应新发展规律，探索消费体验街区转型升级路径，将成为当前支撑构建新发展格局、提升城市吸引力的关键突破与现实举措。

兰州老街

兰州老街打破传统街铺的简单排列和聚集，围绕"燥、火、赤、味"四字主线，并基于消费空间的情境化、消费圈层的共鸣度、品牌业态的联合度，对国潮文化、风味餐饮、主题酒吧、潮流院线以及民宿酒店等多种功能进行组合。

图 2-163　兰州老街国潮消费街景

上海安义夜巷消费街区

设计团队通过空间设计、业态导入将安义路打造为周末限定的"城市高品质生活服务"夜市。高品质空间打造与严格的品牌资源把控，让安义夜巷链接南北两侧商业中心，成为现象级的上海夜经济街区的代表。

图 2-164　安义夜巷实景

创意市集成为激发街区活力的磁场

不知从何时起，"市集"如雨后春笋般悄然出现在街头巷尾。每当夜幕降临，一家家"移动小店"挂起招牌，点亮小夜灯，各种商品琳琅满目，既有摊主亲手制作的文创产品，也有现场调制的"独家秘制"饮品，网红玩具、网红小吃……吸引众多年轻人打卡，吸引市民感受不一样的"烟火气"，成为这个陌生人社会中的新"景点"。

图 2-165　广州水秀一路后备箱集市

种类多元的街区市集

后备箱市集：梦想、潮流

摊主以汽车后备箱为主要阵地，售卖自制甜品、咖啡奶茶、宠物用品等。这往往出现在年轻人较多、商业氛围较好的大商场附近。

有些摊位是奔着"打品牌"去的，从名字设计到新媒体运营都相当有章法。有些摊位更多是奔着"玩"去的，释放创业激情，感受生活乐趣，后备箱市集与汽车文化、咖啡美食、夜生活、露营经济联系紧密，有一定的潮流文化属性。

图 2-166　重庆金沙天街集市

社区市集：实惠、生活

社区市集，也可以称之为市集型社区商业，可以理解为另一种空间形式的"菜市场""小超市""路边摊"集合体。

社区市集以服务周边居民的生活需求为主，主要售卖当地美食和生活用品。这种市集通常出现在大学城、大型社区交通便利的位置，方便人群到达。人们有时可以用线上商品的价格享受线下服务，也可以享受到几块钱的路边美食，浓浓的烟火气为城市带来独特的魅力。

图 2-167　重庆金沙天街奇遇集市

"鬼市"：神秘、货物

"鬼市"可以说是市集的特殊形式，一般夜晚开场，直到天刚破晓时才结束。这里物品种类繁多，价格便宜，几百年前的古玩、曾经盛行一时的大哥大都得见。

大部分人来到"鬼市"都是为了体验一下"鬼市"文化，如果足够幸运，也可能低价购买到真正的古代文玩。

南京"鬼市"

它没有固定地点，周六、周日凌晨"随时开摊"，除了有着奇怪的时间、奇怪的商品之外，还存在着一些奇怪的规矩：不问质量、不问出处、不问真假的"三不原则"，这也为"鬼市"蒙上了一层浓厚的神秘色彩，满足了刺激人们消费的心理。

图2-168　南京"鬼市"实景

 南京饮马巷

它位于夫子庙旁的老南京民居内，售卖时间一般为下午，几乎所有的商店都追求复古的"原汁原味"，几乎不进行店面装修，售卖的商品一般为二手的古着衣物，因便宜、量大的特点吸引了许多年轻人前来"淘货"。

图2-169　饮马巷复古市集

复古市集：小众、猎奇

一些老街巷中的"市集"，外表依旧呈现几十年前的样子，却因"怀旧"等标签在各大网络平台上人气一路飙升。

小众的社群、小众的审美、小众的空间，与另类的产品品牌和标志互为映衬，成就了这一股小众市集的"泥石流"，老旧破败的空间状态在这里成为一种另类时尚符号。

市集的吸引力

消费者：寻找温暖的"人情味"

热闹的市集在这个重度互联网时代，给予人们一个线下面对面交往的机会，它已经超越单纯的交易属性，变成一个具有丰富意义的"交往空间"：在市集上四处走动、挑挑拣拣，以步行和身体来感知空间，摊主摊贩之间交流互动，释放了我们以集体为单位在活动时彼此关照和协助的天性。

市集以强大的原始驱动力，将个体牵引至人群中，牵引至久违的烟火中，在缤纷的"物阵"与涌动的"人流"中，感受公共生活，享受宝贵的人际交往空间。

中国城镇化率从 10.64% 到 64.7%，仅仅用了约 70 年时间，我们距离乡村如此之远，但乡愁记忆离我们却如此之近。乡村社会的熟人圈子、亲情邻里，是流动在"陌生人社会"中的人们心底关于美好幸福生活的记忆。

在市集中，人与人之间充满善意的问好、没有目的闲逛和轻松聊天、对趣闻轶事的介绍和打听、围绕拖鞋和裤衩的讨价还价，形成一股强大而鲜活的场景力，将每一个飘落到城市的游子，从关门回家的独立空间、充满目的性的城市生活中，拉回到久远的"赶集"场景，使其再次感受那亲切熟悉、散漫休闲、热闹日常、群体性的幸福感和归属感。

时尚达人：寻找"独一无二"的酷体验

市集吸引年轻人的一大特点是"个性"，或许摊主的颜值很高，穿搭也极具个性，或许摊子的布置别具一格，整体氛围就是"别致""仅此一处"。

摊主的作品大多是原创的，不是"烂大街"的标准化商品，也不是线上平台可以替代的：摊主现场分享了他们的创意、有趣的人物和故事。在这里，人们的感官完全开放，眼睛、耳朵、嘴巴和鼻子都在接收环境信息，这本身就是一个原创的沉浸式体验场景，消费者能买到的，不仅是商品，也是独一无二的体验。

创业者：寻找可能的"出路"

市集摆摊很方便，人们可以用自己的特长兴趣做出点特色，而且有时候几个小时就有数百元甚至过千元的收益，是很不错的副业选择。

市集是包容的。摆摊的也有相当一部分低收入群体，一位年逾六旬的摊主表示，摆摊是家庭赖以生存的活计，"只要肯努力干，还是能赚点的。"另外让人注意到的是，摆摊的还有一些"身残志坚"的手艺人，市集这个平台可以让他们与正常人一样工作劳动，养活自己的家庭。

小众社群：体验新鲜的生活方式

市集就像一个线下版本的"朋友圈"，好的市集就像一个神奇的磁场，可以把同一频率的灵魂聚集在一起。音乐市集上摇滚乐者击打着乐器纵情狂欢，汉服爱好者身着传统服饰来一场"汉服秀"，还有宠物市集上养宠达人相互交流自家"宝贝"的趣事，皆能让大家享受到市集的乐趣。市集为他们提供了展示自我、寻找志同道合伙伴的舞台。

市集成为城市空间保持热度的密码

赋能城市更新，带动空间再创造

持续的市集引流，为更新空间带来不断的关注度。为了更好地激活杨浦滨江南段水岸线上海船厂工业遗存的空间活力和经济价值，在其更新的过程中就引入了市集活动，为这个"新消费市场"提前广告占位。

引导消费习惯，培育文创市场

文创产品的线上营销需要更多的文化解读，需要先与消费者建立文化上的联系。市集有效地充当了"媒介"的作用，而更重要的是，下一代的消费文化将在其中孕育。皮市街"书香市集·夏日阅读计划"，通过系列主题特色的书香文化体验活动，极大地提升了市民消费品位。

传播地方文化，提升城市竞争力

市集的走红，也为当地的文化输出打造了通道，塑造了本土城市 IP。苏州东西桥市集，从十多场茶会开始，逐渐发展成为聚焦器物、服饰、饮食、艺术的苏州美学汇集地。市集对于消费者的文化输出是层层递进的，从场地搭建、摊位布置到背景中的吴语，还有户外昆曲评弹的旅程，以及苏绣、漆艺等工作坊，为访客创造一处随时都可以停下观察、细细品味当地文化的窗口。

由于"市集感"具有吸引甚至"疗愈"现代人的潜能，市集一夜"爆红"，成为发展夜经济的象征，在"万物皆可市集"的当下，市集已经成为一个符号，充斥着激活城市公共空间的美好想象。同时，市集作为街区活力复苏的引擎受到扶持，它似乎成为最有效的营销方式，通过介入更新后期甚至更新全过程，让人们在新空间里聚拢以及消费。如何在更新时代让市集与日渐精进的空间营造相匹配，将会是其未来面对的最大挑战。

图 2-170　东西桥市集活动

建设没有"围墙"的开放街区

2016 年《中共中央　国务院关于进一步加强城市规划建设管理工作的若干意见》提出，新建住宅要推广街区制，原则上不再建设封闭住宅小区。已建成的住宅小区和单位大院要逐步打开。这在当时引发了广泛热议，反对之声颇多。若干年过去，一些城市的实践让我们重新审视街区开放这一话题。

没有围墙什么样

纽约没有围墙，是最适合步行的城市之一。它的路很密，每个街区都很小，所有的住宅楼几乎都临街。

在纽约，从楼里走到路边上，只需要几步。有的小街比较安静，但出门走几步，很快又重新进入了繁华喧嚣的闹市。

或者当你走累了，路边会有几座长椅，或者一个小公园，随时可以找到地方坐下来，甚至可以坐在别人家的台阶上。街边还有小酒馆、小咖啡馆、小书店，行人多了，商业也变得兴盛有趣。

开放街区可实现城市公共资源共享，并与城市功能空间有机融合，营造富有活力的城市氛围。我国的城市街区大多是由围墙围合的封闭式空间，打破围墙构建更人性化的开放街区，对于提升城市活力、促进场所交往益处良多，但实践并非易事。

"拆围"难在哪

我国一直以来素有砌墙的传统，早在春秋时期，即有"城郭之制"。自古以来城池有城墙，宫殿有宫墙，大院有院墙。这种建筑文化体现了人们对房屋隐秘性和安全性的考虑，围墙是一种领域的体现。

在城市快速扩张过程中，曾经十分流行气派的宽马路、大街区，人们过马路十分费劲。

打开封闭单元，推广街区制，是为了实践窄马路、小街区，使得城市生活更便捷、交通循环更通畅。但遭遇最大的质疑还是围墙打破后的安全顾虑，以及是否会给单位大院内的办公带来干扰的担忧。

纽约之所以没有围墙，是因为街区小，几栋公建、公寓就占据一个街区，且建筑直接面对街道，每栋楼都会设有门卫管理员，安全能得到有效保证。其虽然没有街区型围墙，但却有社区分异的无形围墙。

图 2-171　纽约的银行街

图 2-172　纽约街区平面

图 2-173　宽马路、大街区
图片来源：中国城市规划网

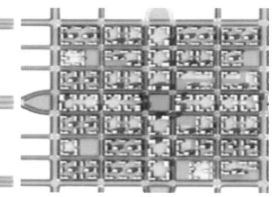

图 2-174　窄马路、小街区
图片来源：中国城市规划网

相比之下，我们国家的很多街区尺度较大，每个街区内建筑数量较多，安全管理难度大。

单位大院"拆围"先行一步

2016 年搜狐网、凤凰网曾对"不建封闭住宅小区、围墙打开、内部道路公共化"等提议进行网友投票，结果有近 6 成人士反对，但对于"单位大院对外开放"的提议却得到了大多数人的支持。单位大院本身就是城市公共资源，"拆围"不涉及个体的居民利益，从政府执行上更具可操作性。单位大院大多是独栋的建筑，即使大院外围不设围墙，也能通过在楼栋内部设置门岗管理的方式，做到安全管理。而且单位大院"拆围"还能通过共享内部庭院绿地的方式，拉近与群众的距离，改变以往政府机关大院"高高围墙"的刻板印象。

近年来，机关单位"拆围透绿"成为很多城市的民生实事工程，让"养在深闺"的满园翠绿"透"出来，成为市民共享的"绿色福利"。

江苏宿迁市城区已实施单位庭院开放式改造 60 家，共享单位绿地约 51 万 m^2。

泰州市城区已拆除围墙 4590m，改造提升景观绿地 9.5 万 m^2。

图 2-175　宿迁市拆围建绿 　　　　　　　　图 2-176　泰州市拆围建绿

仅仅是围墙打开这么简单吗

尽管在理论上单位大院对外开放相对更为可行，但真正实施起来并不那么容易。能够坚持推行大院"拆围"的，往往是城市政府，其具有较强执行力，行政管理复杂程度不高。当前一些大中城市的实践较多，特大城市还是较为困难。

"拆围"也不仅是拆除围墙这么简单，因为拆后较多居民进入，庭院绿化养护压力随之加大，所以，"拆围"背后需要一系列的有效管理措施跟进。一些城市多年来的实践给我们提供了经验："双赢"是关键。

强执行力下"应开尽开"

城市应高度统筹相关工作，专门成立改造工作领导小组，将庭院开放工作列入年度民生实事项目和城市重点工程建设计划，还纳入各部门考核。

让机关单位开放得"心甘情愿"

建立良性沟通处理机制，满足被开放单位的个性化改造需求，让机关单位"有利可图"。例如原有机关单位出入口狭窄，单位内停车位不足，拆围改造后在庭院增开通道，

图 2-177　溧阳 24 家机关事业单位"能敞尽敞、　图 2-178　实施了院落敞开的溧阳市政府
能开尽开"

图 2-179　宿迁市维也纳酒店庭院开放　　　　图 2-180　宿迁市新华书店庭院开放

增设停车位，解决单位本来停车难问题。

解决开放单位的"后顾之忧"

通过强化远程监控能力、加装电子监控设备等措施，优化人防、物防、技防相结合的管理模式，解决开放单位"安全顾虑"。

庭院开放统一进行资金保障、规划设计、组织实施，改造费用全部由财政承担，住建局统一设计、统一对绿化管理维护，减轻开放单位负担。

机关院落敞开，其实是政府实现开放包容社会治理模式的一种路径探索。一些城市将庭院开放进一步拓展到既有酒店、书店等商业设施的改造，实践还在继续。

不只是"拆围"，也是更新

一些城市将机关单位开放与实施城市更新行动相结合，作为民生设施改造、休闲特色空间改造的重要补充，让街道空间更有趣、设施更便利。

增补便民设施

围绕周边市民的日常活动需求，同步将单位公厕等设施对外共享，或者通过庭院微改造增加便民设施，有方便进入的健身绿道、休憩座椅、运动场地。此外，统筹市政和绿化，兼顾地上和地下，一体化实施强弱电、雨污水和智能照明等管线工程，实现全面配套。

增补共享停车位

利用机关单位内部停车潮汐特点，推行单位停车场在工作日下班后至次日早晨上班前、休息日全天对外开放。宿迁市城区共释放共享停车泊位5000余个，溧阳市城区开放停车位2660个，改造增加停车位1100个。

串联家门口的公园

将原先内向封闭、零散细碎的庭院绿化置换为外向开放、互联互通的花园游园，将相邻单位的各类庭院串联起来，并与城市公园体系结合，建设林荫骑行步道。

文绿交融塑造特色空间

将庭院开放改造与特色街区打造相结合，适地适景嵌入文化元素，注重保留原有墙基、门卫房、门牌号等原始风貌，改造花廊、花墙，增设景观小品，形成特色景观。

围墙的作用在于提供安全保障，如果安全能够得到保障，围墙就没有存在的必要。一些城市的实践表明，兼顾街区开放和安全保障，从设计角度是可行的。"拆围"不仅仅是空间上的开放，也是"心理"上对新建设模式的接受，是一种生活方式的改变。重新理解国家的"拆围"政策要求，尽管当时大家的质疑之声颇多，但其背后体现的开放包容的治理理念是值得不断去实践探索的。

图2-181　溧阳市公安局庭院开放共享停车位　　图2-182　宿迁市骨科医院门卫房改造为城市书吧

科技助力智造"桃花源"宜居生活

　　街区的发展与科技的进步密不可分，智慧技术的出现使空间建设迎来一个创新时代，但推进智慧化建设不能单纯作为技术问题来处理，更不能脱离人的需求。随着人民美好生活需要的日益增长，当前智慧建设正在从硬件建设向"人本服务"蜕变转折，智慧技术的背后，不再是冰冷的机器，而更需要传递人文的温度，用"智慧"的技术选择，让宜居城市的"桃花源"梦想照进每个人的现实。

防涝防洪精准决策

　　"城中看海"问题受极端恶劣天气、流域汛期等多种因素的复杂影响，治理需从城内排涝、城外流域防洪两方面着手。除了加强老旧管网、堤防的物质改造外，智慧化的信息技术可以实现更为精准的水情感知与应急决策，最大化地发挥排水防洪设施效能，把洪涝的整体影响降到最低。

水情雷达助力内涝精准管理调控

　　在内涝防治的系统性工程中，结合排水管网改造，有效利用智慧化的手段能够起到事半功倍的效果。借助物联网、大数据分析、人工智能等智慧化手段可实时感知并预测水务状态，一旦某地区开始积水，就自动启动排水装置，将积水的风险化解在萌芽状态。

流域防洪智慧化应急决策

　　面对流域性洪水灾害，通过智慧技术精准地预报预警、科学应急决策，变被动抗洪为主动御洪，对减轻损失至关重要。目前，长江预报调度系统纳入了3万多座水文站点信息，几秒之内就能完成河系自动演算，迅速形成多种预报调度方案，与20多年

图 2-183　液位传感器织密防汛"末梢神经"

图 2-184 精准防汛后雨停水清的街道

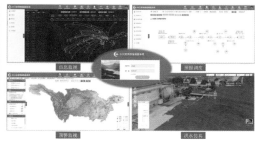

图 2-185 长江防洪预报调度系统
图片来源：长江水文网. 厉害了！"长江防洪预报调度系统" 又双叒登榜！[EB/OL].（2021-11-08）[2024-03-06]. http://www. cjh.com.cn/article_73_258657.html.

前相比，水文预报计算的速度、预见期更有保证。在今年的汛期中，一些河流站点出现超过 1998 年洪水的水位，城市堤防极限承压，但依靠整体科学调度，牢牢把握了防洪主动权，精准利用水库群拦洪削峰错峰，有准备地主动分洪，从整体上有力保障了长江沿岸城市人民的安居乐业。

智慧泊车缓解停车难

停车难特别是老旧小区停车难，严重影响着居民用车体验和城市宜居水平提升。按照城市机动车停车泊位与机动车拥有量之比 1.2 ： 1 ～ 1.5 ： 1 的经验测算，我国城市机动车停车泊位缺口超 5000 万个。

解决停车难，一方面要加大增量，设法增加有效停车泊位数量，另一方面要存量挖潜，消灭"眼前一位难求"和"隔墙车位闲置"的怪现象。

自动泊车：安心省时又节地

在停车需求较大并且相对集中的地区，利用机器人"代客泊车"系统，既可以减少人工停车的时间消耗，又可以提高停车入位的安全性。更重要的是，通过毫米级精准定位，利用自动泊车技术还可以减少单个泊位和配套设施所需空间，显著提高"寸金之土"的利用效率。

路缘停车管理，便民又有序

将路边临时停车作为缓冲手段可为解决城市停车问题提供现实的帮助；但如果管理不善，也容易导致混乱和隐患。采用智慧路缘管理技术，可以根据动态交通需求的变化，针对不同的停车需求和停车位要求(例如只能本牌照汽车停车、只能用来上下货、只能停留10分钟等),自动化地提出不同停车方案。

图 2-186　路缘停车管理

利用禁止、限制以及价格调控等手段,对路边停车的时段、位置和车型等进行灵活管理,实现道路功能的复合利用。

泊位上网,智慧共享

供需信息不对称更使车主无法准确了解目的地(或停车场)内泊位的可用情况。智慧停车位管理技术集物联感知、集定位、智能诱导技术于一体,将城市线下车位信息整理融合,实现集导航、更新、预定和查询服务一体化"一张网",有助于盘活既有停车设施,实现停车泊位的资源化开发与使用。

助力无障碍设施建设

高度复杂的现代城市生活中,无障碍公共设施的缺失阻碍了视障等弱势群体的出行,老年人、儿童也更易受到各种安全风险的困扰;公共卫生事件中易出现"老旧小区流动人群如何管,老龄人群居家康养服务怎么办"等问题,基层社区工作还存在被忽视的短板。公益性公共设施建设、社区治理难点的破解,理应成为智慧技术建设宜居街区的责任。

智能公共设施,保障弱者出行安全

深圳市福田区将无障碍与智慧城市建设有机融合,通过智慧之眼、人工智能(AI)技术精准识别视障群体步态,联动过街盲道钟延长信号灯时长,构建智慧无障碍出行环境,提升视障人群出行安全。在此基础上,可进一步拓展保障对象,依托穿戴设备、城

图 2-187　蓝牙道钉和信息平台构建住区虚拟围栏提升安全治理能力

市智能家具等技术手段，实时感知老年人、儿童等群体出行状态，构建平安校园、平安生活等的智慧安全公共服务平台，及时防范老幼出行的潜在风险。

智慧社区建设，聚焦薄弱地区和老龄人群需求

借助虚拟围栏技术、物联网（IoT）设备等，建设更加贴近基层实际需求的智慧社区系统，综合感知开放式老旧小区的人员、设施、事件等实时运行状态，为社区精细化安全治理提供支撑。用"社区平台＋智能终端＋医疗资源下沉＋本地运营"构建更贴身的家庭智慧康养服务，感知跟踪老人的健康状态，提供"危急预警—医疗干预—康复保健"的主动服务，提升社区小区居民的安全感和幸福感。

改善出行难

随着城市规模的扩张，人口与社会活动的大规模集聚使得"人—车—路"矛盾加剧。城市交通系统属于复杂巨型系统，必须从整个系统层面进行优化。智慧技术为交通系统的整合升级提供了可靠保障，扩大了绿色出行比例，实现了精细管理和交通综合治理。

低碳绿色出行，智慧保障舒适

智慧技术应更好地与低碳绿色出行相结合，提升市民的出行舒适度。例如自行车绿波技术，通过协调交通信号控制系统，形成连续通过的自行车交通流，让骑行者成为道路主角，体现精细的人文关怀。

哥本哈根市建造"智慧交通信号灯",配有摄像头、蓝牙传感器等,可监测车辆、行人的数量及相应区域;自行车道旁,立了多个LED灯柱,提示骑行者调整车速来适应绿波。

图 2-188　为骑行者设置的路面绿波指示灯

又如 AI 定制公交技术,准确把握市民出行需求,凭借准时有座、躲避拥堵、从家门口直达目的地等一系列优势,将"我等车"变成"车等我"。

南京市定制线路由几十条增加到百余条,注册用户从 5000 人增至近 10 万人,日服务量由 800 人次增至近 2000 人次,日收入由 4000 元增至 7000 余元,千公里收入由 1000 元增至 3500 元以上,上座率由 30% 上升至 80%。

出行即服务,一体化智慧出行

出行即服务 (MaaS) 技术将乘客放在首位,将所有交通工具整合在统一的平台内,充分利用大数据决策,调配最优资源,根据乘客的出行偏好制定无缝衔接、安全便捷和舒适的全链条出行服务。技术可以不断调整和优化运输服务,提高出行服务水平,改善交通服务品质。

让邻里再次相望

伴随着社会多元化和个人意识觉醒,社会原子化成为发展趋势,造成邻里关系疏离。然而,每个人都有实际的交往需求,社会生活不光需要深度,还需要广度。通过智慧技术挖掘市民需求、营造丰富的社区活动,使社会交往模式"冲破了次元壁的界限",并能促使空间分时共享、智能互联,让邻里再次相知、相望、相守。

全感知生态系统,挖掘"不为人知"的需求

构建公共空间的全感知生态系统,采用集约化、智能化街道家具,实现感知互联、

共享街道并非传统意义上静止的街道，它是根据人的需求而不断变化：早晨通勤时，街道上有下客区、咖啡车；午休时，街道转变成空地和饮食摊；下班回家时，又变成了外摆零售店、移动式医疗诊所、游乐场；周末时，车行道可转化成音乐会场地。

图 2-189 索南菲尔斯广场共享街道使用图示

智能运营。通过挖掘每个"原子"的活动需求，让社会交往向线上引导线下随机活动、线下拓展线上交流的多层次方向演进，为公共空间的发展描绘了更多可能性，奠定了邻里交往基础。

空间共享互联，引导社会交往

通过科技数据层面统领建筑、交通、公共空间和市政基础设施等物质空间层面，呼应人的行为活动，促进社会交往正向循环。以空间分时共享为例，根据实时检测数据更改其人车动线和设施配置，将公共空间重新分配到主动、可持续的模式。

数字化已经渗透到我们生活的方方面面，努力化解着群众关切的公共空间问题，并将创造出更美好的未来街区生活。智慧技术进步与宜居品质建设是一种历史的螺旋式上升，宜居空间的智慧化之路虽道阻且长，但行则将至；行而不辍，则未来可期！

观察
调查 / 分析 / 评论

江苏省居住小区生活圈观察

作为广义范畴下"家"的空间范围，生活圈是提升百姓生活宜居性的关键区域。有些生活圈的便利程度足以让居民被动发问"我该选择哪家店？"而有些生活圈却让居民不得不花费很多时间。丰富的设施配套和合理的时间成本是衡量生活圈宜居水平的关键因素，政府部门、城市居民、商业个体等多方主体需要持续关注生活圈宜居水平的提升，共同打造"安居、适居、乐居"的生活圈。

本书通过对江苏省居住小区 15 分钟生活圈的便利性测度，深度挖掘生活圈便利性特征，以期为街区更新提供技术支撑。

测度方法

便利性分析的核心数据就是小区和设施，本书以兴趣点（point of interest，POI）数据表达城市内的各类功能设施，并通过公开在线地图获取了全省居住小区的兴趣面（area of interest，AOI）数据，以步行真实时间距离进行时间成本核算，综合分析便利性程度。截至 2021 年 6 月 30 日，共获取江苏省 20605 个居住小区的边界数据和 368 万条 POI 数据用于测度分析。

真实场景下的生活圈划定

以小区的出入口为出发点，将基于真实步行时间的生活圈范围作为此次评估的基本空间单元。

真实步行距离测算的生活圈等级与传统直线距离等时圈展现了完全不同的空间特征：生活圈的蔓延趋势随着道路展开，同时受到河流、围墙等障碍的阻拦作用，呈现出小区东北侧区域的 5 分钟和 10 分钟生活圈边界的不规则形态。

设施类型确定

综合各城市的探索经验与相关研究对社区公共服务设施的划分，同时考虑数据可获得性，本

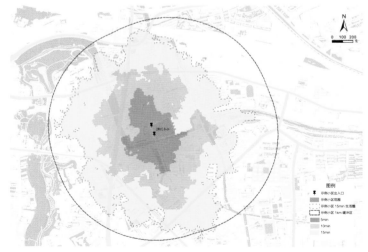

图 2-190 示例小区生活圈示意图

2018 年，住房和城乡建设部发布了《城市居住区规划设计标准》GB50180—2018，2020 年，住房和城乡建设部等十三部委印发了《关于开展城市居住社区建设补短板行动的意见》（建科规〔2020〕7 号），提出了完整居住社区建设标准。上述两个标准明确了生活圈内公共服务等设施的类别和规模，也针对 5 分钟、10 分钟和 15 分钟生活圈分级细化了具体设施的建设要求。此外，上海、广州、北京等城市就生活圈开展了探索与实践，推行了一系列导则和指导办法，针对性地提出了生活圈空间划分方法和各类设施的配建要求。

书将生活圈涉及的城市功能设施分为基本保障类和品质提升 2 个大类和 9 个中类。在对江苏省 POI 数据清洗分类的基础上，结合设施分类形成 84 万条城市功能设施。POI 数据用于生活圈便利性测度分析，各类设施统计情况如下。

便利性测度

便利性的差异主要由生活圈内城市功能设施的供给能力和使用时间成本两个因素所决定。在具体的便利性测度过程中，我们将设施的供给能力拆解为生活圈内设施数量、设施等级和设施能够提供的服务能力系数；此外，便利性还与使用的时间成本成反比。结合以上因素，累加生活圈内的每一个设施所能提供的服务能力，形成居住小区的便利性测度结果。

测度发现

通过 84 万条 POI 数据对江苏省 20605 个居住小区的生活圈进行便利性测度，我们发现以下特征。

江苏省 9 大类功能设施基本情况表　表 2-9

设施分类	占比	小类	占比
个人护理设施	15.36%	美容美发店	14.23%
		洗衣店	1.13%
		咖啡厅	0.68%
		茶艺馆	0.59%
		书店	0.53%
休闲娱乐设施	5.35%	运动场所	1.94%
		KTV	0.48%
		酒吧	0.37%
		棋牌室	0.60%
		电影院	0.16%
		购物中心	0.21%
		普通商场	0.31%
便民购物设施	15.18%	便民商店/便利店	8.83%
		超市	5.84%
		地铁站	0.12%
公共交通设施	12.15%	公交车站	8.52%
		停车场	3.51%
		公园	0.30%
公园绿地设施	0.65%	动物园	0.01%
		植物园	0.03%
		城市广场	0.31%
		综合医院	1.36%
医疗服务设施	5.38%	药房	3.87%
		疗养院	0.15%
教育服务设施	2.14%	小学	0.81%
		幼儿园	1.33%
金融服务设施	1.89%	银行	1.89%
		中餐厅	27.83%
		外国餐厅	1.10%
餐饮服务设施	41.90%	快餐厅	10.94%
		糕饼店	1.46%
		甜品店	0.58%

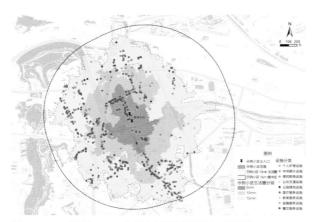

图 2-191　示例小区 15 分钟生活圈设施分布示意图

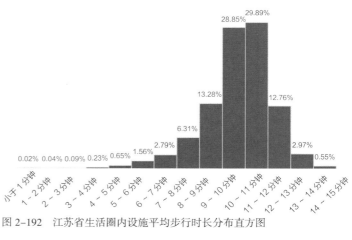

图 2-192　江苏省生活圈内设施平均步行时长分布直方图

江苏省初步实现 10 分钟生活圈便利生活

江苏省小区生活圈内各类设施的平均步行时长为 591 秒，不到 10 分钟。从平均步行时长的分布直方图来看，全省 53.83% 的小区内居民可以在 10 分钟内享受到生活圈内的各项城市功能设施，84.78% 的小区内居民可以在 8 ～ 12 分钟的生活圈内实现便利生活。

南强北弱特征明显

在江苏全省分析的基础上，研究形成了生活圈设区市百强榜和县市百强榜单。设区市百强榜单的地域分布明显呈现了"南强北弱"的特征，苏南城市共有 76 个小区进入榜单，而苏中苏北城市仅有 24 个居住小区上榜。相对设区市百强榜，县市百强榜单的地域分布稍显均衡，但总体上仍是呈现了"南多北少"的特征。优质生活圈从空间上呈现出了"南强北弱"的空间态势。一方面，经济发达程度影响了餐饮、商业、金融等设施建设的个体参与积极性；另一方面，地区发展水平也极大影响了政府层面对交通、医疗、教育等类设施布局和建设的投入。

苏南县（市）共有 46 个居住小区上榜，苏中县（市）共有 22 个居住小区上榜，苏北县（市）共有 32 个居住小区上榜。

	个人护理	休闲娱乐	便民服务	交通设施	医疗服务	教育服务	金融服务	餐饮服务	公园绿地
苏南	582.81	594.74	579.45	602.20	572.52	580.66	597.82	586.32	613.45
苏中	576.54	590.67	573.97	598.75	573.08	581.33	595.59	583.17	604.09
苏北	575.06	599.93	569.37	599.59	571.32	577.68	595.42	577.43	610.20

图 2-193　江苏省生活圈内设施平均步行时长分布直方图（单位：秒）

小城生活相对大城市更便利

通过两个榜单不同时间段居住小区数量的累计占比对比，县（市）榜单时间成本整体压缩约半分钟。

设区市生活圈综合最便利小区百强榜　　　　　　　　　　　　　　　表 2-10

排名	小区名称	城市	设施总数	设施平均步行时长（秒）	排名	小区名称	城市	设施总数	设施平均步行时长（秒）
1	洪公馆	南京市	2501	511	51	德兴巷	无锡市	1861	596
2	陆家巷物业小区	南京市	2643	529	52	锦绣茗都	徐州市	1674	552
3	北门桥路 3 号小区	南京市	2295	557	53	建康路 115 号大院	南京市	1378	553
4	抄纸巷小区	南京市	2361	553	54	估衣廊小区	南京市	2125	634
5	益乐苑	南京市	2233	549	55	中枢小区西区	徐州市	1464	573
6	会元	南京市	2275	541	56	凯润金城	南京市	2039	604
7	三元公寓	南京市	2270	547	57	陇海东路 6 号院	连云港市	1466	527
8	西武学园	南京市	2278	540	58	蔡家花园 6 号	南京市	2185	614
9	俞家巷小区	南京市	2459	579	59	府城阁	徐州市	1296	551
10	苏宁·雅悦国际公寓	无锡市	1943	528	60	大四福巷小区	南京市	1417	545
11	苏宁尊悦府邸	徐州市	1935	520	61	裴家桥小区	南京市	1314	550
12	全福小区	南京市	1599	528	62	户部街小区	南京市	2128	615
13	同仁新寓	南京市	1566	525	63	仕园小区	连云港市	1274	542
14	汇文里（汇文里）	南京市	1888	564	64	和信·香榭丽苑花园	徐州市	1202	515
15	白水荡小区	无锡市	1913	508	65	八方公寓	南京市	2038	619
16	汇金国际公寓	无锡市	1713	506	66	永康小区	徐州市	1313	555
17	相府吉邸	南京市	2158	609	67	中枢小区东区	徐州市	1435	566
18	网巾市小区	南京市	2086	611	68	西河苑	无锡市	1821	601
19	镇巷小区	无锡市	1657	519	69	新泉里小区	南京市	1331	548
20	金狮公寓	南京市	1450	529	70	科巷新寓	南京市	1531	579
21	鲲鹏公寓	无锡市	1963	540	71	唱经楼小区	南京市	1388	549
22	大铜银巷 2 号	南京市	1957	565	72	洪武公寓	南京市	1825	611
23	益乐村小区	南京市	2112	580	73	温侨绿苑	连云港市	1553	544
24	观前壹号公寓	苏州市	1333	488	74	新东综合小区	连云港市	1290	543
25	如意里（如意里）	南京市	1828	569	75	金竹苑（整洁路）	连云港市	1652	577
26	健康家园（阔巷）	苏州市	1422	499	76	汇富国小区	连云港市	1622	565
27	兴城四号公寓	连云港市	1815	559	77	张府园小区	南京市	1926	647
28	南台巷西小区	南京市	2258	602	78	青石街小区	南京市	2474	672
29	金鹰国际花园	南京市	2111	582	79	曹都巷小区	南京市	1884	633
30	三茅宫小区西区	南京市	2265	594	80	侨宁公寓	南京市	1500	583
31	太平北路 43 号小区	南京市	1724	552	81	明华清园	南京市	1714	608
32	府西街 21 号大院	南京市	1612	558	82	大香炉	南京市	1859	629
33	洪公祠小区	南京市	2077	589	83	金月名人居	徐州市	1561	592
34	鱼市街小区	南京市	1608	541	84	王府东苑	南京市	1464	583
35	三山花园城	南京市	1522	541	85	蓝莓公寓	连云港市	1293	537
36	福水小区	徐州市	1786	582	86	丹凤新寓	南京市	1371	553
37	木马公寓	南京市	1497	528	87	前舞新村	徐州市	1141	514
38	王府花园（南台巷）	南京市	2315	607	88	夹河前街 -44 号院	徐州市	1638	595
39	集资建房楼	徐州市	1814	591	89	紫金银座（科苑路）	南京市	586	305
40	兴城三号公寓	连云港市	1710	553	90	忠林坊	南京市	2516	684
41	福中居	徐州市	1534	543	91	恒基公寓	南京市	1421	579
42	北门桥路 1 号小区	南京市	1899	584	92	洪武高层（火瓦巷）	南京市	1784	615
43	碑亭巷 25 号小区	南京市	2158	623	93	凯润金城北区	南京市	1886	624
44	桂苑公寓（南台巷）	南京市	2236	624	94	进香河路 29 号小区	南京市	1461	571
45	红庙小区	南京市	1814	560	95	红花地	南京市	1774	595
46	富民坊北区	南京市	2008	596	96	新风巷 78~79 号院	苏州市	991	458
47	天堂街小区	南京市	2194	604	97	中枢 101 院	徐州市	1397	587
48	有福家苑	南京市	2253	614	98	罗马假日	南京市	1445	606
49	游府新村	南京市	2277	616	99	夹河前街 -48 号院	徐州市	1692	612
50	火瓦巷 56 号 58 号院	南京市	2178	612	100	新巷小区	南京市	1151	537

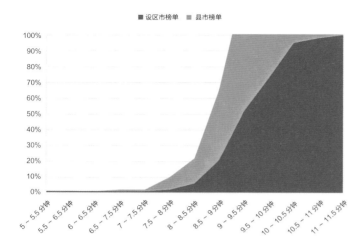

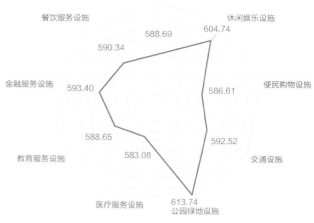

图 2-194 县市百强小区生活圈内设施平均步行时长分布直方图　　　　图 2-195　江苏省小区生活圈内各类设施平均步行时长（单位：秒）

生活圈内基本生活保障较好，品质提升类设施不足。

从江苏省生活圈内各类设施的步行时间成本来看，便民购物、交通等基本保障类设施初步实现了 10 分钟可达，而部分品质提升类设施的步行时间成本超过了 10 分钟。其中，个人护理、便民购物、交通、医疗服务、教育服务、金融服务、餐饮服务等七类设施的平均步行时间成本均小于 10 分钟，仅有休闲娱乐和公园绿地两类设施的平均步行时间相对较长。

从生活圈缺失设施排行榜来看，江苏省有 36.86% 的小区生活圈内缺失公园绿地设施。这一方面反映了数量的缺失，对公园绿地及公共空间的重视程度不足，建设速度跟不上居住区建设；另一方面，反映了城市中存在着大量的"可见不可用"绿地，虽然花了很大的精力建设绿化，居民却被隔离在外，只能望绿空叹。此外，微观层面部分公园绿地建设存在着出入口设计不合理、周边街区步行体系不完善的问题。

图 2-196　生活圈内缺失设施类别排行榜

设施覆盖率城市榜

对居民个体而言，生活便利性是不存在概率和比例的，只有便利与否的直观体验。我们在参考住房和城乡建设部发布的《2021年城市体检指标体系》基础上，形成了设施覆盖率指标，以期服务小区更新改造的同时形成城市综合情况指标，为城市层面的行政决策提供参考。

交通设施的评价显示，南京与苏州、无锡、常州等传统经济强市在城市公共交通设施方面发展起步早，且城市轨道交通建设速度较快，近年来持续发力提升城市基础设施的建设水平。苏中苏北城市在交通设施发展层面起步较晚，但后劲足，且在停车场布置方面有较好的后发优势。

公园绿地设施的评价主要针对公园、动物园、植物园、城市广场四类设施展开分析。总体来看，13个设区市的公园绿地设施覆盖率普遍不高。在建设的进程中，"口袋公园""街角公园"这类微更新的建设方式能够有效满足小区。在便民购物设施覆盖评价上，一方面，居民实际生活需求吸引了大量的商业行为，促使了小商店、便利店等便民购物设施的遍地开花；另一方面，政府主导的配套设施建设不断完善，以邻里中心模式为主的社区服务综合体也大量布局。高品质的生活圈建设需要多方主体共同参与，共建共享宜居生活。

生活圈在居民日常生活中饰演的角色至关重要，它是"底线需求的供应者"，也是"美丽宜居的承载者"。本书立足真实场景下的生活圈划定，尝试构建基于设施能级、服务能力系数、时间成本的评价方法体系，对江苏省居住小区生活圈便利性展开测度，实现了多尺度评价结果。研究团队将进一步优化测度方法体系，提升生活圈便利性测度科学性和可拓展性，以期为城市建设和更新行动提供技术支撑。

交通设施，公园绿地设施，便民购物设施覆盖主城市榜 表2-11

城市	交通设施覆盖率	排名	城市	公园绿地设施覆盖率	排名	城市	便民购物设施覆盖率	排名
常州市	99.84%	1	南京市	72.65%	1	宿迁市	99.65%	1
扬州市	99.61%	2	扬州市	69.22%	2	泰州市	99.24%	2
无锡市	99.44%	3	无锡市	67.27%	3	淮安市	99.13%	3
苏州市	99.42%	4	常州市	64.89%	4	无锡市	99.05%	4
南京市	99.29%	5	徐州市	62.38%	5	常州市	99.04%	5
徐州市	98.49%	6	淮安市	61.85%	6	徐州市	98.97%	6
连云港市	98.48%	7	泰州市	61.70%	7	南京市	98.90%	7
泰州市	97.86%	8	盐城市	61.35%	8	镇江市	98.80%	8
镇江市	97.79%	9	宿迁市	60.30%	9	扬州市	98.76%	9
淮安市	97.30%	10	苏州市	58.18%	10	盐城市	98.71%	10
南通市	97.20%	11	镇江市	58.10%	11	苏州市	98.41%	11
宿迁市	95.74%	12	南通市	57.73%	12	南通市	98.37%	12
盐城市	92.13%	13	连云港市	53.29%	13	连云港市	98.15%	13

05

促进健康的多维空间

公共卫生事件促使社会重新审视人居环境之于人类健康的能动作用，街区公共空间、建筑、社区生活、韧性设施等都对居民健康有着重要意义。促进健康的街区建设，应注重住宅配置、休憩场所，以及社区中的餐饮和社交氛围，从身体、精神等方面提升居民健康水平。设计师要从运动、休闲空间的营造和空气质量的维护角度做到"治未病"，强调通过微观的空间设计和设施配置健全房屋的健康设计，完善对人的身体心理等方面的健康塑造，注重社区邻里层面的空间优化和治理模式升级，建设安康邻里。

重庆渝北区高街社区商业内庭院

治未病：空间健康的另一种场景

相比传染性疾病，"慢性病"（非传染性疾病）才是健康的最大杀手。根据世界卫生组织统计，慢性病每年导致全球约 4100 万人死亡，其中，肥胖等营养代谢疾病、抑郁等精神心理疾病、过敏和呼吸系统疾病等主要慢性病，与街区空间紧密相关，也被称为"空间相关疾病"或"大城市流行病"。

相对于应急建设、隔离等应对突发公共卫生事件的场景，针对慢性病的街区空间要更加注重"预防"，也因而有更多日常化、生活化的场景。"预防"的思路已逐渐成为公共卫生和城市建设管理领域的共识。

破除肥胖困扰：用空间设计和健康生活让空间"更运动"

环境行为论认为，当代城市建成环境影响了人的行为习惯和生活方式进而导致肥胖症的流行。欲治病于未然、让环境"更运动"，需从营造鼓励个体活动的公共环境、推广健康生活方式与行为活动入手。

打造鼓励瘦身运动的公共环境

公共空间和室内建筑是居民日常活动最多的场所，积极有效的城市设计与建筑设计，可以打造鼓励市民参与瘦身运动的公共空间，以此推行抑制肥胖的生活方式。

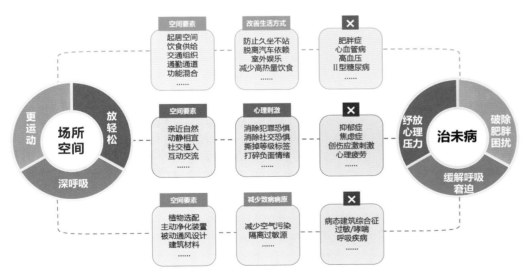

图 2-197 空间环境"治未病"作用示意

公交、步行与骑行等主动积极的出行方式在化解肥胖症困扰、提升居民身体健康水平方面发挥着重要作用。为鼓励积极的公交通勤方式，办公和居住建筑的入口应尽量朝向公共交通站点，在街道设计中充分保障步行与骑行空间，设计连续可用的自行车网络与服务设施。在学校、社区公共空间设计中尽量保障日常体育锻炼场地与设施并对公众开放，倡导全民健身。

有限的建筑空间，也会束缚身体的活动。建筑空间应充分提升人们开展室内活动可能性，通过科学设计将爬楼梯、室内日常锻炼加入到普通市民每日的生活模式之中，鼓励建筑内楼梯与专用活动空间的使用，刺激人们参与日常锻炼。

多场景保障充足健康的食品与饮用水供应取代"速食文化"

在有较多速食餐馆的街区，居民患肥胖症的风险往往高于其他地区。因此，健康的街区生活应尽可能多场景地保障居民健康的食品与饮用水供应。

农产品便民服务店是为街区居民提供新鲜果蔬的主要场所之一，通常要布设在所有居民步行便捷可达的区域。可利用街区闲散绿地空间建立小型农场，定期邀请居民参与果蔬种植体验活动，宣传健康饮食观念。如纽约通过在街区中规划建设提供全方位服务的杂货店、设置定点的农贸市场或小型果蔬摊等方式，增加新鲜果蔬供应。

 美国纽约健身运动的室内楼梯建设

纽约发布《纽约公共健康空间设计导则》（以下简称《导则》），鼓励楼梯建设运用有创造力且有趣的内装修，选择令人舒适的色彩，在楼梯井中播放音乐，在楼梯间中加入艺术雕塑的元素；同时鼓励尽可能为行走在楼梯中的市民提供欣赏自然风景的机会，通过自然通风和柔和的照明增加楼梯的吸引力。通过在楼梯中设计张贴励志标牌，标明爬完每层楼梯后累积消耗的卡路里数以鼓励市民运动。《导则》建议将电梯和扶梯设置在主入口不能直视到的位置，在设计及照明方面弱化电梯和扶梯；优化电梯运行程序，限制电梯在某些时段的开停，尽量设置为隔层开停。

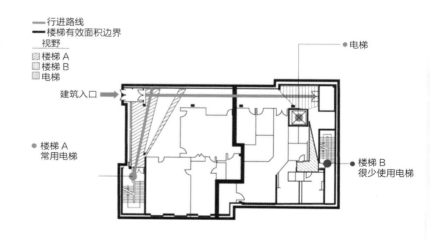

图 2-198 《导则》中的室内楼梯建设

缓解呼吸窘迫：改善人居环境让空间"深呼吸"

空气污染和致敏性物质导致的咳嗽、哮喘和花粉症等呼吸系统疾病，长期困扰居民。加强对建筑和街道形态布局方面的设计引导，建设必要的辅助设施，屏蔽各类过敏物质的传播等，也能缓解人民群众的"心肺之患"，让空间"深呼吸"。

畅通的通风廊道

设计先行，不挡清风入城路，让郊区的冷空气把市区的热空气和污染物顺畅地"换"走，改善局地空气环境。如香港制定了《城市设计指引》（简称《指引》），明确建筑布局、街道朝向、开放空间连接、建筑设计、树种选择等十个设计要素，保证健康的通风环境。在空间上，建筑布局尽量避免在通风廊道、空气流通路径上设置，主要街道的排布、宽向主干道和通风廊道应与盛行风平行或最多呈30°排列。在设计上，建筑可以采用台地式平台设计，以引导向下的气流来增强人行道路的空气流动。

净化空气的雾霾塔

"黑科技"助力，对抗"十面霾伏"，还老百姓蓝天白云、繁星闪烁。将"空气净化器"移至户外空间，通过绿色植物和辅助设备共同完成化学反应和物理反应，达到净化空气的作用。目前国内外城市已对此进行了探索尝试。如西安市依托中国科学院地球环境研究所联合美国明尼苏达大学、西安交通大学，于2016年建成全球最大的空气净化塔，占地面积约3900m²。理论上，空气净化塔在重污染天气对空气的日处理能力可达500万 m³；在10km²范围内基本达到空气污染15%下降效率的目标值。

脱敏的街巷

人工选择，避免"四月飞雪"，让老百姓亲近街巷中的鸟语花香。各城市为雌株树木注射生物干扰制剂，通过激素调节来抑制飞絮的产生。医院、公园、居住小区等人群密集活动区的植物配置应尽可能选择不具有致敏的花卉。此外，通过新品种选育、栽培措施的应用，也可以减少过敏源排放。

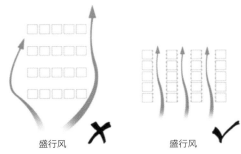

图 2-199 《指引》提出建筑群布局方向和布局模式与盛行风向关系的建议

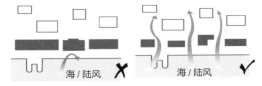

图 2-200 《指引》明确滨水建筑应避免对风造成阻挡

图 2-201 南京长虹街夜间除絮
图片来源：园林艺术生活微信公众号

纾放心理压力：建设疗愈场所让空间"放轻松"

随着生活节奏的加快，人人都会经历焦虑、抑郁、孤独等心情低落的阶段，"心累""睡不着"成为日常生活流行词。早在 1990 年，世界卫生组织就将心理健康作为人类健康的四大方面之一。公共空间融入"疗愈"的设计理念和要素，可以帮助人们更快转移、淡化心理压力，消除负面情绪。

营造宜人宜景的心灵花园

构建无限贴近自然环境的景观空间，让人们在闲暇之余可以逃离当下的生活环境，"悠然见南山"，通过身体的感官去接触自然、融入自然、释放天性，激发使用者的正向情感，消除心理困惑和障碍。季相明显、丰富艳丽、层次丰富的植物，相互形成了微妙的深浅明暗变化，从视觉上激发参观者兴趣，舒缓心情，缓解压力。

拓展互动参与的社交空间

具有运动心理暗示的物理环境能为人们提供互相沟通和帮助的场所，人们拥有共同的话题和经历，一起参与园艺、种植等活动，这种游戏性质的互动肯定了人在环境中的影响力和主动性，可形成良性的、积极的心理暗示，从而在轻松的氛围中认可自我价值，获得自信心。

回顾历史，疾病与健康总在动态平衡中缠绕交织着前进，深刻影响着人类命运的进程，也不断改写着空间的面貌。街区空间能帮助"治未病"，但不能包治百病，也总会面临着难以预料的新挑战，启迪着关于街区空间的新想象。

◤ 美国埃文斯克利夫兰植物园

埃文斯克利夫兰植物园位于美国俄亥俄州，园内的巧妙设计，看似无心，却从视觉、听觉、嗅觉、触觉等多方面实现了景观的疗愈功效。

特别设计的栏杆扶手适用于关节炎患者，扶手内侧还特别为盲人增设盲文指引标识。水流、植栽和墙壁构成了园内一处独特的风景，

图 2-202　埃文斯克利夫兰植物园内景

落入浅水池的水流发出欢快的声音，挡住了周围喧闹的车流声。园内种植了多种芳香植物，美好的香味瞬间可以让人的精神和身体振奋起来。它创造了集教育、社会责任、文化和环境于一体的疗愈空间。

建筑进化：对一系列健康危机的反应

如果街区成为健康的有机体，那么新陈代谢的基本单元就是建筑。建筑是传染性疾病在城市中传播和驻留的重点对象，也是对抗疫情、庇护身心的重要武器。坏的建筑使人生病，好的建筑则使人健康。

为疗愈身心提供可靠居所

从致病宅到理想家

"致病宅"不是新生问题。"二战"后，欧美国家的众多城市便注意到住宅通风、密封性等与疾病风险的紧密关联。公共卫生事件发生以来，住宅建设在性能与品质，尤其是健康安全方面的缺项再次显露出来。如何解决普遍存在的建筑硬件卫生防疫性能不足、居住安全保障技术缺失、应急改造的可操作性不强等问题尤为迫切。

平时健康：应对长期居家新常态

人一生中有一半以上的时间是在住宅中度过的，公共卫生事件发生期间，人们在住宅中的时间延长了，由此产生类型各异的新需求。

 住宅健康标准化探索

湖北	2020年2月湖北省《住宅小区疫情防控指南》	对电梯轿厢、按键及扶手和出入门开关把手、可视对讲按键等高频次接触设施设备，每日清洁和消毒2~4次；加强户内通风，保持水封有效。
江苏	2020年12月江苏省《住宅设计标准》修订	提倡非接触式智慧通行，设置智能信报箱等设施；要求住宅设置新风系统或新风装置；采用墙排式同层排水系统；生活饮用水水池（箱）设置消毒装置，二次供水的水池（水箱）设置水质在线监测装置或预留安装水质在线监测装置条。
山东	2020年12月山东省《健康住宅开发建设技术导则》	采用非接触门禁，电梯梯控采用非接触式设施；住宅单元、地库入口预留封闭改造的可行性；电梯预留紫外线消杀设备接口；保证公共垂直通风道的通风安全；防止地漏病毒传播和厨房烟道串味；利用门厅组织收纳、消杀等行为；卫生间按功能进行净污分离；户内分类储藏。

 居住环境考察重点变化

公共卫生事件的发生使大众以更为细致、严格的眼光考察既有的室内空间。与长期居家相关的如智能配置、物业等也在购房关注点中占比颇高。

图2-203 智能门锁

SI 住宅的核心思想是"分离",即将主体结构部位与内、外设备管线等"填充"部位进行明确分离。一般来说,填充部分的设计使用年限远低于主体结构部分,迭代周期也短得多。SI 住宅确保在不损伤建筑主体结构部分的前提下,可随意更新内装部分乃至户型,从而延长住宅的使用寿命,提高住宅未来的可变性。

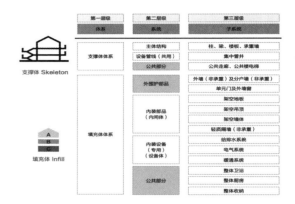

图 2-204　日本 SI 住宅的构成
图片来源:刘东卫. 住宅建设的卫生防疫与健康安全保障问题、思考与建议:从"致病宅"到"理想家"[J]. 建筑,2020(5):18-21.

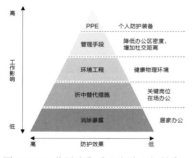

图 2-205　分层防御减少办公空间健康风险策略示意

应对下一次危机:适应健康装备升级的住宅

对照健康的标准,既有住宅的改进除了应急措施,还涉及入户式新风换气、排水、智慧监控等新技术新部品的改造更换,但这对于从设计施工到交付使用一次性完成的成品住宅来说难度极大。因此,为了应对可能再度降临的健康危机,住宅建造还须探索更加灵活可持续的建造和运维方式,以及相应的技术标准和政策体系。

重新排布办公建筑

办公空间迭代:健康和效率同样不可忽视

弥漫全球的公共卫生事件使很多人不得不开始居家办公,这也使人们不禁开始思考,当生活回归常态后,居家办公还会是主流吗?人们是否会恢复到开放式办公?要了解办公空间何去何从,我们首先要了解是什么造就了今天的办公空间。

分层防御:回归作为物理实体的办公室

远程并不能代替全部,我们都将重新回归作为物理实体的办公室。健康的办公建筑将从"值得拥有"变成具有竞争力的"必须拥有"。回归作为物理实体的办公室,如何保障健康?人们拒绝回到老式封闭格子间,主流的大规模混合办公空间也必须有所变化。由于办公业态的复杂性和多样性,没有一种单一策略是足够的,必须从分层防御的角度考虑降低办公环境健康风险。

○ 工业革命催生专门化大型办公建筑，标准化隔间出现 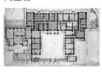	○ 追求最高效率，忽视社会心理状态和身体健康，招致大量批评		○ 知识型工作增加，通信技术革新，"开放式办公"成为主流，相继出现自由隔间、团队式岛台、共享办公空间等 ○ 卫生环境的改良使办公环境的健康很长一段时间不再是人们关注的重点
18 世纪	**20 世纪初期**	**20 世纪 20 年代**	**20 世纪中期以后**
○ 便于交流和监视	○ 受泰勒主义 (Taylorism) 影响，阵列式桌椅普及 	○ "半开放式"大进深办公空间出现 ○ 人工照明与空调通风系统等建筑装备的进步在一定程度改善了工人健康状况	

图 2-206　办公室空间发展沿革

"健康"一直蕴含于理想建筑的标准之中

维特鲁威《建筑十书》中的"得体"

　　活跃于公元前 1 世纪的古罗马建筑师维特鲁威认为，做到这些，建筑就具有了得体：神庙地点一开始就要选在最有利于健康的地区，有合适的水源供应，尤其是建造供奉医神、健康之神以及掌管医治大众疾病的医药诸神的神庙。病人若从流行病地区迁移到一个卫生的环境中，用上卫生的山泉水，会很快康复，如此安排，相应的神祇便会因为地点的特性而赢得越来越高的声誉。同样，在冬天，卧室和书房的光源应从东面而来，浴室和储藏室的光源应从西面而来，因为这一区域的天空不会因太阳的运行而有明暗变化，而是终日稳定不变。

图 2-207　《建筑十书》及其提出的建筑六要学

◈ **住宅中的健康考虑**

辨形

　　北房宽阔高大，宅院南北深长，利于通风纳阳；西北高、东南低，利于排水；宅院阻挡室外污染的进入，且防风、防火、防潮及清洁卫生满足生理健康。

　　背山面水，树木环护，景观悦目。

　　宅周流水，道路弯曲有情，水声悦耳。

　　宅形完整方正，稳定均衡。

察气

　　地气：宅基大小高卑、土质、地温及湿度。

　　门气：宅内外景观、小气候调节。

　　衢气：交通便利性、私密性。

　　峤气：宅院、场所围合感和安定感、宅内排湿隔热和防风御寒。

　　空缺之气：宅内外空间流通渗透、空间开敞通透之感。

堪舆学中人与自然的调和

堪舆学强调自然影响人的健康与后裔繁衍，其中相宅是在建筑布局设计中调和阴阳，建立健康的卫生居住环境。李何瑟在《中国的科学与文明》提出，"高耸的峭壁被视为阳，圆形的高地被视为阴，在可能的情况下，须平衡这些影响，取阳的3/5和阴的2/5……占卜者极爱蜿蜒的道路、迂曲的墙壁和波折多姿的建筑物。"

《瓦斯图》"建筑科学中的健康"

古印度经典《瓦斯图》中曾提到建筑的健康，书中认为，如果你的房子结构设计得能够使积极的力量胜过消极的力量，那么生物能量就会有益地释放，从而帮助你和你的家人过上幸福健康的生活。一方面，一个正面的宇宙领域盛行在一个世俗化建造的房子里，那里的气氛适合平稳幸福的生活。另一方面，如果同样的结构是以消极的力量超越积极的方式建立起来的，那么傲慢的消极领域会让你的行为、努力和思想消极。

促进人类健康一直是推动建筑迭代升级的内在动力因素。过去，健康建筑是古今中外建筑师们追求理想建筑的重要标准；当下，以提高舒适性、促进节能、减少污染的绿色建筑成为发展热点，已逐步形成政府主导、涵盖评价标准标识和鼓励性政策的建筑发展体系。未来，响应"健康中国"战略的"健康建筑"正在成为新的发展方向，通过深层次关切人们的身体、心理状况和社会关系，强化健康保障，满足人们对更高质量生活的需求。

《瓦斯图》中的健康考虑

古印度《瓦斯图》建筑科学认为，每块土地或建筑物都有自己的灵魂，建筑的排布对应人体的结构。

潮湿、怪石、蜂箱和蚁丘的存在对人类居住有害。

建筑围绕中心空间的核心要素展开，应特别注意阳光方向以及空间的相对功能。例如，起居室应位于房屋的中央部分，餐厅应朝西，卧室的斜坡应朝向东方，家庭的首领应该留在西南方向。

房子的中心轴应该保持轻松，不应该存放重物。

 绿色建筑向健康建筑的发展演变

绿色建筑向健康建筑的发展演变　　　　　　　　　　　　　　　　　　　表2-12

	绿色建筑	健康建筑
兴起背景	在高速城镇化、资源与环境压力、建筑质量压力、节能减排约束等背景下产生，旨在推动建筑节能、减少环境污染	在"健康中国"战略背景下产生，旨在综合促进建筑使用者的身体、心理和社会关系健康
内核思想	"四节约一环保"——全寿命周期内，最大限度节约能源、土地、水资源、材料，保护环境、减少污染，为人们提供健康、适用和高效的使用空间	满足人们对环境、适老、设施、心理、食品、服务等更多元的健康需求
涵盖领域	绿色建筑向工程细分领域延伸：规划、暖通空调、电气、给水排水、建材	健康建筑向综合交叉学科延伸：社会科学、公共卫生学、心理学、营养学、人体工程学
指标要求	从建筑本身在全寿命周期内的环境影响出发，强调对建筑系统的分项计量和监测，包括节地与室外环境、节能与能源利用、节水与水资源利用、节材与材料资源利用、室内环境质量、施工管理、运营管理等	从促进人的身体和精神健康出发，可感知性更强，包括空气、水、声、光、热、湿、健身、人文、服务等

资料来源：王清勤，邓月超，李国柱，等．我国健康建筑发展的现状与展望 [J]．科学通报，2020，65(4)：246-255.

邻里空间的健康功能织补

毗邻而居的生存模式古老而悠久。人们除了在充满匿名性和速度感的喧嚣中与人会面，也在静谧夜晚的书斋中独自沉浸孤独与诗情，这依然需要介乎绝对隐私与绝对开敞间的"第三空间"。社区，是一种城市居民由私密向公共生活过渡的空间秩序与生活组织方式，它既是当代城市治理中化整为零的计量单位，也是"邻里单元"的现代释义。

研究表明，社区生活对个体—群体的健康有着深远的影响。面对健康这个持久而深刻的命题，作为介乎建筑与城市的"次空间"单元，社区成为织补社会健康网络的最佳实验场。如何顺应邻里模式变迁规律，探索健康城市私密性与开放性在时空维度、治理维度上的当代协调，是当下健康社区营建最重要的课题。

社区生活对健康的影响：从个体到群体

对个体健康全生命周期的影响

人们出生、成长、生活、工作和变老所在的邻里环境决定了个体全生命周期的健康轨迹。邻里环境对个体健康的影响，是一种典型的"邻里效应"，并兼具"情景效应"和"发展效应"双重特征。其中，"情景效应"聚焦于静态环境，关注环境多样性对居民健康的影响；"发展效应"则更聚焦时间动态性，内含多个影响过程和机制。

"邻里效应"对群体健康的多维影响

社区生活在人口、经济、政治、社会、物理等多方面对聚居的群体健康产生影响。例如，长期居住在城镇化水平较高的邻里，居民患慢性疾病和抑郁的累积风险更大。

"邻里效应"对群体健康的影响   表 2-13

邻里特征			对健康的影响 [提高（+）/ 降低（-）]	
类别	因素	观测因子	结果	疾病
人口和经济	邻里贫困	家庭收入中位数（或均值）、租房家庭比例、25 岁以上具有大学学位比例、最近 5 年内搬离的居民比例、失业率	劣势	女性肥胖风险（+）；成人超重风险（+）；成人患肺癌风险（+），吸烟行为是较强的中介因素；老年过早死亡风险（+），男性更显著；迁居者自评健康恶化风险（+）
	邻里剥夺	贫困线以下人口比例、年收入低于 3 万美元家庭比例、居住密度、高拥挤度家庭比例、住房设施匮乏家庭比例、租房家庭比例、公园面积占比（居住地 500 m 半径内）	劣势	女性早产风险（+）；老年焦虑和抑郁风险（+）；老年自评健康恶化风险（+）；迁居者心血管病风险（+）
	城市化水平	人口密度、经济活动、交通和卫生基础设施、住房条件、通信、社会服务	劣势	成人患高血压、糖尿病、中风、心梗风险（+）；成人不健康饮食摄入和新陈代谢减慢（+）
社会	邻里劣势	贫困线以下人口比例、女户主家庭比例、失业率、获得公共援助的家庭比例、非裔美国人比例	劣势	儿童和青少年抑郁风险（+）；成年个体功能衰退和死亡风险（+）
	社会孤立	与家人和社区成员联系（通信 / 面对面交流）频率	劣势	老年过早死亡风险（+），女性更显著
	感知凝聚力	邻里关系密切度、友好相处度、物资和情感援助意愿、信任度、价值观差异	优势	成人抑郁风险（-）；老年体力活动（+）

健康社区营建的动力机制：空间、服务与治理

　　物质环境与社会结构是构成健康社区生活圈的基础要素。从发展动力机制来看，物质环境的空间秩序提供了健康社区协同发展的基础，综合服务强化能动适应条件；社会治理则为社区在应对风险与不确定时提供应对能力。

构建健康社区的空间秩序

　　芦原义信提出，外部空间的内部化是提升城市公共外部空间社区性要素的首要因素。社区最大的魅力是模糊了"家"的边界，让外部空间承载了家的生活。楼下的早餐铺，成为唤醒每日生活的餐桌；社区花园，成为让更多人聚集、交流的客厅；家门口的便利店，永远为深夜归家人亮起一盏回家的灯。

　　对社区而言，充足的服务空间、活动空间、体验空间延伸了家庭生活半径，更长时间的停留自然产生对场所的情感与依赖，也让社区空间"健康促进"功能更加凸显。因此，营建健康社区最基本的手段，首先是营建健康的空间秩序。基于对居民身体、心理、社会适应等多层次日常健康需求的分析，可知公共设施、公共空间、交通网络这三大系统构成了满足日常健康需求的基本社区空间秩序要素。

提供家门口的康养服务

　　养老、扶幼、医疗贯穿人生命始终，维系基础健康条件最重要的社会公共服务一方面为人民提供了现实基础与支撑保障，另一方面也是城市发展建设更高层次的追求。作为社会基础公共服务的"最后一公里"，社区康养服务成为当前社会普遍关注的焦点。无论是平时还是特殊时期，如何构建居民"家门口"普惠的社区康养服务，是健康城市营建不可忽视的重要板块。

健康社区的食物地图

　　现代城市快节奏的生活让人们拥有多样化的饮食方式，但也在一定程度上形成了很多不良的饮食习惯，引发了一系列健康问题。社区作为人们日常生活的基本空间单元，为居住者提供多种获取食物的渠道，如菜站、便利店、餐厅和农园等，这些作为社区满足人们饮食需求的基础设施分布于住宅建筑群中间。良好且充足的社区"食物源"和适宜的"食物源"分布能够提供便捷的社区服务，鼓励人们培养健康的饮食习惯和生活方式，促进健康社区发展。

图 2-208　纽约街头绿色食品车

形成良好的社区治理模式

简・雅各布斯在《美国大城市的死与生》中提出"街道监视者"（street watcher）的概念。她指出，富有活力与人情味儿的城市街道上，往往有着一群时刻"监视"道路的人们，他们关注着周边的人和事，随时准备伸出援助之手。正是这些店主、小企业主、街坊邻居共同构成公共生活中的邻里关系网。

社区共同体，是陌生人背景下一群有公民意识、情感联系和责权共担的社区社会人。他们是当代的社区"监视者"，基于共同的公民意识，热心关注、积极融入集体生活，形成守望相助、共生呼吸的有机生命体。社区共同体的形成，除了外部物质空间营造之外，一方面需要从社会治理层面唤醒居民的"近邻观念"，重启社区自组织功能；另一方面需要通过自上而下的制度建立与组织架构，营造良好的邻里环境与多方参与的交往规则，从而激活基层自组织与居民深度参与的底层活力。

重回熟人社区：探索"安康邻里"模式

新冠肺炎疫情过后让我们更加期待熟人社区回归

2020 年新冠肺炎疫情后，武汉市围绕城市社区服务与治理现状，对全市 13km² 内的 63 个社区、38 万人进行了两轮调研。调研结果表明：疫情最严重的 21 个社区 36%没有正规的物业管理，社区管理水平较差；社区规模偏大，社区网格员人均服务人口普遍达到 500 户、1000 人以上。

"邻里"概念由来已久。追溯历史，"邻里"概念诞生之始即根植于熟人社会，生活联系紧密，遇灾难靠众志成城以避祸，遇诉讼靠族长乡绅来仲裁，实行基层伦理治理（孔子所谓"邻里"）。然而，随着城市治理模式的转变，"邻里"似乎只剩下地理毗邻及现代治理的含义。

当城市面对突发重大安全事件时，快节奏、广域互联的城市生活被踩下刹车，人群被迫重新回归邻里空间尺度聚居生活。有边界感的空间隔离让人们比以往任何时候更加期待家门口"熟人社会"的回归。与此同时，从社区治理角度，合适的邻里尺度将激发基层自治，减少治理成本，提高治理效能。因此，围绕营建特殊时期更具发展韧性的健康社区，从熟人社会交往需求出发，探索一种组织灵活、规模适宜、管理高效的"安康邻里"模式，符合当前的发展需求与公众期待。

"安康邻里"模式构建：规模、服务与自治

适宜的空间规模：构建"相识型邻里"单元。街区型住区的结构层次是在邻里关系建构的基础之上进行划分的，形成所谓新三级结构"基本邻里—邻里社区—居住社区"。

各地网络化治理实践

北京东城区 双轴化管理	东城区以万平方米为单位，将17个街道、205个社区划分为592个基础网格和2322个单元网格。在基础网格内配置网格管理员、网格助理员、网格警员、网格督导员、网格党支部书记、网格司法工作者和网格消防员七种管理力量，形成"一格多员、一员多能、一岗多责"的"7+X"力量配置模式。
舟山市 网格化管理 组团式服务	渔村一般将10～150户家庭划分为一个网格，城市网格所含户数适量放宽。流动人口聚集区域建立"新居民网格"，在个体工商户聚集区域建立"商户网格"，在企业聚集区域建立"企业网格"，按照因地制宜的网格划分标准在全市范围组建了6～8人的管理服务团队和党小组团队。
佛山市南海区 城乡一体化 社区网格化 治理	合理划分社区网格：根据地域面积、地理界线、人口密度、区域特点和管理习惯等因素，将网格按照住宅区、商业区、工业区和混合区等类别进行划分。原则上住宅区按照200～500户设置一个网格。各个试点社区由于地域面积和人口密度差异较大，在网格设置上呈现出了不同特点。较大的网格有1000多户，较小的网格约有300户。

 街区型住区结构层次

邻里层次应为三个：第一邻里层次为5～10户，有利于邻里间的交往、熟识，易于互助；第二邻里层次为50～150户，邻里间大多能互相认出，但不一定能够打招呼；第三邻里层次为500～1500户，人们偶尔相遇，经过较长时间才能够相互认可。同质居住的范围限定在"相识型邻里"（50～150户）内比较适宜。因此，新型熟人社区的空间规模可为：100～150m街区内，2～3个"相识型邻里"构成200～300户、500～1000人的新型邻里单元。

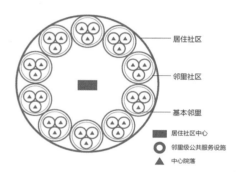

图2-209　街区型住区结构示意图

适度的配套服务：提高公共服务供给韧性。突发公共卫生事件让城市居民日常活动半径缩减，社区成为提供基本城市公共服务的最后一道网络。全封闭状态下的社区服务要兼顾居民网购投递、商超配送、医药购买、水电气缴费等服务，保障居民最起码的"吃饭""吃药"要求。

灵活的自治网络：疫情时期城市防控呈现"大封闭，小开放"的特点。结合安康邻里基本空间单元，最大程度发挥群众参与的自治网络构建包括以下两方面措施：一是重新划分基层治理网格单元、增配网格管理员，畅通自上而下的治理渠道；二是充分发挥现代化、群众化手段，通过微信群、邻里坊、议事会、综合管理智能平台等进行监管，鼓励居民自治。

邻里生活对居住在社区中的人群健康起着重要影响，街区社群的健康营造需要从空间、服务、治理等多维度进行关注。熟人邻里的回归是新时期社区模式的重构与升级，灵活便民的社区自治将为我们带来新的健康生活。

居民健康与街区安全治理

风险是指居民不希望发生的事件发生可能性及其后果，当风险在一定条件下显化时，就可能会成为突发公共事件，因此，风险是突发公共事件的源头。风险多种多样，既有传统的自然灾害、传染病、火灾等，也有核电站泄漏、网络攻击等新技术发展带来的新兴风险；既有小概率、难预测的"黑天鹅"事件，也有大概率、可预测的"灰犀牛"事件。

空间环境免疫力分级：防御性、脆弱性、韧性

防御性：采用规避与防御策略，阻挡外部风险因素靠近

《礼记·礼运》中记载，"城，郭也，都邑之地，筑此以资保障也……筑城以卫君，造郭以卫民。"早期的"城"是为了抵御外部风险而建立的防御体系，是由城墙、护城河等防御设施"围"起来的一个封闭空间。人们将防御性空间面临的威胁定义为外部危险源，采取防御性设施以建立城市与外部危险源之间的"空间阻隔"，从而确保自身处于安全状态。

脆弱性：采用加固与备份策略，降低内部要素的易损性

"脆弱性"一词首先由英国学者奥克夫等在《揭开自然灾害的"自然"面纱》一文中提出。奥克夫等认为，人类面临的自然灾害并不是由自然因素导致的，而是人类社会自身具有的不利的社会经济条件导致的脆弱性，使得人类在自然事件面前具有易受伤害的特征。脆弱性视角将安全治理的研究转向空间内部，即空间场所作为承载体，从其自身因素出发研究人们面临的风险来源及管理策略。

韧性：采用适应、调整与改进策略，与不确定性共存共生

韧性场所追求与外部不确定之间的适应、共生。韧性场所强调安全威胁不在于风险来源、风险规模和破坏性后果，关键在于空间单元的街区作为一个复杂的社会系统是否能够利用和适应不确定性，并能够通过自身的转变实现与内外部扰动的共生和动态平衡。基于韧性城市的城市安全治理以"适应"为核心目标，是一种典型的"权变管理"模式。在这种"权变管理"模式下，因地制宜、开放决策、参与式管理、跟踪调整是城市安全治理的核心逻辑。以实现城市社会与自然系统、城市规划与长期发展、个体与集体之间的动态平衡为目标，在不确定的情境中寻求城市生存和发展的机会。

国际韧性联盟认为"韧性"具有三个本质特征。

（1）自控制：系统能够承受一系列改变并仍然保持功能和结构的控制力；

（2）自组织：系统有能力进行自组织；

（3）自适应：系统有建立和促进学习、自适应的能力。

自控制——面对突发事件冲击，仍能维持基本功能的运转

自控制是指系统在遭受重创和改变的情形下，依然能在一定时期内维持基本功能的运转。系统通常具有冗余性特征，具备一定超过自身需求的能力，并保持一定程度的功能重叠以防止全盘失效。同时，系统的多样性会在危机之下带来更多解决问题的可能，提高系统抵御多重威胁的能力。

适应不确定性：弹性设计

街区空间建设和管理要以不确定性为导向、以适应性为目的来对城市的未来做出指导，使街区空间功能互补、适应不确定性和具备调整能力。弹性设计是提升空间韧性的重要手段。

维系日常生活：基本物资供给与保障

在有较多速食餐馆的街区，居民患肥胖症的风险往往高于其他地区。因此，健康的街区生活应尽可能多场景地保障居民健康的食品与饮用水供应。社区农产品便民服务店是为社区居民提供新鲜果蔬的主要场所之一，通常要布设在所有社区居民步行便捷可达的区域。社区可利用闲散绿地空间建立城市社区农场，定期邀请社区居民参与果蔬种植体验活动，宣扬健康饮食观念。例如纽约通过在社区中规划布置并提供全方位服务的杂货店、设置定点的农贸市场或小型果蔬摊等方式增加新鲜果蔬供应。

 英国米德尔斯堡：城市农业改造试验

2007 年米德尔斯堡（Middlesbrough）市由民间发起一系列都市农业活动，参与者包含社区居民和组织、学校和公共健康组织等，改造对象为住宅附属绿地、社区绿地、校园和城市公园。

 土耳其：引入农业景观的社区屋顶花园

土耳其兀鲁思（Ulus Savoy）住宅区屋顶花园与普通的屋顶花园不同，起伏有致的折面几乎覆盖了这个庞大社区的所有路面，设计师还将可食用的农作物引入这片美丽的屋顶景观中，为农业景观提供了新的可能性。

图 2-210　土耳其 Ulus Savoy 住宅区屋顶花园

自组织——保持系统内部动态平衡，较快恢复功能的正常运作

自组织指系统内部保持动态平衡，各组成部分之间的相互作用和联系强而有力，表现为系统能够自主调配资源抵抗和应对内部、外部冲击，保证核心功能不受损伤。在应灾的全过程中，各主体能够及时履行职能，充分发挥能动性，保证较快恢复城市功能的正常运作。

夯实生命线工程，保障关键要素流动

"生命线工程"主要是指维持街区生存功能系统的工程，包括交通、通信、供电、供水、供气、卫生、消防等领域。夯实生命线工程，是街区应对突发事件不定期侵袭的基础保障。一方面，要编织立体化监测网络，对生命线工程进行系统的监测和预警，提升生命线安全运行保障能力；另一方面，要加强对生命线工程应急预案和快速恢复预案的制定与演练，保障关键要素的流动，提升生命线快速恢复运行的能力。

自助—互助—公助，提高公众自救能力

突发事件的应对并非全部是政府的责任，而是需要居民的"自助""互助"和政府的"公助"三管齐下。政府应向大众发布详尽的灾害风险地图，提供便捷、易理解的灾害信息，并开展宣传教育，确保居民掌握避难的必要知识，提高自主避难的能力。同时，还应加强居民之间的交流活动，发挥社会组织在防灾减灾过程中的积极作用，确保灾害发生时居民之间的协作，通过互助强化灾害应对能力。

◆ 日本《东京防灾》手册

获得广泛认可的防灾手册——《东京防灾》充分考虑了东京的地域特性、都市结构以及居民的生活方式，总结了灾害的事前准备、灾害发生时的应对措施等。

全书共分为五章，介绍了不同情景下遇到地震等灾害应该采取的紧急应对方法和灾后恢复措施，并且生动科普了日常生活中使用的应急技巧。书中还附上了所有专业术语的解说，并按照年龄和灾难发生时所处的场所做出了相关内容索引。

图 2-211 《东京防灾》手册中的市民防灾组织

图 2-212 《东京防灾》手册中的防灾网络建设

书中也没有忽略人际互助在防灾中的作用，特别是在灾后的避难和重建中，各类自治机构和政府组织应该如何行动，而个人又应该如何尽最大的努力来帮助别人，都有详细列举。

自适应——从经验中学习和总结，更好地应对下一次突发事件

城市规划和建设，一方面，要加强应对各类突发事件的宣传教育和善后处置；另一方面，要注重防灾设施、基础设施或城市的规划重建。此外，在体制机制方面，也要建立动态风险评估机制。

以香港为例，自"非典"以后，除了在公共卫生方面的改善措施之外，香港特区政府和设计人员也意识到建筑环境品质和气候要素对市民健康及环境卫生的重要性，于是开始了长达十几年的改善城市规划和建筑设计的变革。

城市社区可通过调整小区出入口设置、适度分隔较大住区、分离各流线、公共用房积极改造、公共活动场地及绿地改造利用、地下空间储备利用、完善沟通平台等方式健全应对突发事件的空间机制。

我们既要从经验中学习、总结，增强自适应能力，具备较强的灵活性和适应力，又要有选择性和针对性地削减外部冲击带来的损害，以便更好地应对下一次突发事件的到来。新的经验将被不断纳入适应能力中，过去的灾难与干扰将被提炼出面对灾难的勇气与智慧。

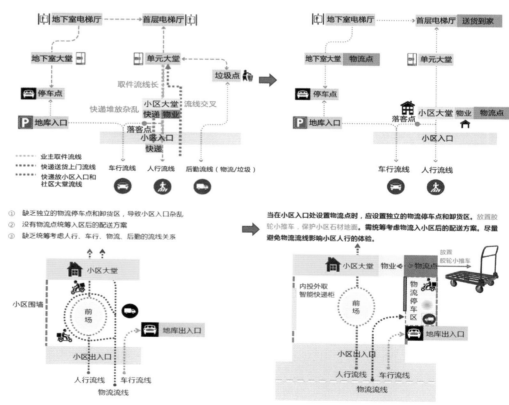

图 2-213　社区流线优化方案

06

绿色安全的韧性设施

　　街区是城市开放复杂巨系统中的重要单元，拥有绿色安全韧性设施是街区应对各类突发事件及风险的"骨骼"。应鼓励在街区更新中植入各类"海绵"体，注重将海绵建设和空间环境以及各类设施的更新改造相结合，以增强街区适应环境变化和自然灾害的能力。通过对建筑全生命周期的碳测算，将建筑"留""改""拆"与街区更新紧密结合。在完善街区韧性设施的基础上，提升街区居民应对灾害的相关知识技能，将践行绿色生活方式、邻里互助防灾、避灾预备预演等，融入居民日常生活，筑牢防灾减灾的社交网络。

荷兰奈弗达尔市街道雨水花园

用"海绵"理念营造"会呼吸"的街区环境

2020年以来，雨季持续时间长，波及省份多，但是"看海"的报道却没有几年前多了。除了高标准的防洪体系和军民一心共同抵御洪水外，海绵建设也发挥了重要的作用，其显著缓解了城市内涝，提升了百姓的获得感和幸福感。我国传统的城市排水以管网快排为主，这既浪费了宝贵的雨水资源，也增加了下游的压力，在排水系统标准不高的情况下还很容易出现内涝积水。

海绵建设是指，我们的空间环境能像海绵一样，在适应环境变化和应对自然灾害等方面具有良好的"弹性"，以"小雨不积水、大雨不内涝、水体不黑臭、热岛有缓解"为建设目标，下雨时吸水、蓄水、渗水、净水，需要时把蓄存的水"释放"并加以利用。随着我国社会从高速发展进入高质量发展阶段，"在提升排水系统时要优先考虑把有限的雨水留下来，优先考虑更多利用自然力量排水"，因此，推动自然积存、自然渗透、自然净化的"海绵建设"成为必然选择。

作用与功能

首先，海绵建设可以利用雨水花园等海绵设施"吸水"，当然和海绵一样，它也有吸饱的时候，这时多余的雨水就会形成地表（地下）径流直接流走，也就是说，海绵可以缓解内涝（吸水）但并不能解决超过其设计能力的内涝（吸饱就不吸了）。其次，海绵建设还可以利用植物、土壤等的吸附作用实现"净水"。最后，海绵建设的第三个功能是"释水"，雨水桶、蓄水池等储存的经净化的雨水也可以用于小区保洁、道路浇洒、绿化灌溉、景观补水等。

当然，海绵建设还可以结合街区公园、街头绿地、小区绿化等进行系统设计，不仅可以处理雨水，还可以通过丰富绿化植物群落，营造微生态系统，提升空间环境品质。

投资耗费

媒体在报道海绵化投资时最常见的单位多是"亿元"，实际上海绵建设并不会新增多少投资。每年政府都有一定的财政预算用于雨污水管网建设及维护、水利工程建设、水环境治理提升等民生工程，即使不建设海绵，这笔钱也是必须要花的，而海绵建设只是以"渗、滞、蓄、净、用、排"统筹灰绿蓝设施，在原有投资不变或者新增少量投资的基础上，实现"1+1>2"的效果。

举个真实的例子，某市一条3.45km的快速路改造，总造价约1.68亿元，其中海绵部分总投资约 3216 万元，占总投资的 19%，这其中还包括了即使不做海绵也要建设的集水边沟、排水管道等，扣除这些之外海绵新增投资占比更低。但媒体报道时往往只突出该条道路的总造价而不是海绵部分的造价，从而造成一种海绵投资很高的错觉。

建设策略

海绵建设可以融入城市建设的方方面面，可以缓解老旧小区下雨淹水、绿化面积少等问题；可以充分发挥公园绿地的生态功能；可以让公共建筑变得更加"绿色"；可以让道路净化雨水，创造更安全的行车环境⋯⋯

下面我们说一说海绵怎么建，可以给我们的生活带来哪些看得见的改变。

海绵型小区

老旧小区雨季积水是个老生常谈的问题，其原因不外乎是管网问题，要想彻底解决此问题，最优的方法自然是拆除重建，但是花钱多、周期长。其实通过局部海绵化改造，也能针对性解决老旧小区内涝问题。

通过雨水罐与雨水管的组合，可以把屋顶流下来的雨水储存起来，经过净化后用来浇花、洗拖把等。

通过雨水花园、植草沟等海绵设施让流到地面的雨水自然净化、下渗，而不是积在路面上，在把雨水留下来的同时还能利用植物净化水质。

通过透水铺装将硬化地面改造为透水停车位，这既增加了车位又能让雨水下渗。

图 2-214　造型各异的雨水罐

图 2-215　植草沟　　　　　　　　　　　　　图 2-216　雨水花园

海绵公园

　　公园作为街区重要的一类公共空间，除了提升景观、调节微气候等作用外，还具有综合效益。应充分挖掘它调蓄、净化雨水的本领，照顾周边场地，让周边区域下雨时也不会淹水。

　　海绵公园的建设需要持续推进街区增绿、补绿、复绿，建设均衡分布的小微绿化活动场地，织补多维生态绿网，降低热岛效应，提升碳汇能力。排水管网的布置应结合公园地形，采用雨污分流制，宜就近接入城市雨污水系统。雨水应优先采用海绵设施净化，周边市政雨水不宜排入公园场地内。

海绵型公共建筑

　　公共建筑在满足设计功能外，还可进行海绵化改造，实现雨水径流的源头滞蓄、净化、削减与资源化利用。

　　以常州市武进区凤凰谷为例，场地内部分道路设计为透水铺装，避免道路积水；建筑屋顶设计为绿色屋顶，改善景观的同时实现雨水的收集利用；建设雨水收集利用系统，收集场地范围内的雨水用于绿化浇洒、道路冲洗等。

图 2-217　海绵公园建设　　　　　　　　　图 2-218　通过纵剖面展示各类海绵设施结构和功能

海绵型校园

以苏州市姑苏区善耕实验小学为例,其在进行海绵改造时,采取雨水花园、透水铺装等典型海绵设施,既解决了场地改造前容易积淹水的问题,又结合竖向巧妙地将一部分海绵设施的纵剖面展示给学生,以进行教育科普。

海绵型道路

常规路面多采用不透水结构,短时强降雨很容易在低洼处形成局部内涝,影响交通安全。而海绵型道路除了拥有传统道路的基本功能外,还兼具渗透、净化、储存、收集利用路面径流等功能。

路面雨水通过路缘石开口进入侧分带和中分带的雨水花园等海绵设施,与直接进入透水铺装的雨水一起在下渗过程中完成净化,多余雨水则经由溢流管直接进入市政雨水管网,双保险确保道路不会发生内涝。

通过几年的努力,中国的海绵建设在改善内涝上取得了一定的成效,切实提升了百姓的获得感和幸福感,获得了大多数百姓的好评,同时在国际上也收获了广泛的赞誉。联合国在《2018年世界水资源开发报告》中称赞"中国海绵城市理念和方案是基于自然的解决方案的一个优秀样本"。

海绵建设虽然成效显著,但还需要从几方面进行完善,让其发挥更多的价值。一是完善推进模式,将海绵建设与老旧小区改造、污水处理提质增效、排水排涝补短板、黑臭水体治理等工作相结合,实现多目标综合效益。二是加强长效管理,做好已建海绵设施的维护管养,避免因缺乏维护导致无法发挥效果甚至影响整体景观。三是做好资金保障,逐步建立海绵建设资金长效投入机制。

海绵建设是一项系统工程,在多方的支持、理解和耐心下,相信海绵建设必将走得更远,发挥重大作用。

图 2-219　武进区凤凰谷绿色屋顶

图 2-220　昆山博士路海绵化改造后实景

低碳视角下街区建筑"留改拆"实施策略

据统计，建筑是我国最大的碳排放来源，2020 年全国建筑全过程碳排放总量占全国碳排放的比重为 50.9%，可谓是巨大的"碳排放机器"。在街区更新改造中，以节碳为目标，如何选择既有建筑的"留改拆"更新方式，需要从建筑全生命周期的视角对不同建筑更新方式进行节碳能力的测算与分析。

建筑全生命周期中的碳排放关键环节

从建筑全生命周期来看，一共有四个环节重点影响碳排放，分别是建材生产环节、施工环节、运行环节和拆除环节。

以投入产出表法进行粗略测算，建材生产方面，我国钢材和水泥每年消耗量约为45 亿 t，这些建材的生产会产生大量的碳，占建筑业建材生产碳排放的 95% 以上。建筑运行方面，其用能主要为电力，我国电能的 70% 左右依赖燃煤、燃气等传统火力发电，这也造成大量碳排。据统计，我国单位建筑面积运行能耗是同纬度发达国家的 2 ~ 3 倍。

因此，建材生产环节和运行环节两项产生的碳排占了绝对大头，分别为 55.5% 和42.5%，合计 98%，建筑施工和拆除环节，仅占 2%，主要为施工消耗的能源以及废弃物运输、分拣、处理等产生碳排。这可以理解为，一栋建筑的建材消耗越大、运行耗能越大，其碳排越大。

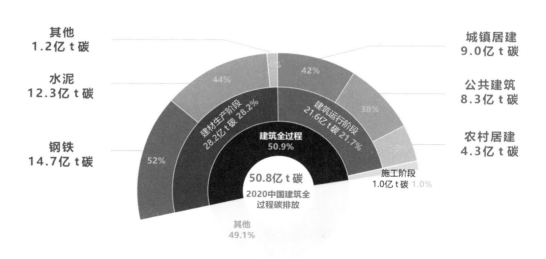

图 2-221　2020 年中国建筑全过程碳排放总量及占比情况

建筑更新"改"比"拆"更节碳

既有建筑"留改拆"全生命周期碳排放可以分为更新措施本身和后续运营两大块进行分析。

如仅考虑建筑更新改造措施本身的碳排情况,很明显"拆">"改">"留"。因为建筑拆除新建涉及"拆"和"建"两个环节,要消耗大量建材,碳排最高;建筑保留修缮几乎不涉及钢材、水泥等高碳排建材的消耗,碳排最小;建筑更新改造可能仅涉及部分空间的拆建,碳排位列居中。

对具体案例进行比较研究,发现同等建筑体量和相同节能标准情况下,拆除再新建产生的碳排放是更新改造产生碳排放的 7.9 ~ 11.0 倍。具体倍数还和执行的节能标准高低有关,按照江苏省现行 75% 的节能标准要求,拆除再新建是更新改造碳排放量的 8 倍左右。

如果将时间拉长,考虑建筑运行环节,碳排放结果将会反转。建筑保留修缮虽然不耗材、早期碳排低,但运行耗能很高,而"改"和"拆"虽然早期消耗了一些建材,但能达到低耗能甚至零碳建筑水平,因此更新后第 2 ~ 5 年,"改"的建筑即可实现碳回收,整体碳排量实现逆转,低于"留"的建筑;更新后第 15 ~ 20 年,"拆"的建筑即可实现碳回收,节碳效果反超"留"的建筑。最终经过一段时间的运营,建筑更新改造的节碳效果完胜建筑拆除新建和保留修缮方式。

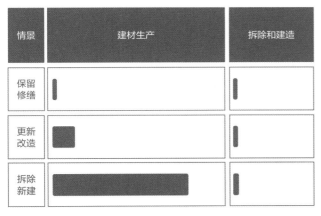

图 2-222 建材消耗视角下的碳排放情景示意

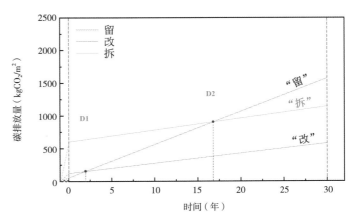

图 2-223 "改""拆"均达最新节能标准情况下的"留改拆"碳排放示意图

既有建筑节碳改造需建立可持续工作机制

建筑更新改造虽最为节碳，但实际改造并不多见，据统计，截至 2021 年底全国累计完成既有建筑节能改造约 17 亿 m²，仅占建筑总量的 3%。

其中，公共建筑节能改造已形成相对成熟的市场化方式，一般采用合同能源管理的方式推进节能改造，由用能单位通过节能效益支付改造和运维投入。

而居住建筑节能改造量大面广，节能改造作为老旧小区改造中的"完善类"内容，属于鼓励居民自主出资项目。由于改造节碳带来的节能经济收益难以覆盖初期改造成本，老百姓往往意愿较低。以一户 80m² 的住户为例，其节能改造费用标准的计算过程可参考下表。

节能改造工作项目、相关费用和节能效果　　　　　　　　　表 2-14

节能改造工作项目	相关费用	节能效果
围护保温改造	80 ~ 150 元 /m²	15% ~ 30%
屋面保温改造	60 ~ 120 元 /m²	10% ~ 20%
外窗保温改造	200 ~ 500 元 /m²	15% ~ 25%
窗墙比改造（含外窗保温改造）	500 ~ 700 元 /m²	夏热冬冷地区 20% ~ 30%
屋顶平改坡（含屋面保温改造）	300 ~ 600 元 /m²	10% ~ 25%
煤改气集中供暖改造	20 ~ 50 万元 / 台	10% ~ 25%
公共照明节能改造	20 ~ 50 元 / 只	原公共照明能耗的 50% ~ 80%
光伏改造	500 ~ 100 元 /m²	0.6 ~ 1（°）/（d·m²）
地源热泵	500 ~ 1500 元 /m²	较常规空调系统 30% ~ 40%
能源环境一体机	300 ~ 600 元 /m²	较常规空调系统 25% ~ 40%

注：本表按照公开招标文件、文献等相关资料整理得到，参考价格数据均含工料。

根据上表，老旧小区中的改造项目投入大致如下：

按达到 50% 的节能标准进行改造，房屋所需改造费用为 200 元 /m²，其节能改造总投入约为 1.6 万元。改造后，每年可节约电费 984 元，需 16.2 年才能回收成本，如果是达到更高节能标准，投资回收最长可达 50 年。且不算这笔钱存在银行里收利息的资金沉没成本，从经济角度看明显不划算。如果不像欧盟那样给予长期持续的政府补贴以及通过高电费和能源绩效标准倒逼，老百姓一般很难愿意自掏腰包。

因此，实际情况中，既有居住建筑改造往往不涉及节能改造，即便由政府出资实施，也往往难以落实所有节能措施，而仅能做一些外墙和屋面保温等最为基础且经济的节能改造。

这样建筑改造后往往难以达到与新建建筑同等的节能标准，造成后期运行耗能较高，整体拉低了全环节节碳效果，和建筑拆除新建相比优势并不显著。

尤其是，当新建建筑采用更为节碳的建材，建成超低能耗建筑和零碳建筑，那既有建筑更新改造节碳效果就更不占优势了。所以，在实际城市更新项目中，也需要针对具体情况具体分析。

类别	改造内容	单项预算（元/m²）	投入预算			
			<100元/m²	<150元/m²	<500元/m²	<1500元/m²
基础类	外墙出新	60				
	屋顶出新	60				
完善类	强电管线下地	200				
	弱电管线下地	50				
	雨污分流改造	120				
	节能改造	• 按50%节能标准改造为 140～270 • 按65%节能标准改造为 300～500 • 按75%节能标准改造为 500～1000				

图 2-224　老旧小区更新改造内容及预算

归根到底，既有建筑节能改造面临的困境主要还是资金不足。从更新机制上看，政府部门可借鉴欧洲"翻新浪潮"计划经验，提供可持续的资金支持，建立与投入成本匹配的收益激励机制，鼓励居民直接参与到改造中来，在全社会层面广泛推动既有建筑的节能改造。

单位面积节能改造经济效益测算表　　　　　　　　　　　表 2-15

改造标准	年节约电量（kW·h）	年节约费用（元）	投资回收期（年）
50%	23.4	12.3	11.3～21.9
65%	30.4	16.0	18.7～31.2
75%	35.0	18.0	27.0～54.0

注：本表以夏热冬冷地区 20 世纪 80 年代建筑每 + 暖与制冷平均能耗 46.7kW·h/m² 计，该数值根据《建筑节能与可再生能源利用通用规范》GB 55015—2021 标准工况指标折算。

 欧盟"翻新浪潮"计划

2020 年，欧盟委员会制定了"翻新浪潮"（renovation wave）计划。作为欧洲绿色新政的重要部分，其目标是在未来 10 年内将每年的能源翻新率由 1% 提高至 2%，到 2030 年将翻新 3500 万栋建筑，与此同时创造多达 16 万个绿色就业机会。

（1）加强信息和法律确定性

欧盟委员会计划修订《建筑能源效率和能源绩效指令》，引入更严格的义务，要求拥有能源效率证书（energy performance certificates，EPC），同时分阶段对现有建筑引入强制性最低能源绩效标准。

（2）确保充足和目标明确的资金供给

一方面，欧盟提供资金推动翻修。欧洲理事会同意批准共计 2488 亿欧元用于与气候有关的支出，支持成员国翻新投资和能源效率改革。另一方面，欧盟吸引私人投资和刺激绿色贷款融资。欧盟的贷款机构——欧洲投资银行将补贴款与贷款相结合，以公共拨款拉动私人资金，用于解决改造成本。

构筑防灾减灾"安全网"共同守护街区家园

对一个高品质的人居环境来说，安全是1，其他则是后面的0。安全取决于对灾害风险的了解、防范和妥善处置。

认识灾害——变化不会发生在孤岛或直线上

全球不同区域、不同类型地区面临的灾害风险各不相同：处于地震断裂带上的居民需担心地震的危害；在沿江沿河的低洼区域的居民需注意洪涝的侵袭；此外，不可靠的建筑工程、传染病大流行、气候变化等，都会带来意想不到的灾害……

事实上，灾害难以简单描绘或用数字量化。随着空间、经济和文化系统日益复杂的相互作用，我们需要了解如何在不忽视风险系统性的前提下处理灾害风险。在《2019全球评估报告》（GAR2019）中，灾害被描述为"多风险面包篮"，即由于灾害相互间的关联性，更需要激励的是跨学科的、综合的、市民参与其中的风险评估和决策，以减少重复工作并团结行动。

管理复杂的风险，同时妥善处理日常生活的方方面面并鼓励社会经济发展非常困难。《2019全球评估报告》提供了一个虚构的沿海三角洲城市的插图场景，该城市采用系统方法来管理风险。通过这个例子，能看出应对城市风险的复杂挑战是多么复杂的工程，以及需要相应的治理工具。

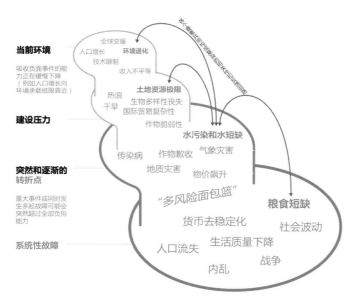

图 2-225　人居环境多风险示意图

《2015—2030年仙台减少灾害风险框架》提到，逐个危害降低风险的时代已经结束。我们需要改进对自然界中人为系统的理解，以识别前兆信号和相关性，更好地准备、预测和适应。

图2-226　国际防灾组织官网

超级工程还不够——"软措施"能救下更多人

空间建设中的防灾工程越来越全面和系统，的确给人们带来安全感，但事实也提醒人们，超级工程也可能带来"错误"的安全感。典型的例子是，我们听到某个防涝工程能应对五十年一遇、百年一遇的暴雨天气，但总有比预计更极端的情况出现。在具有长期建设防灾工程历史的发达国家也是如此。

在日本，自20世纪50年代末台风玛丽造成1300余人死亡灾难后，日本政府长期致力于防涝工程项目，但它们已不足以应对近年来日益严峻的极端天气，2018年日本暴雨时，很多人由于根据以往经验没有及时转移到安全场所避难，被决堤洪水淹死。

在灾害因城市复杂性提升、全球气候变化等因素而愈发强大的时代，连最昂贵的工程也未必能经受住考验。整个社区必须了解他们所面临的危害和风险，以便能够做好准备并采取措施应对潜在的灾害。

自主积极行动——保护自己，也协助他人安全

在可能的灾害来临前，有许多你可以采取的行动。

熟悉环境——街区中的应急避难场所和逃生途径

应急避难场所是用于躲避火灾、爆炸、洪水、地震、疫情等重大突发公共事件的安全避难场所。根据《城市综合防灾规划标准》GB/T 51327—2018、《城市社区应急避难

许多沿海三角洲地区居民面临季节性洪水、飓风风险，还有可能面临地震和海啸风险，以及气候变化、人口快速增长带来的社会经济挑战、暴露和脆弱性增加、建筑工程压力、能源需求、环境污染风险、废弃物管理压力、水和粮食资源、运输和通信系统压力等，此外还包括全球迫切需要减少温室气体排放以缓解气候变化。

图 2-227 虚拟三角洲城市的综合风险治理

2019 年 10 月，强台风"海贝思"造成71条河流决堤，本州岛超过2.3万 hm² 区域遭受洪涝灾害，5.24万间住宅被淹。由于吸取 2018 年日本暴雨的教训，在"海贝思"来临前，媒体就开始密集报道此次台风可能造成的危害，呼吁民众做好应对。10月12日起，人们在手机上也能收到紧急警报，并及时采取适当的防灾行动，志愿者挨家挨户帮助年迈的邻居前往疏散中心，"软措施"发挥了积极作用。

图 2-228 强台风下的应急疏散

场所建设标准》建标 180—2017，每个城市和社区都应该有应急避难场所。应急避难场所常常综合利用公园、广场、学校操场、体育场馆、人防工程等设施进行合并设置。

提前准备——谁都能做到的日常准备

当灾难到来，我们有时只要一条知识、一个道具、一句交流就可能保护自己和家人的安全。《东京防灾》手册将防灾准备分为四类：室外准备即上述对避难路线及场所的熟悉，其余三类包括物品准备、室内准备、交流准备，均是在日常生活情景中便可完成的。

根据地震、暴雨等历次灾害的经验，以及"向受灾者的心声学习"的倡议，《东京防灾》手册花大篇幅介绍了交流准备，除了召开家庭会，还包括平日里和邻居互相问候、关心需要照料者、组织市民防灾互助组、参加地区防灾学习交流会等，建立"人"的防灾网络。被动的、以援助为驱动的方法是不够的，社会"联系"和互助文化对任何灾害的应对都有好处。此外，对于灾害风险高的地区来说，心理建设也必不可少。《东京防灾》手册通过灾害统计数据告诉市民，要能够"直面死亡"，也要有"踏出生活重建第一步"的勇气。

应急避难场所人均指标（m²/人）　　　　　　　　　　　　　表 2-16

《城市社区应急避难场所建设标准》（建标 180—2017）

场地名称	面积指标
应急避难休息区	0.900
应急医疗救护区	0.020
应急物资分发区	0.020
应急管理区	0.005
应急厕所	0.015
应急垃圾收集区	0.010
应急供电区	0.015
应急供水区	0.015
合计	1

图 2-229　各类应急避难设施

截至2021年5月，南京已建成约330处应急避难场所。除了在网上可查看所有应急避难场所名称、类别、地址外，市民还可在"南京建设"微信公众号中"微服务"菜单中，找到"南京避难场所全息图"，查看最近的应急避难场所。

图 2-230　南京避难场所全息图线上页面

减少风险——而不仅仅是预防灾害

除了自然灾害、突发疫情等极端情况，大部分时候我们只要通过留心身边的小事，就可以显著减少灾难。

比如，如果你是高层建筑业主，请务必定期检查外窗是否出现松动脱落，并及时清理阳台、窗台物品。如果你是商家店铺业主，要仔细检查广告牌匾等是否容易被风掀起、吹翻，并可在阳台和外窗等位置安装隐形防护网。

如果你的商铺正要被租户重新装修，你应确认是否有功能、房屋结构变化，要履行怎样的申请手续及进行安全检测鉴定。房屋产权人也是法律上的第一安全责任人。

如果你居住在老旧小区，请留意你所在的小区、街区，供消防车通行的"生命通道"是否畅通，确保消防通道畅通是住宅区的基本要求，也是当前老旧小区改造工作中的重要内容。

"灾害图上的演练"取 disaster（灾害）、imagination（想象）、game（游戏）的首字母，被称为"DIG"。演练使用地图，假设参与者生活的地区发生了大型灾害，大家一起考虑、交流、书写对应策略。

①将闹市区、山、平地、河流等条件写进地图。

②确认地区空间结构、用不同颜色将铁路、道路、公园、避难场所等写进地图。

③找到对防灾有正、负面影响的设施以及设备，并做标记。

④以完成的地图为基础，商量针对性的防灾策略。

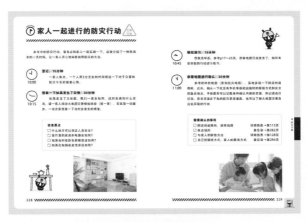

图 2-231　东京家庭 "灾害图上的演练"

2019—2020年，江苏省住建厅协同多部门一方面开展打通"生命通道"集中攻坚行动，清理消防通道上的违建、违停，开展标线、标志施划和警示牌设置等工作；另一方面也持续推进停车便利化工程，缓解中心城区、老旧小区停车矛盾。

风险不能被部门化，也不能只由一个公共服务提供者或响应者负责，必须由多部门和多利益相关者参与其中。安全的街区需要每一个人参与其中，成为街区安全的照料者，铸造街区安全的软措施。我们要积极采取行动，构建更多的街区安全设施，营造社区安全网络，在保护城市与街区的同时，也就保护了自己的安全。

重新
发现
街区 更新需求
与规划设计
REDISCOVERING NEIGHBORHOODS
REGENERATION DEMAND AND PLANNING DESIGN

◎ 细致底图制定
◎ 前置运营咨询
◎ 联动情景分析
◎ 活力场景营造

第三章

街区更新的
一体化方案
集成设计

快速城镇化进程中，中国城市留下了许多人口结构失衡、空间环境衰败、功能业态退化的街区，迫切需要通过更新的方式进行重塑，实现活力的整体提升。然而，基于大拆大建的土地开发、房屋拆迁、产权重置程序，对街区进行更新，所营造出来的街区普遍脱离既有的经济社会关系，难以回应居民的现实诉求；更新后的街区，在投资开发主体通过市场化手段退出后，往往面临后续管理维护缺位、后期运营不力的局面，进入业态与空间衰败的循环。

在国家推动城市更新行动的当下，街区的更新与重塑，必须转变以规模为导向的串联式开发建设模式，转向以品质取胜的一体化更新策划模式。营造出有品质的街区，形成一体化的更新策划与设计方案，一方面要充分考虑街区多元的利益诉求、既有空间与产权肌理、可预期的资金投入等现状约束；另一方面要深入分析街区可以匹配的新兴的需求，包括不同人群的消费需求、新兴业态的办公需求、数字化时代的传播需求等。我们认为要塑造出有活力的街区，必须尊重空间的既有"肌理"、营造吸引人的"场景"、匹配多元的新兴"需求"、评估可用的相关"资源"，在方案阶段就从一体化的视角、采用系统化的思维进行考虑和谋划，以增强设计对空间品质的支撑，发挥设计在延续地区文脉、匹配功能业态、服务场景营造、支撑后期运营、协调利益诉求等方面的作用。

尊重空间的既有"肌理"

空间肌理在一定程度上体现了一个区域的独特价值，反映了长期形成的对空间塑造的集体共识，这既包括物质空间上的肌理，比如由建筑、院落、构筑物等组成的街巷肌理，以及各个时期遗留下的历史遗存肌理，也包括社会学层面上，即由复杂产权关系交叠而出的社会空间肌理。因此尊重"肌理"，是对区域长期集体共识的"谦让"。设计师需要保护区域的物质空间特色，发扬遗存文脉及周边资源，需要最大限度保留在地的社会关系，在尊重产权的基础上提升街区与居民的联系度，为创造特色空间和场景、打造有"自然流量"的活力街道提供历史元素和重要的空间基础。

营造吸引人的"场景"

流量时代下的城市更新"聚人"的方式更加多样，其中最重要的一点就是"场景"营造。"场景力"构建的重点不仅是空间氛围的营造，更是从主题设置到业态配比的运营，再到文化内核等多项因素的叠加，这给消费者带来的便是持续的、长久的吸引力。而真正有魅力的街区什么样？对大多数人来说，首先应该是可以被一眼记住的，而这需要与在地文化有机融合的审美意识，以构建可感知、可参与的消费体验新空间。其次是移步异景带来的感官体验，用游线将主题相同但设计各异的场景编织起来，塑造精彩的、"不落幕"的街区。最后是不断的活动策划，当城市更新邂逅各类活动，或许就是"1+1>2"的效果，持续的引流，为更新空间带来不断的关注度。作为软性"包装"，活动可以跟随空间更新的全过程，使其更具消费活力，更"值钱"。

匹配多元的新兴"需求"

目前大众消费、大众打卡需求的发展使城市休闲与消费空间更加受到重视，为满足其对品质和个性化的需求，更新空间需要更加强调环境的品位以及历史人文的品质，打造更多个性化消费空间。同时，文化资本的发挥在塑造未来城市空间方面肩负了前所未有的重要意义，在这一背景下面向中产阶层等新主力消费者需求所产生的特定文化空间，影响着城市更新的格局：他们更加需要将具有历史文化底蕴的特色地区与办公、文化、创意等产业结合起来，从而获得符合中产阶层生活品位和工作风格的空间。另外，空间的更新还应关注线上传播的需求，基于互联网潮流文化来营造主题性社群空间，构建具有独一性和辨识度的场所精神，形成特色鲜明的空间文化符号。

评估可用的相关"资源"

城市更新的总体平衡是一个长期经营的结果，需要将有限的"资源"用在合适的时间与合适的项目上，因此需要第一时间评估现有以及未来可获得的相关"资源"：一是长期可投入的资金，目前各级财政安排的城市更新资金是城市更新项目的重要资金来源，但政府财政有限且需要用在实处，这就需要厘清运作周期内的各项投入，力求贴近市场、贴近实际，同时给未来的运作留下弹性空间；二是可获取的金融资源，在鼓励市场主体投入资金参与城市更新的背景下，估算可吸引到的社会资本和可利用的金融工具；三是可引入的招商资源、公共文化设施配套等，对可引入的业态进行品牌效益、技术实力、市场前景、投资收益等评估，实现未来土地综合效益的最大化。

南市桥街区位于无锡市梁溪区，为龟背老城西南部的具有传统风貌特征和历史文化遗产的居住类街区。目前街区面对的主要问题有：民生方面，由于建筑年代久远、房屋老化且居住功能不成套，同时居住密度高，因此生活品质较低，居民常常面临停车难、公共服务少、设施不全的问题；文化方面，街区与古运河相邻，但临水而不亲水，与周边景观文化资源相关度低，街区内文保单位、历史建筑活化利用不够；人群活力方面，街区老龄化程度高，年轻人少，就业岗位少，商业业态一般，人气不足。

南市桥的更新实践，面临着对土地和房屋等有限空间资源利益的调整、多变的市场需求、文化资源的合理利用、有限空间下的多方诉求以及有限资金下的投入支出平衡问题，难以沿用传统的横向扁平式开发建设下就事论事的问题解决方法。因此亟须通过一体化的方式，以面向高品质空间营造和活力运营为结果导向，前置性一体化考虑整体策划和长效运营，面向多变的市场需求，构建从前期策划到后期运营的全周期全流程工作路径，实现策划设计、建设实施、运营管理的前后有序衔接、协同配合、高效运转，从制度层面推动高品质人居空间的最终呈现。

　　因此，我们将以无锡市南市桥街区更新为例，解析街区塑造过程中，如何系统化考虑"策划—规划—设计—建造—运营"等环节，形成一体化的更新设计方案。

01

细致底图制定

　　在城市更新行动中进行细致翔实的深入调查，有利于全面、客观地掌握问题的实际情况，发现存在的问题和瓶颈，为后续的方案设计、业态策划、场景营造等提供灵感和支撑。南市桥街区更新项目在进行场地调查时，除关注传统物质空间要素的调研外，还注重在房屋产权、生活环境、居民意愿、历史文化等方面的分析调查，强调人文关怀和历史资源保护，维护原有的社会网络，延续场地地域特色，这样大大增强了后续城市更新项目实施的可行性。

南市桥街区实景

空间肌理分析

　　街区的空间肌理一定程度上反映了这个地方的生长过程，这不仅包括空间上的建筑交叠，也是社会关系长时间的交织。因此保护空间肌理是对当地文化的尊重，对地方文化的保护和传承具有重要的价值。

　　南市桥街区的空间肌理可以说是一块"复杂拼贴的物质空间"。例如在地块东侧，曾在清末时期盖有一处宅院，随着时间的推移，宅院空间被多次分割、加盖。至 20 世纪四五十年代，城市工业兴起，场地北边建设起红砖厂房和单位家属楼。直至今日，这片区域已呈现出复杂的缓慢生长的建筑肌理。这些肌理也在一定程度上反映出区域的生活痕迹。街区西南角并列坐落着几处院落，为无锡的传统民居样式，其空间尺度对保留街巷肌理、维持街区建筑尺度有着重要的标识意义。

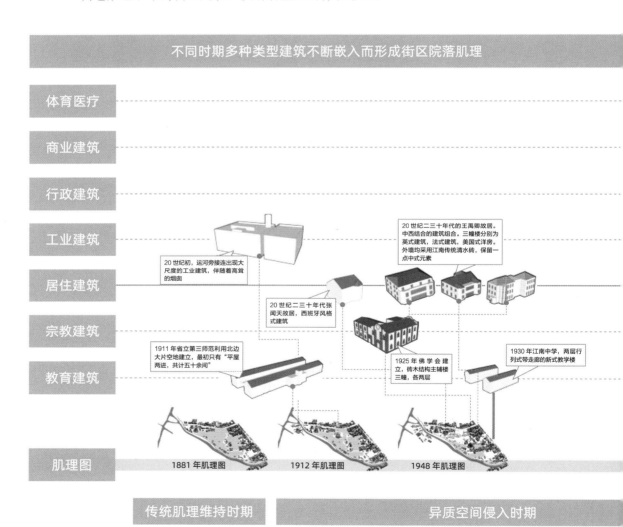

图 3-2　不同时期多种类型建筑不断嵌入而形成街区院落肌理

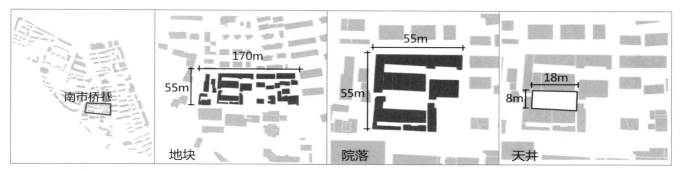

图 3-1 街区西南角院落的空间肌理

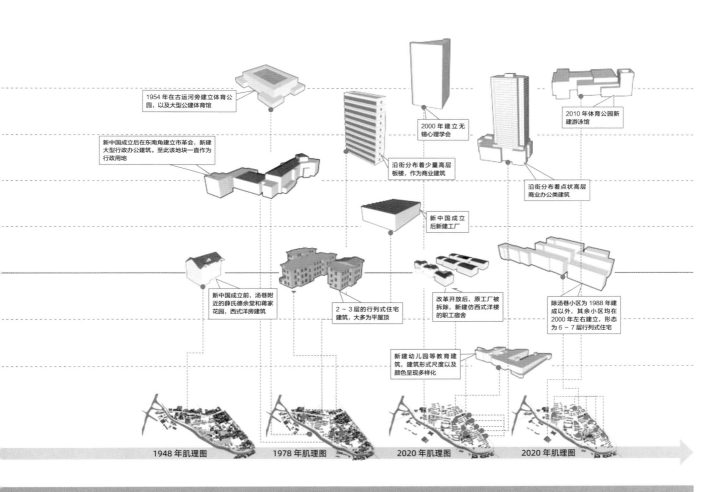

南市桥地块的建筑以一、二层建筑为主，有少量的三、四层建筑，建筑多数建造在民国时期至改革开放期间，现状功能以居住为主，同时包括商业、办公、文化、教育、医疗和宗教等。风貌较好的建筑包括各类历史建筑和传统风貌建筑，它们反映了历史印记、外观特色鲜明。除此之外地块内还有一些传统样式门头、古树名木等特色要素。

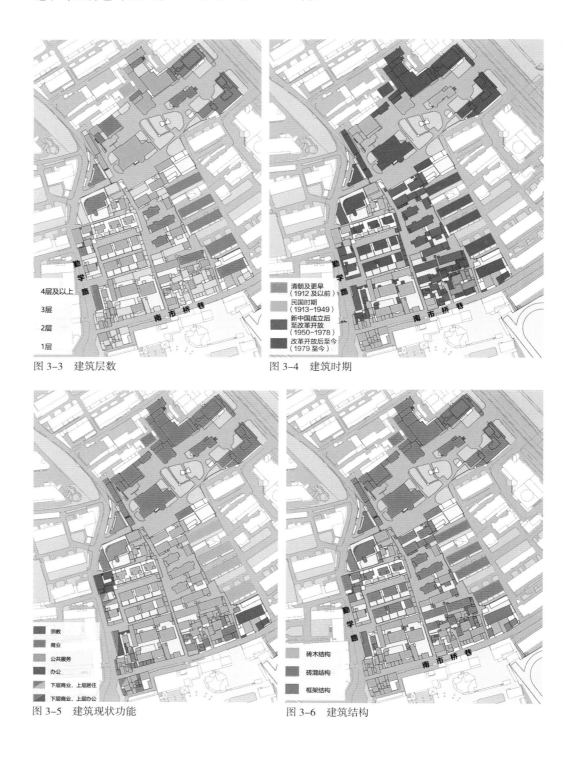

图 3-3　建筑层数

图 3-4　建筑时期

图 3-5　建筑现状功能

图 3-6　建筑结构

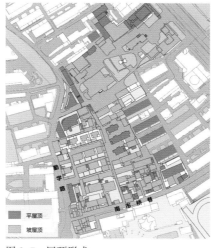

图 3-7　屋顶形式

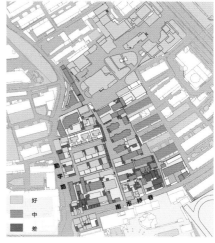

图 3-8　屋顶风貌

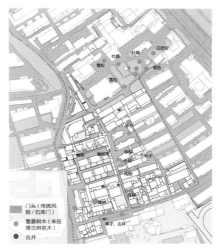

图 3-9　特色要素

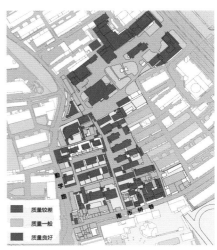

图 3-10　建筑质量

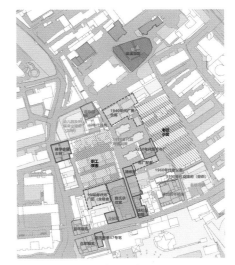

图 3-11　建筑历史单元划分

社会关系分析

城市空间不仅是物理意义上的空间，更是基于人的互动所构建起来的社会空间。正如列斐伏尔所言，社会空间重构必然伴随社会关系的生产与再生产。由于过度重视经济效益，"拆除重建"的更新模式导致人们对城市的文化认同弱化，社会融合也随之式微。处理好这种社会关系就是留住人、激发活力的关键，更新后的街区需要植入人文、艺术元素，而这些元素最好是感同身受的、以本地文化为灵感，以此带动物质空间的再生产与再发展。

南市桥地块中大部分居民可以说是与区域共同成长，并有着深厚的情感联结。例如钱松喦先生的孙女就曾出生于此，对南市桥有强烈的恋乡情感，如今仍想在这个地方继续发扬祖父的书画事业。另外街区中也有几处院落，不仅民居建筑风貌保存良好，甚至自发形成了多样的商业业态，院落内的居民也有着深厚的邻里情感。这种良好的社群关系有利于打造"共生院"，维持共融共生的空间情感，增强归属认同。

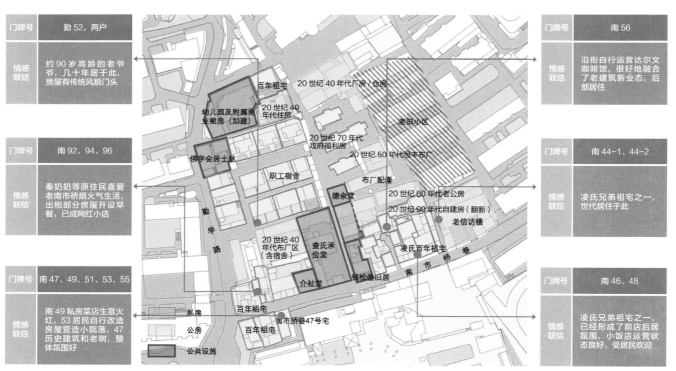

图 3-12　南市桥街区的产权关系与社会关系分析

居民意愿征集

考虑多元主体的更新意愿，不仅能够降低城市更新的经济社会成本，更可以使城市保持秩序与活力的动态平衡，创造联结紧密的社会网络。城市更新最主要的目的之一就是让居民分享城市发展的成果，因此城市更新的方案需要充分考虑与尊重居民的诉求和意愿。

南市桥地块在进行居民意愿调查时尽可能多地覆盖更多主体和人群，了解他们真实的想法和需求，平衡各主体之间的利益冲突，放大综合价值的同时给予弱势群体以充分的人文关怀。例如街区中有部分家庭人均居住面积不到 $10m^2$，他们希望在提升居住环境的同时拥有更大的居住空间，因此方案中也相应考虑住宅成套、增加厨卫设施及不同的安置房型等。

意愿情况征询

南市桥巷地块总建筑面积 $16300m^2$，其中住宅 $14000m^2$，其他建筑 $2300m^2$。总户数 238 户，145 户无人居住，93 户有人居住。居住人口 270 人，户均人口 2.9 人 / 户。

对居民进行逐户的入户调研，并汇总更新意愿情况，238 户中无法联系到的约有 92 户，应联系到且提供更新意愿的有 124 户。住房情况方面，市区另有住房的有 67 户，无住房的有 48 户；更新意愿方面，不同意更新改造的 9 户，同意更新改造的 104 户；安置形式方面，希望货币安置的 9 户，希望实物安置的 40 户，希望回迁的 6 户（5%），其余居民表示要根据具体政策再作决定。

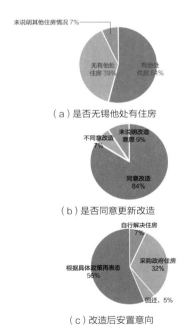

（a）是否无锡他处有住房

（b）是否同意更新改造

（c）改造后安置意向

图 3-13　居民意向调查

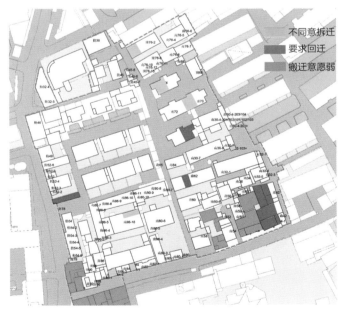

图 3-14　不愿搬迁或要求回迁的居民意愿

典型居民案例

独居贫苦老人多

南82：郑女士
1949年人
无锡崇安人

孤寡独居女性。住介祉堂内。

就我一个，旁边大姐也是，有钱的都走了别人还偷接我家的水电

历史建筑也得拉绳子挂衣服啊，不然怎么住

南82门口　　　　　　南82屋内

多代人蜗居

南50：徐先生
1980年人
无锡崇安人

中年男性。老本地人。

我从7岁住到42岁，祖孙三代一直都挤在一起

历史建筑也得拉绳子挂衣服啊，不然怎么住

南50门口　　　南50搭建　　　9m² 之家

房屋破旧，不成套

南88：雷女士
1941年人
无锡崇安人

孤寡独居女性，丈夫儿子均去世。
老人的屋中堆满了收集来的废品。几乎没有厨卫设施。每日自己倾倒马桶。

我老了，倒马桶开始吃力

南88门口　　　南88屋内　　　南88屋内

房屋存在安全隐患

勤73：蒋先生
1948年人
无锡崇安人

老年男性。与勤学路街道一墙之隔。
沿街不开窗，屋内昏暗，自己搭建了厨房。

我的外墙已经向街道那边斜了，左右墙也歪了，不知道哪天震一下就倒了

勤73门口　　　勤73外墙　　　勤73屋内

图 3-15　南市桥居住现状

其他相关主体意愿

南市桥地块北部无锡君来酒店管理集团梁溪饭店希望通过设计运营一体化的方式，修缮整治建筑、激化商业功能，实现商业活力、经营效益和环境品质提升。例如对1号楼、天香楼、3号楼等文保建筑进行保护利用，对6号楼等进行重新规划设计、植入新业态，对5号楼整治出新，结合花园整体打造运营。

图3-16　沿街立面整治更新诉求

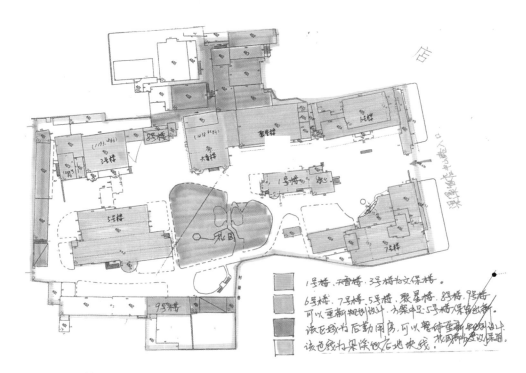

图3-17　梁溪饭店总经理手绘更新诉求

图3-18　建筑功能活化诉求

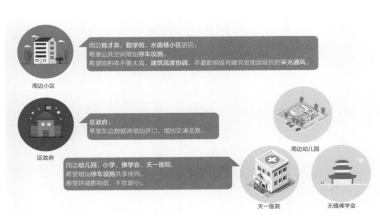

图3-19　周边主体意愿

生活条件调研

老旧的街区因为年代久远，早已出现房屋质量差、交通不便利、缺少公共空间等问题，城市更新需要对这些已经不适应现代化城市生活的地区进行必要的、有计划的改造。而这种必要性和计划性既要基于更新规划的目标，也要关注本地居民亟须改善的诉求。一方面，开展街区体检评估，从产业功能、基础设施、公共服务设施、历史风貌、生态环境、慢行系统、公共开放空间、公共安全、住房保障等方面，提出"缺什么"；另一方面，通过需求紧迫度、实施主体积极性、实施难易度方面的考量，明确"补什么"。

通过深入居民家中的调研和访谈，发现住房环境、交通出行、活动空间三大方面是居民"急难愁盼"的问题。根据调研访谈得知，部分房屋已经成了危房，有的墙壁出现了歪斜、破损的情况；街区在上下学的高峰期常常拥堵不堪，停车也往往找不到位置；街区的孩童没有游玩的地方，有时候聚集在路边，非常容易发生危险。这些房价高而房屋质量低、路网丰富但道路阻点多、人口密集但可进入的公共空间少等问题，极大地影响了居民生活的品质。

住房品质差

大部分居住区为 2000 年以前老旧小区，房屋老化严重。南市桥地块中 36% 的住宅建于 1949 年以前，危房数目较多。住宅户均面积 58.8m²，近半面积不足 50m²，功能不成套，燃气、厨卫配建普遍不足。

破败的混杂居住环境　　　　　　　　　9m² 的学区高价小户型

图 3-20　南市桥街区部分居住环境及总平面图

南市桥巷 86-16 号 搭建厨房

南市桥巷 88 号 搭建厨房

勤学路 52 号 搭建厕所

总平面图

图 3-21　南市桥街区部分居住环境及总平面图（续）

街区出行难

主要表现在缺乏南北向交通，仅有勤学路单向交通。同时，路网体系不健全，连通度低、阻点多；此外，交通微循环也不通畅，断头路多。街区停车位严重不足，居住小区户均停车位仅为 0.19 个，部分配比低至 1 ∶ 0.175。社会停车 85% 依赖江南中学地块，停车需求得不到满足导致勤学路、南市桥巷路边停车占用道路空间。

过窄街巷　　　　　交通管制　　　　　道路阻点　　　　　单向通行

图 3-22　交通出行难点

图 3-23 路边停车

图 3-24 街区现状公共停车资源分布

活动空间少

居民活动场所少。街区建成年代早、建筑密度高，公共活动空间仅有两处，街头绿地无法进入，空间利用率低，缺少能够承载街区居民交往活动的公共活动中心。

图 3-25 南市桥街区公共活动空间现状分布

图 3-26 公共空间缺乏活力

图 3-27 沿街休憩场所较少

图 3-28 街头绿地无法进入

历史遗存甄别

近年来，在文化再生和城市复兴的理念主导下，街区更新更加需要突破单纯保护的局限，扩展到社会文化上的保护利用，特别是注重保持传统的空间格局及其内在的精神归属感，维持当地居民的生活质态，强调对街区整体环境和文化氛围的保护，寻求可持续发展意义上的文化传承。

南市桥街区内历史文化遗存丰富，不仅古运河近在咫尺，还有南市桥历史地段，南市桥巷、勤学路、学佛路等历史街巷，以及历史建筑、历史风貌建筑、重要树木和小品多处，因此需要细致地摸排查探，对不同的遗存进行挖掘和分类归档，为制定保护利用方案奠定基础。例如在调研过程中发现了一块德余堂德界碑，为挖掘历史脉络、复原空间提供了佐证。

历史文化保护要求

《大运河文化保护传承利用规划》规定该地块为大运河保护的建设控制地带，限高18m。《无锡历史文化名城保护规划（2016—2035)》明确南市桥历史地段应重点保护南市桥巷、勤学路、学佛路等历史街巷。

图 3-29 南市桥街区历史文化保护要求

历史遗存丰富

街区内有丰富的历史文化遗产和集体记忆要素，包括研究范围内的王禹卿旧宅等文物保护单位以及德余堂等历史建筑，以及一些重要小品和树木，需要进行分类保护利用。同时通过细致的场地调查和面对面访谈，挖掘出地块内许多有价值的资源点，如凌氏百年祖宅、恒丰布长旧址、德余堂的界址碑等。

王禹卿旧宅
保护等级：
市级文保单位
现状功能：
商业酒店

无锡佛学会居士林
保护等级：
市级文保单位
现状功能：
宗教活动

德余堂
保护等级：
历史建筑
现状功能：
文化商业

小白楼
保护等级：
历史建筑
现状功能：
政府办公用房

钱松喦旧居
保护等级：
市级文保单位
现状功能：
书画展览

高子止水
保护等级：
市级文保单位
现状功能：
观赏

介祉堂
保护等级：
历史建筑
现状功能：
商业民宿

原市政府圆形会议室
保护等级：
历史建筑
现状功能：
政府办公用房

查氏承俭堂
保护等级：
市级文物控制保护单位
现状功能：
居住

薛氏亲仁堂
保护等级
市级文保单位
现状功能：
幼儿园

南市桥巷 47 号宅
保护等级：
历史建筑
现状功能：
商住

图 3-30　南市桥街区文物保护单位和历史建筑

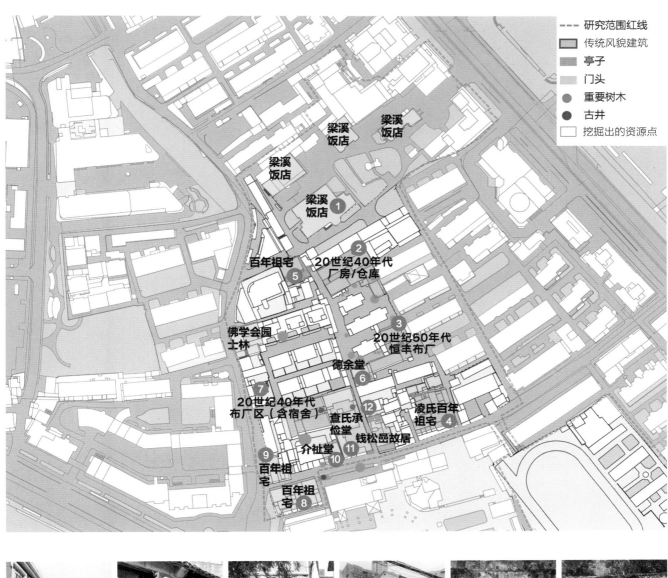

图例：

- - - - 研究范围红线
传统风貌建筑
亭子
门头
● 重要树木
● 古井
□ 挖掘出的资源点

梁溪饭店　梁溪饭店
梁溪饭店
梁溪饭店 ①
百年祖宅　② 20世纪40年代厂房/仓库
⑤
③ 20世纪50年代恒丰布厂
佛学会园士林
德余堂 ⑥
⑦ ⑫
20世纪40年代布厂区（含宿舍）　查氏承俭堂　凌氏百年祖宅 ④
钱松喦故居
⑨ 介祉堂 ⑪
⑩
百年祖宅
百年祖宅 ⑧

1. 特色建筑样式　2. 历史工业建筑　3. 历史工业建筑　4. 百年祖宅院落形式　5. 百年祖宅门头　6. 历史建筑立面

7. 传统建筑门头　8. 百年祖宅屋顶样式　9. 百年祖宅 屋顶样式　10. 历史建筑门头　11. 文保单位门头　12. 德余堂界址碑

图 3-31　南市桥街区传统风貌建筑

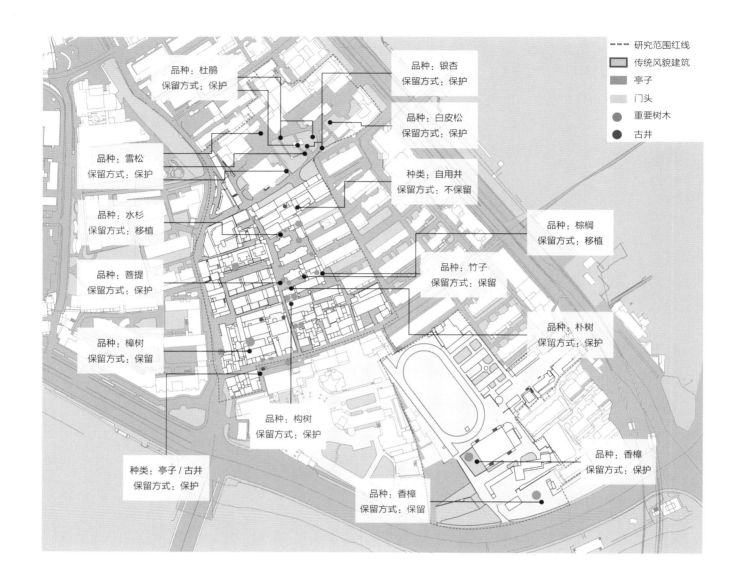

研究范围红线
传统风貌建筑
亭子
门头
重要树木
古井

品种：杜鹃
保留方式：保护

品种：银杏
保留方式：保护

品种：白皮松
保留方式：保护

品种：雪松
保留方式：保护

种类：自用井
保留方式：不保留

品种：水杉
保留方式：移植

品种：棕榈
保留方式：移植

品种：菩提
保留方式：保护

品种：竹子
保留方式：保留

品种：樟树
保留方式：保留

品种：朴树
保留方式：保护

品种：构树
保留方式：保护

种类：亭子 / 古井
保留方式：保护

品种：香樟
保留方式：保护

品种：香樟
保留方式：保留

位置：梁溪饭店
品种：白皮松

位置：梁溪饭店
品种：雪松

位置：梁溪饭店
品种：银杏

位置：梁溪饭店
品种：杜鹃

位置：梁溪饭店
品种：雪松

图 3-32 南市桥街区特色要素

02

前置运营咨询

传统的"先建造、再运营"的模式，容易造成项目实施后难以有效承接项目最初定位与发展愿景，使街区丧失可持续发展动力。运营前置可充分发挥多元主体的主观能动性，提前对接后续运维和真实使用需求，充分挖掘资源潜力，把握市场发展趋势，引导后续功能业态策划和空间布局设计，保证有限的空间资源得到精准配置，实现综合品质提升和长效运行维护的总体目标。南市桥街区在挖掘无锡地域文化特色、对周边居民和外来游客等使用客群精细分析的基础上，提前开展衔接运营的业态研究策划，明确功能业态的细分市场，精准匹配消费人群需求，确保规划设计阶段的功能业态在后期运营中的有效落地，激发街区活力，带动产业升级，促进可持续发展。

南市桥街区实景图

在地需求分析

本章节将分析南市桥街区周边的现有文化街区、产业园区、酒店民宿的整体定位、特色亮点和功能业态，梳理在地功能需求，明确差异化产品打造方向。

创新发展文化街区

既有文化街区发展路径表明，与以往偏重建筑风貌、街巷肌理等物质空间改善不同，当前文化街区的建设更加关注功能业态的多元化、持续性，通过运营前置的方式，将业态策划融入空间品质提升、建筑风貌改善等环节，确保业态的精准落地，有效彰显街区文化特色。

分析南市桥街区周边 1km 范围内的文化街区，发现服务全市、能级较强的文旅景区，多以观光体验为主导功能，普遍融合餐饮、零售、休闲体验等业态。各文化街区虽然业态存在差异，却有一定同质化特征，如餐饮业态以锡帮菜、小吃、茶社为主，零售以老字号、文创为主，休闲娱乐以景区观光、文创体验为主。因此，为了更好地突出本街区优势，与其他文化地区错位发展，应进一步丰富文化业态内涵，挖掘街区在地文化，推动历史文化资源在"活态保护"中持续焕发活力。

图 3-33 南市桥街区周边文化街区

文化街区业态一览表　　　　　　表 3-1

街区类型	街区名称	区位	开业时间	建筑特征	文化资源特征	商业主题	业态类型	档次	业态特色
文商旅街区	清名桥历史文化街区	梁溪区	2010 年	清名桥及沿河建筑被列为省级文物保护单位，市级文物保护单位 14 处，获评国家 4A 级景区	古运河文化、江南水城民俗文化	滨水文商旅历史街区	餐饮、零售、休闲体验、酒店、民宿、文创办公	中高档	无锡江南水城文化体验
	小娄巷历史文化街区	梁溪区	2019 年	小娄巷建筑群为全国文物保护单位	无锡传统学仕望族世居；无锡文脉，人才辈出，"才"巷	生活休闲文旅街区	餐饮、零售、文化展览	中高档	多元美食体验
商业街区	西水东	梁溪区	2014 年	荣氏面粉厂、纺织厂旧址	无锡近现代工商业文化	潮流休闲生活街区	餐饮、零售、休闲体验、生活服务、文创办公	中高档	网红打卡地点云集
	荣巷历史文化街区	滨湖区	2013 年	荣巷近代建筑群为省级文保单位	无锡近现代工商业历史文化	历史文化文旅街区	餐饮、零售、景点观光、文化体验	中档	近代民居群落观光
景区步行街	惠山历史文化街区	梁溪区	2008 年	唐代到民国时期古祠堂、江南民居。惠山镇祠堂群为全国文保单位，惠山古镇为中国历史文化名街	江南吴地文化露天博物馆	古镇文旅老街	景点观光、文化展览、餐饮、零售	中档	惠山祠堂文化体验、惠山博物馆
	南禅寺街区	梁溪区	20 世纪 80 年代	南禅寺始建于南梁，为市级文保单位，周边留存明清风格建筑群、宋朝风格古建筑；国家 4A 景区	宗教文化、商贸文化	美食步行文旅街区	餐饮、零售、景点观光	中低档	古玩市场
	崇安寺街区	梁溪区	2005 年	崇安寺始建于东晋，历史悠久；阿炳故居为国家级文保单位，无锡市图书馆为市级文保单位。	商贸街区文化	生活步行街区	餐饮、零售、休闲娱乐、景点观光	中低档	下沉式购物街区

文化街区品牌一览表

表 3-2

业态类型	具体类型	清名桥	小娄巷	西水东	荣巷	惠山	南禅寺	崇安寺
餐饮	小吃快餐	无夕	老老头馄饨 炫方古法烘焙			福斋、老街油墩子	糕大师、穆桂英美食、欢素	江南糕潮
	正餐	老牛窝里、四季暖堂	小巷有戏 nine muse 小曼园	荣舍、卯时梁溪家宴、花鳍炉端烧、辣三疯	吴食吴客嘉肴府	熙惠听泉私房菜、二泉园老菜馆	春漫里	鸽味轩
	咖啡甜品	壹杯旺卡、无邪、星巴克臻选	星巴克发财 fourtune	漫咖啡 flower queen		37.5°咖啡	Intime 及时咖啡 半两咖啡	
	茶社	鸿鼎轩茶舍	十三座茶档 璟鲤茶文雅集		阿福茶馆			天语雅阁
	酒吧	Ellen's 小酒馆	隐酒	Pluto 葵克威士忌鸡尾酒吧				
零售	礼品杂货	张小泉	谢馥春			Cee+shop、王南仙龚琪泥人工作室	南禅寺书城 紫金古玩城	
	鞋服百货	麻雀、悦己、兰亭序汉服		夏子小巫买手店			北京布鞋、中国珠宝	城中购物公园
休闲娱乐	景点观光	钱同义旧宅、王绍先故居			荣毅仁纪念馆 荣巷老街晴雨操场	惠山古镇景区	南禅寺景区	崇安寺、阿炳故居
	文化创意（文化艺术、DIY 体验等）	元本合集、一格书院	樊登书店	浮时绘娱乐画馆、寅派动力		先锋书店		集沐造物
	新奇体验	432 party&meeting、女书汉服写真			荣巷老理发店		Xking 沉浸密室 悠然小憩汉服馆	西缘花厨花时间
	健康休闲		经禅堂	Fine 空间、美丽田园				
		业态复合。以锡帮菜、主题餐厅、茶社为特色的餐饮为主要业态；复合老字号、文创体验业态		多国主题餐饮、文创体验、生活休闲	景点观光为核心，小吃、锡帮菜为特色的餐饮，礼品杂货零售		小吃快餐、礼品杂货、百货零售为主	

融合发展创意产业园区

南市桥街区周边创意产业园分析显示，当前产业园区业态以文创办公为主，包含展览、体验等多种功能，其建设多为对原有老旧厂房改造提升，单个园区面积 7500 ~ 36000m²，入驻率 60% ~ 85%，总面积合计约 10 万 m²。

南市桥街区用地规模、建筑体量小，难以发展为独立创意产业园区。从错位发展的角度，应结合历史建筑群打造富有设计感和文化气息的消费场所，加强个性化办公空间的供给，吸引创意阶层办公。

图 3-34 南市桥街区产业区位分析

街区名称	与本项目距离	项目亮点	载体特征	建筑面积	入驻率	入驻企业	业态类型
N1955 南下塘文创产业园	1.5km	位于清名桥景区内	无锡压缩机厂改造，2～4 层建筑	36 000m²	80%	老牛的窝、网通科贸	餐饮、休闲体验、摄影文化传媒、设计、商务服务
北仓门文化艺术中心	1.6km	梁溪区文创产业重点载体	蚕丝仓库改造，8 层建筑	6000m²（一期）7000m²（二期）	60%	意鸣广告、励合传媒、花舞间文化传媒	艺术展览、设计、媒体时尚休闲、文创孵化
蓉运壹号	3.2km	梁溪区文创产业重点载体	清末惠元面粉厂改造，3 层建筑，含 4 处文保建筑	30 000m²	85%	无锡桐知文化、惠丽达装饰	餐饮、休闲体验、文化创意、设计办公
庆丰文化艺术园区	2.8km		原庆丰纱厂旧址，12 幢文保单位，5 层建筑	13 000m²	76%	斑马健身、科学家咖啡、可可空间	文艺展览、设计、餐饮、休闲体验
智慧无锡文化创意产业园	2.2km	依托无锡广电集团吸引文化媒体产业集聚	原广电中心建筑更新改造	7500m²	87%	江苏有线无锡分公司、无锡九久动画、米乐摄影、Smile 摄影棚	影视、动画、传媒、文创孵化、文化交流
小结		文创产业园为主	工业遗存改造居多	供应总体量近 10 万 m²	入驻率 60%～85%	文创＋餐饮、体验、展览等复合商业功能驱动	

个性化引入酒店民宿

　　南市桥街区周边酒店分析结果显示，高档及以上酒店集聚在三阳商圈、清名桥景区。其中，300～450 元中高档连锁品牌酒店、地标型高档连锁品牌酒店市场表现好。街区周边特色民宿多集中在清名桥历史文化街区内，多以江南民居为主题，居住品质及环境优越的产品市场表现良好，主题风格差异化、体验丰富的产品市场表现良好。尽管历史文化主题酒店在市面上和本地区并不多见，但其越来越受到高端人士欢迎，并逐渐向新中产阶层市场进军。因此，街区内的酒店民宿建设应注重地域性、个性化，突出历史文化主体，从文化审美角度打造高品质休闲空间，丰富消费者的入住体验。

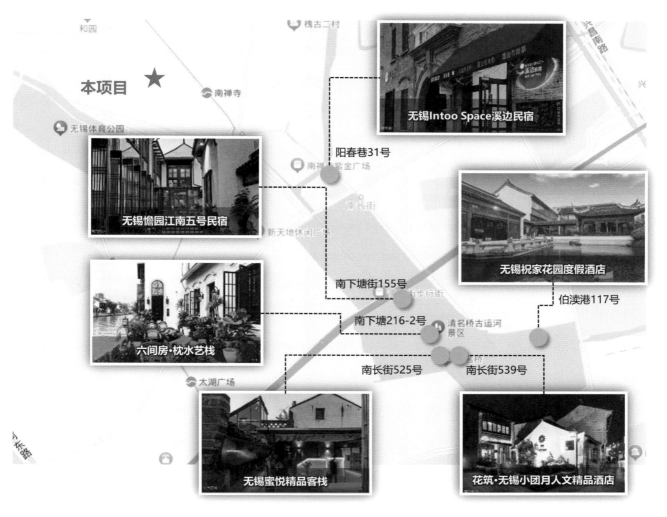

图 3-35 周边民宿情况

多维度的客群分析

街区未来消费客群包括本地群体和外来群体，本章节将分析两类群体人员构成和消费特征，以进一步明确街区业态方向。

两类客群需求

外来群体主要为老城厢传统文化爱好者，以及追求打卡、新奇体验和生活品质的市民、游客，该群体对文化体验、休闲娱乐餐饮游艺等消费功能有较高的需求。本地群体主要为周边 1 ~ 3km

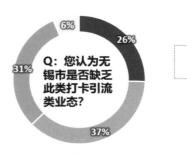

图 3-36 客群问卷

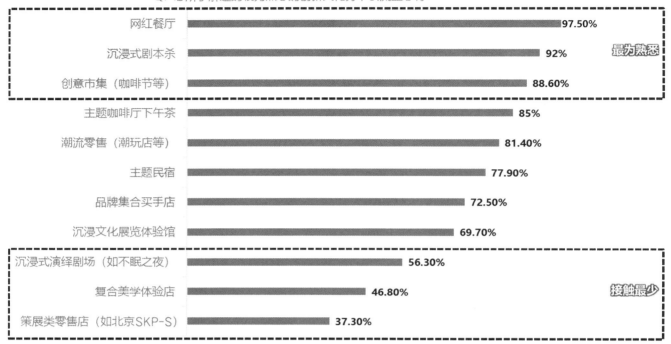

Q：您所了解过的较为熟悉的创新文化打卡引流业态有？

网红餐厅	97.50%
沉浸式剧本杀	92%
创意市集（咖啡节等）	88.60%
主题咖啡厅下午茶	85%
潮流零售（潮玩店等）	81.40%
主题民宿	77.90%
品牌集合买手店	72.50%
沉浸文化展览体验馆	69.70%
沉浸式演绎剧场（如不眠之夜）	56.30%
复合美学体验店	46.80%
策展类零售店（如北京SKP-S）	37.30%

最为熟悉

接触最少

的居住和办公人员，该群体使用需求为生活服务、教育培训、文创办公等。其中，外来群体为街区活力的重要来源，其需求对街区功能构成、特色彰显有较高意义。

打卡类客群画像

为了更好的对街区进行引流，吸引访问者前来消费打卡，笔者收集并分析无锡市民特别是年轻客群对打卡引流类业态的了解、需求、未来消费意向等。在全市范围内，打卡类业态目标客群多为 00 后、95 后大学生，追求新奇体验和生活品质的青年以及年轻家庭。他们对新兴事物接受度较高，有一定经济实力与消费基础，愿意为创新文化打卡类业态买单，注重街区是否能够提供文化共鸣、新奇体验感与打卡吸引力。根据既有地区的相关实践，此类客群具有一定的消费黏性和消费潜力，能够支撑街区业态运行与发展。

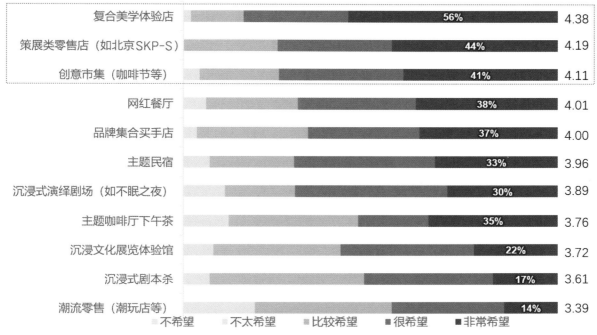

		得分
复合美学体验店	56%	4.38
策展类零售店（如北京SKP-S）	44%	4.19
创意市集（咖啡节等）	41%	4.11
网红餐厅	38%	4.01
品牌集合买手店	37%	4.00
主题民宿	33%	3.96
沉浸式演绎剧场（如不眠之夜）	30%	3.89
主题咖啡厅下午茶	35%	3.76
沉浸文化展览体验馆	22%	3.72
沉浸式剧本杀	17%	3.61
潮流零售（潮玩店等）	14%	3.39

■不希望　■不太希望　■比较希望　■很希望　■非常希望

*非常希望-5分 很希望-4分 比较希望-3分 不太希望-2分 不希望-1分

明确业态方向

针对外来打卡类群体的问卷调研结果显示，当前约六成打卡类客群反映引流类业态的消费需求未被充分满足，影响街区打卡吸引力的主要因素为内外部环境、业态创新程度、宣传推送方式等。因此，街区可引入创新程度高、较为新颖时尚的业态，例如沉浸演绎剧场、策展类零售店、复合美学体验店等，并拓展全方位多渠道的宣传方式。为了将街区打造为办公、商业、文体、休闲综合的"城市客厅"，应加强开展各种文化活动，例如文化策展、主题艺术节、城市论坛、IP 活动等类型，并且形成全年不间断的主题文化集，提升社会关注度。

同时，要关注街区内业态的多元复合，由于消费群体当前的心理日益趋向于高社交性、高复合度、高包容性的场所与业态，对创意市集与网红餐厅等业态仍有较高的需求。因此，需要打造功能复合、开放多元的潮流创意街区，尽量做到业态布局和建筑功能的多元复合利用，满足各类群体的使用需求。

适配空间的精细化业态布局

统筹业态策划和招商运营，进行精细化业态布局，在形成分类组团的基础上，明确各组团业态功能构成，细化招商品牌，为后期精准招商和长效运营提供支撑。

结合场景的业态策划

将南市桥、梁溪饭店融合打造为串联锡韵文脉的时光集荟街区，建议业态功能构成为：生活服务 15% ~ 20%，零售 5% ~ 10%、餐饮 20% ~ 30%、民宿 20% ~ 30%、文化体验 15% ~ 25%。结合市场调研，形成 6 大类、16 个板块的精细化业态安排，明确各组团地块的功能，并提出建筑改造模式和物业经营建议，确保设计可落地、功能可实现、业态可引进、经营可持续。

板块功能定位表　　表 3-6

板块名称	功能定位
组团 A1、A2	记忆与文化体验客厅
组团 B	院落式精品民宿
组团 C	文艺与潮流生活客厅
组团 D1、D2、D3、D4	左巷右里时光美食
组团 E1	城市精品文化酒店
组团 E2	城市酒店餐饮
组团 E3	复合文化艺术展览空间

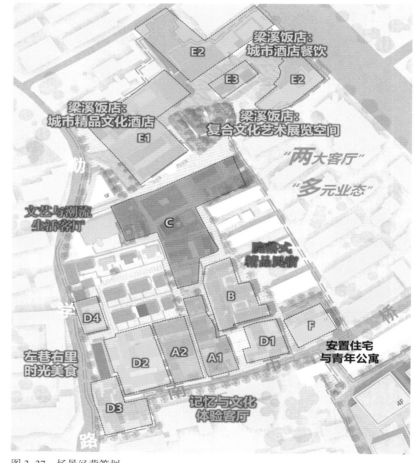

图 3-37　场景经营策划

A1 组团：打造记忆与文化体验客厅

A1 组团复建德余堂，联动钱松嵒故居，为了让来访者充分感受江南文化的历史底蕴与艺术精粹，将其整体打造为记忆与文化体验客厅。A1 组团打造街区文化游线，丰富完善游览人群的休憩、打卡空间，通过店铺陈设等强调街区文化主题 IP，设计地域特色 logo，通过许可或授权发展街区特色文创产品衍生零售。

图 3-38　A1 组团空间布局

A1 组团经营要点一览表　　表 3-7

载体	编号	体量	改造模式	功能	物业建议
钱松嵒故居	①	150m²	保留修缮	书画艺术展览 公益活动	开放式展览
新建建筑	②	210m²	改造结合新建	咖啡、休憩 轻餐饮	入口空间、营造简约轻松的商业氛围
复建 德余堂建筑	③	500m²	新建，与德余堂保持协调	原创 IP、跨界联名 文创商品零售	南市桥文化衍生产品销售、展示
德余堂	④	80m²	保留修缮	茶舍 民国生活方式展示	复原民国中式生活

B 组团：院落式精品民宿

B 组团更新完善恒丰布厂，新建花园式院落建筑，营造民国风情，让来访者深度体验街区文化业态。增设餐厅、休闲空间等，打造院落式精品民宿，带给住客更好的在地文化体验。

图 3-39　B 组团空间布局

B 组团经营要点一览表　　表 3-8

载体	编号	体量	改造模式	功能	物业建议
新建建筑	①	1000m²	新建	酒店接待区、茶室、餐厅、活动室（亲子活动、主题活动等）	入口空间：大堂风格精致有年代感 活动空间：营造简约轻松的活动空间 沿街面风格：以民国风格建筑立面为主
新建建筑	②	1700m²	新建	品质客房	中至中高端档次 内部风格古朴简约
恒丰布厂	③	250m²	改造	民宿特色空间，陈设恒丰布厂相关的历史展览，互动装置等	与民宿整体风格统一

户外公共空间：多元体验的活力场所

进行精致化空间、网红场景的建设营造，丰富户外公共空间主题，实现复合功能和多元业态，"一步一景"，助力街区成为全方位体验的活力场所，增补缺失的城市服务功能，进一步增强街区的人气。

户外空间经营要点一览表　　　　　　　表 3-9

编号	名称	体量	功能定位
①	光影广场	256m²	文创零售、市集摊位
②	菩提剧场	290m²	小型户外剧场、活动沙龙空间
③	恒丰布厂空间实验室	247m²	社区公共社交空间
④	历史文韵舞台	421m²	艺术装置、休憩打卡场所、市集摊位摆放
⑤	时光交互花园	700m²	艺术装置、休憩草地、市集活动

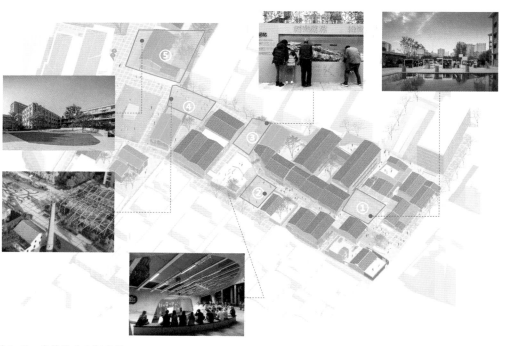

图 3-40　户外公共空间布局

运营招商的品牌咨询

　　针对各组团定位，提供运营招商建议品牌名录，包括中高档餐饮、零售、生活服务品牌，可自行运营或招录专业运营的服务供应商等，依据品牌能级，塑造街区整体品牌形象，优化完善持有运营资产，使街区能够自我造血、良性发展。

招商建议品牌		表 3-10
组团	内部业态	建议品牌
南市桥精致文艺生活坊	餐饮	中至中高档连锁或有特色的网红餐饮：M Stand　Gaga
	零售	中至中高档品牌零售：二条商店　BEAST 野兽派　LABELHOOD
	生活服务	自行运营或寻找社区商业专业运营商：
左巷右里时光食集	餐饮	以有一定认同感与知名度的无锡老字号品牌为主：三凤桥 SAN FENG QIAO　廣蓮申　沪溪河　步沿 食有味 礼有节
主题精品民宿	民宿	有一定经验的民国风主题或偏中式风格的民宿运营商：花间堂 BLOSSOM HOUSE　隐庐　昔舍
南市桥坊间记忆文化沉浸体验区	零售	参考其他博物馆或民俗游览地文创周边模式：宽窄巷子
	茶舍	中至中高档茶舍：隐溪　tea'stone 一个喝好茶的库

03
联动情景分析

　　相较于传统城市设计中对"净地"的直接设计建设，在城市更新的时代背景下，设计方案需要基于现有的复杂情况，以可实施为目标，从旧的空间中"生长"出新方案。因此一个项目的成功，必须基于现状条件、结合可利用的资源，在落实民生改善和城市功能品质提升之外，系统谋划街区的功能定位、资金平衡、建筑"留改拆"，以三者平衡协调为原则综合确定街区更新改造的整体构想，形成可行的系统方案。

南市桥街区效果图

核心议题和综合目标

　　街区现状情况纷繁复杂，各方诉求多元，设计首先确定了街区更新应当解决的主要矛盾。基于前期调研成果，综合考虑街区最为迫切需要解决的问题和希冀实现的目标，确定街区更新的核心议题为改善居住条件、加强历史文化遗产保护和活化利用、提升片区发展活力三项。

　　类似地区的经验做法显示，街区更新应重点探索：居住类地段更新路径，创新民生保障新模式；注重延续街区文化特质，重点培育文化关联业态；聚焦新兴中产阶级和年轻群体，精准匹配需求。

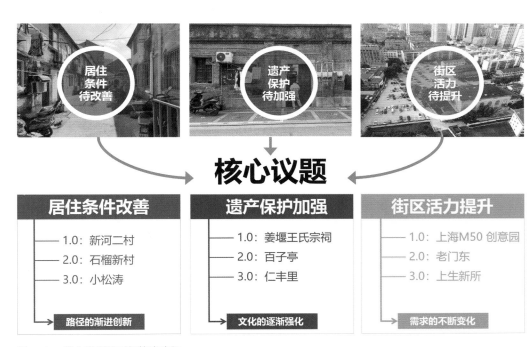

图 3-41　核心议题的更新策略路径

"三原"下的危房解危

3 栋住宅楼含居民 46 户，为 C 级危房，安全条件差，户型面积小、不成套。

更新策略：经房产局、街道、房产集团、产权单位、居民共同商议，产权主体和政府共同出资，原址、原面积、原高度重建。

在改善居住条件的同时考虑资金平衡，涉及利益主体相对简单。

图 3-42　新河二村改造前后对比

简单的空间修复与历史展陈

王氏宗祠为市级文物保护建筑，重修后只在特定时间作为资料展陈馆。

保护策略：清退居民、征收产权，政府与王氏族人共同出资进行加固、修复。

仅在特定时间开放，内部功能活动单一，利用率低。

图 3-43　姜堰王氏宗祠改造前后对比

工业遗产转型为文创产业园的先发案例

厂区结构完整，保留街坊肌理风貌特征，但整体闲置、部分建筑年久失修。

更新策略：以较低的租金吸引艺术家入驻，同步招引艺术机构、设计企业。

业态以展览展示、文化办公、个人工作室为主，对外开放性弱，面临同质化竞争，空间产出效率较低。

图 3-44　上海 M50 创意园改造前后对比

居民深度参与的定制化整体重建

居住条件差的"城中村"危旧房，安全条件差，结构、消防隐患突出。

更新策略：在满足居民安置需求、房屋日照、建筑间距等条件下，开展整体重建。

提供 36 种安置户型和 229 套保障房源，充分满足居民原地回迁、异地置换诉求。

图 3-45　石榴新村改造前后对比

◈◈ 2.0模式：百子亭民国风貌区

保护修缮下的商业化利用

有百年沧桑历史，经过规划调整，对标上海新天地，打造文化商业街区。

保护策略："修旧如旧"，保留百年老建筑外观，作为文化创意活动区；引入高端奢侈品、高端餐饮、文化消费等，打造成为高端商业街区。

街区面貌极大提升，老建筑主要服务于商业，与历史文化联系不够紧密。

图 3-46　百子亭改造前后对比

◈◈ 2.0模式：南京老门东商业街区

整体搬迁、整体改造的商业文旅街区

物质空间衰败，原住民迫切希望更新改造，面临民生语境和历史语境下的拆保博弈。

更新策略：将居住功能置换为商业功能，保留街区城市肌理、街巷格局、建筑组织方式和市井生活氛围。

主要面向外来游客提供观光消费场所，但模式和业态同质化严重，商业特色不突出。

图 3-47　老门东改造前后对比

◈◈ 3.0模式：南京秦淮区小松涛

统筹历史文化保护和人居环境改善的居住类地段更新

属危旧房及历史建筑、文物建筑混合的居住类地段，环境衰败，私房产权复杂。

广泛开展居民意见征询，部分居民采用"抽户"方式异地安置；就地安置户型成套化、精细化设计；保护建筑外、部分拆除重建。

就地安置方案适当突破老城限高，为项目平衡创造条件。

原址保留并复建修缮现状历史建筑，形成民国建筑街巷组团；策划运营前置，打造太平南路商业街。

居住类地段综合更新路径创新

更新单元创新：以城市道路围合的街区为更新单元，不止包含居住区，还包括周边的历史建筑、公共建筑和服务设施。

更新方法创新：根据产权和更新意愿，设计采用"留、改、拆"并举的思路，定制"一户一策"签约方案，提供原地安置、异地置换、货币回购等多种选择。

安置户型创新：设计提供多样化的户型匹配选择，满足在地居民安置的面积和居住使用需求。

图 3-48　小松涛改造前后对比

促进文化产业的成长和本土文化的培育

文化产业发展：引入非遗工作室 27 家。

文化人的集聚：认同古城生活方式的年轻人在此创业、文化相近的业态逐步集聚。

文化活动繁荣：民俗文化集市、雏鹰导游大赛、诗词大会、万人游古巷等特色文化活动；琴筝制作、剪纸、盘扣、雕版印刷、书画篆刻等体验。

入选了 2021 年全国历史文化保护与传承示范案例。

图 3-49　仁丰里日常文化活动

一体化策划打造活力街区

策划前置：在项目启动初期,对功能业态、运营进行前置性的研究。

设计、改造、运营于一体：将街区打造为办公、商业、文体、休闲综合的"城市客厅",边招租边改造,在招商初期开展各种文化活动,提升社会关注度。

充分考虑项目资金投入和实施：引入城市更新基金投资,以万科集团作为实施主体。

契合中产群体的新兴需求

满足中产阶级的新兴消费需求：结合历史建筑群打造富有设计感和文化气息的消费场所,吸引中产阶级进行文化、休闲、娱乐消费。

满足周边区域的办公需求：供给个性化的办公空间,吸引创意阶层办公。

满足年轻群体打卡需求：精致化的空间、网红场景营造。

完善周边公共服务：增加了大量全天候开放的公共活动空间和文化空间,激发园区活力,补充了片区的城市服务功能。

图 3-50　上生新所改造前后对比

方案多情景分析

历史文化保护要求、居民就近安置意愿、城市更新最大收益难以同时兼具,为推动三项议题的协同解决和综合目标实现,设计结合街区现状和先发地区更新经验,制定街区功能定位、资金投入产出和建筑"留改拆"的多情景方案,综合分析寻找最优的系统解决方案。

情景1: 活力共享的品质社区

该情景以打造"活力共享的品质街区"为目标,突出街区功能的生活属性,重点保障居民回迁安置。为最大限度地改善居民回迁居住条件,设计提出拆除现状条件较差的

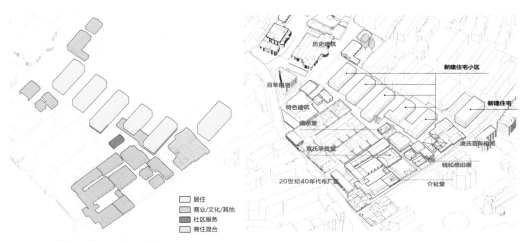

图 3-51　情景 1 街区功能和设计策略示意

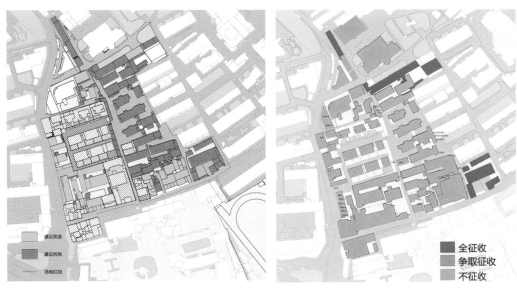

图 3-52　情景 1 建筑"留改拆"方案和居民征迁设计示意

建筑，新建安置住宅 6 栋，为 194 户原居民提供高品质的住宅，同步完善配套基础设施，植入社区服务功能，打造高品质公共空间，重塑南市桥社区氛围，实现居住功能和环境品质的双提升。

该情景下，设计以拆除重建为主，同时，由于鼓励原住民回迁，未产生拆迁安置费用，街区更新改造成本相对较低，主要包含工程实施过程中的居民居住过渡补偿费用、新建工程的建设安装成本、周边街巷风貌整治费用（南市桥巷和勤学路），共计 3.17 亿元。收益主要来自于持有物业和部分销售物业（地下停车场、商业等），按 30 年租期收益测算，共计约 1.95 亿元。

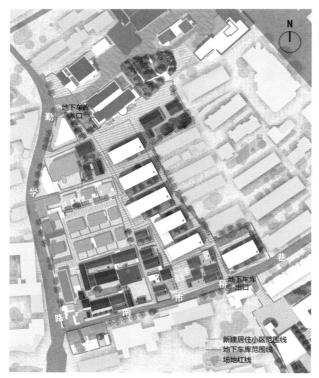

图 3-53　情景 1 街区平面布局示意

情景 1 方案经济技术指标		表 3-11
项目	数值	备注
用地面积	24689.9m²	
总建筑面积	34588.4m²	
地上建筑面积	23705.6m²	
商业 / 文化	5112.2m²	
社区服务	218.4m²	
其中　居住（小区）	12231.1m²	
商住混合	713.1m²	
现状保留	5430.8m²	
地下建筑面积	10882.8m²	
建筑高度	12m	安置住房高度为 18m
绿地率	15%	
机动车停车数	约 260 辆	

* 经济技术指标统计含文保单位面积

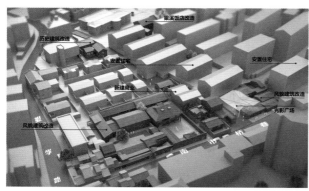

图 3-54　情景 1 街区方案效果图

情景 1 投资收益测算表			表 3-12
项目	投资（万元）	收益（万元）	利润（万元）
南市桥＋梁溪饭店	31704	19488	−12216
其他（街巷改造成本）	915	0	−915
合计	32619	19488	−13131

情景 2: 有机更新的美学街区

　　该情景注重合理平衡新建商业与就地安置, 以"有机更新的美学街区"为目标, 注重在改善街区居住环境的同时适度发展文商旅产业。街区结合现状特征采用四种"微更新"更新模式: 一是保留居住质量尚可的小型居住组团（3 栋多层住宅）, 进行老旧小区改造, 提升居住环境品质; 二是针对产权清晰、风貌较好的凌氏祖宅, 鼓励原住民开展自主更新; 三是针对以公租房为主、相对集中的成片建筑（主要为历史建筑、风貌建

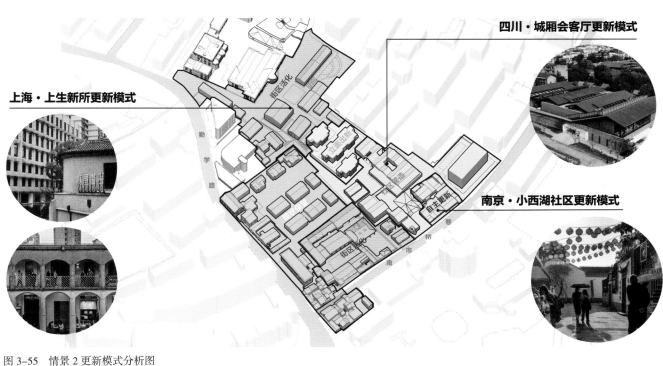

图 3-55　情景 2 更新模式分析图

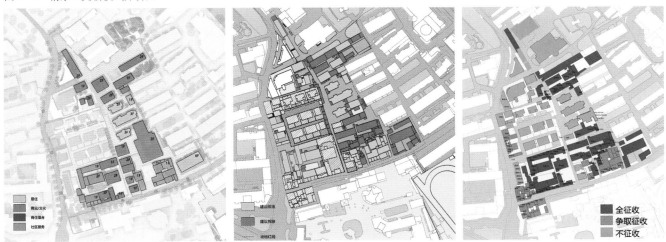

图 3-56　情景 2 功能设计、建筑留改拆方案和居民征迁设计示意

筑），整体更新活化，植入与片区发展相适应的商业、文创等新功能，提升片区活力；四是拆除其余部分建筑质量较差的老旧危房，打造以社区服务功能为主的活动中心，开展一系列社区营造活动，提升街区社区居民的归属感和家园自豪感。

该情境较情景 1 增加了文商旅功能和空间（建筑面积共约 6420.5m²），安置原住民户数有所减少（共 110 户），并产生一部分外迁居民的拆迁安置费用，其成本较情景 1 有所上升，总利润为 –2.5 亿元，其中投资约 4.44 亿元，收益约 1.94 亿元。相应地，该情景下建筑以保留为主，拆除为辅。

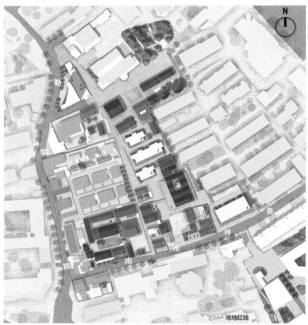

图 3-57 情景 2 街区平面布局示意

情景 2 方案经济技术指标　　　　表 3-13

	项目	数量	备注
	用地面积	24689.9m²	
	总建筑面积	22560.4m²	
	商业 / 文化	5968.4m²	
	社区服务	1799.1m²	
其中	居住（小区）	6891.3m²	
	商住混合	769.8m²	
	现状保留	7131.8m²	
	建筑高度	12m	安置住房高度为 18m
	绿地率	15%	

* 经济技术指标统计含文保单位面积

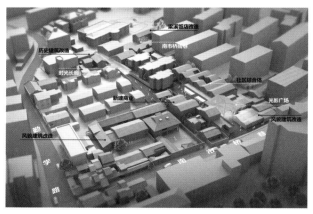

图 3-58 情景 2 街区方案效果图

情景 2 投资收益测算表　　　　表 3-14

项目	投资（万元）	收益（万元）	利润（万元）
南市桥 + 梁溪饭店	31704	19488	−12216
其他（街巷改造成本）	915	0	−915
合计	44448	19 406	−25042

情景 3: 时光集荟的南市桥市集

该情景注重营造公共开放的城市活力空间，以"时光集荟的南市桥市集"为目标，重点发展街区文商旅功能，合理保留部分居住功能。在空间上注重保留场所记忆，彰显街区传统肌理尺度，保护和活化利用街区历史建筑和其他风貌建筑，打造城市文化名片。

相应地，该情景下，建筑除文保单位、历史建筑和传统风貌建筑外，其余拆除重建。设计结合对居民的上门访谈和面对面意愿征集情况，保留户数共计 185 户，其中涉及传统风貌建筑 31 户（建筑面积 2547m²），其他 154 户（单位 9 户，居民 145 户）。拆除危房和违建房等房屋共 196 户。居民搬迁 225 户，对其中 128 户进行就地就近安置，安置率 57%。

渗透链接的新老街巷

街巷作为体验路径，向外曼延生长，织补市集道路肌理，重构街区空间关系，构成循环。

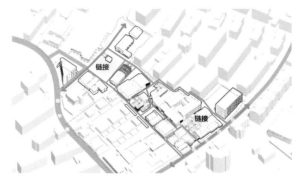

图 3-59　情景 3 街巷系统设计示意

新老交织的空间触媒

在不同年代、不同类型与尺度的历史建筑群中植入新的空间触媒进行活化，使其焕发新的城市活力。

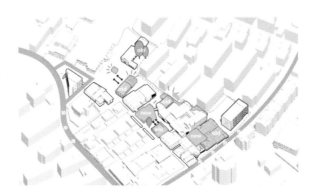

图 3-60　情景 3 历史文化保护利用设计示意

图 3-61　情景 3 建筑留改拆方案和居民征迁设计示意

图 3-62　情景 3 街区方案设计示意

情景 3 方案经济技术指标		表 3-15
项目	数量	备注
用地面积（设计范围）	15581.1m²	
地上建筑面积	10491.7m²	
商业建筑面积	6729m²	
文化建筑面积	1141.9m²	
居住建筑面积	2620.8m²	

情景 3 投资收益测算表			表 3-16
项目	投资（万元）	收益（万元）	利润（万元）
南市桥＋梁溪饭店	62087	28482	-33604
其他（街巷改造成本）	915	0	-915
合计	63002	28482	-34519

可行方案确定

基于以上三种情景,经街区所在地政府牵头部门、开发主体和设计单位等多方讨论,综合考虑不同方案的民生改善性、经济可行性、对城市整体功能空间优化等综合成效,确定以"时光集荟的南市桥市集"为主导的更新方向。

相应地,设计提出通过打造文化地标、引入创意阶层、营造消费场景等,营造集艺术展览、剧场演艺、文化消费、休闲娱乐于一体的文化魅力休闲街区,将南市桥街区更新成为"无锡艺文先锋秀场,梁溪人文活力客厅"。

三种方案投资收益测算表 表3-17

分项统计		情景1	情景2	情景3
安置情况	迁出户数	0 户	84 户	114 户
	回迁户数	194 户	110 户	80 户
新增资产	住宅面积	12231m²	5854m²	5854m²
	商业面积	4848m²	7933m²	10041m²
	办公面积	713m²	20m²	1830m²
	地下停车面积	23705m²	0m²	4078m²
收益情况	成本	3.26 亿元	4.44 亿元	6.3 亿元
	收益	1.95 亿元	1.94 亿元	2.85 亿元
	总收益	−1.31 亿元	−2.5 亿元	−3.45 亿元

04

活力场景营造

内容场景同步的空间设计是以服务后期运营业态为导向开展街区空间设计，统筹考虑主题设置、功能业态和场景营造，实现功能和空间的高度融合。空间设计应在翔实的现状调查基础上，保留既有街区特色要素，放大街区文化 IP；打造特色公共空间，创造引流打卡节点；借力外部特色资源，联动改善整体环境。南市桥街区针对南市桥地块、江南中学地块的街巷空间，分别打造了具有标识度的消费空间、园林式办公场所和慢行友好街道，多层级塑造出一个富有生机活力的空间场景。

南市桥街区节点效果图

营造具有标识度的公共空间

　　场景代入强、业态活力足、服务品质高的消费空间是提升城市商业活力、激发大众消费需求的重要场所。目前，南市桥街区的消费空间主要集中在梁溪饭店、南市桥巷、勤学路两侧，以沿街生活性服务功能为主，存在分布碎片化、场景单一化、业态同质化等问题，整体空间吸引力不足，难以满足外来游客的体验需求和本地居民的生活需求。针对上述问题，街区消费空间的打造应强化标识性，整合可利用资源，联动策划运营和空间设计，营造功能多元、体验丰富的消费场景。要注重挖掘地域文化，延续历史风貌和集体记忆，突出多种功能的在地混合，营造全龄友好的场所，推进空间的复合利用，兼容不同时段、不同类型的活动需求，丰富户外开敞空间，激发休闲交往的多种场景。

总体布局

　　设计将南市桥地块与梁溪饭店连通形成一个整体，营造低层高密度活力街区，由商业文化主街和沿街建筑构成，建筑以 2 层为主，局部为 1 层，通过二层连廊和活动平台连接。片区功能以商业为主，包含居住和文化功能，总建筑面积约 1.46 万 m²。

南市桥街区经济技术指标			表 3-18
项目		数值	备注
用地面积（设计范围）		15581.1m²	
总建筑面积		14569.7m²	
其中	地上建筑面积（商业）	6729m²	
	地上建筑面积（文化）	1441.9m²	
	地上建筑面积（居住）	2620.8m²	
	地下建筑面积	4078m²	
建筑密度		36%	
建筑高度		12m	安置住房高度为18m
绿地率		15.1%	
机动车停车数		142辆	

图 3-63　南市桥街区整体鸟瞰图

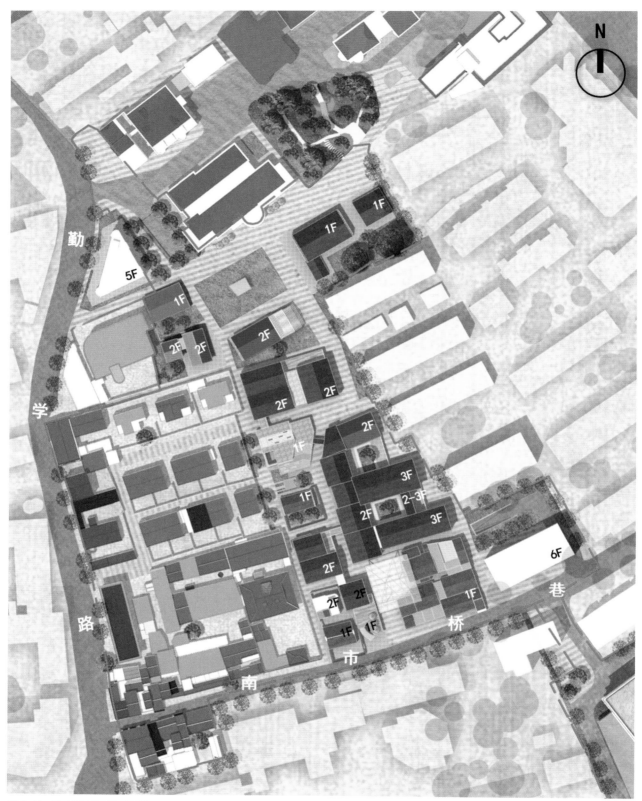

图 3-64　南市桥街区总平面图

延续历史风貌，打造文化 IP

在分析南市桥街区地域特色和历史资源的基础上，保留恒丰布厂、梁溪饭店、钱松喦故居、德余堂、林氏祖宅等历史文化资源，挖掘其文化特征和当代价值，采用保护修缮、活化利用等差异化策略，形成带有南市桥基因的文化 IP。

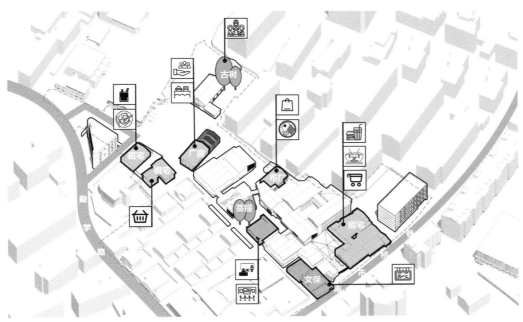

图 3-65　传承保护历史文化遗产分析图

策展型商业：恒丰布厂空间实验室

设计改造原有恒丰布厂为恒丰布厂空间实验室，修缮保留建筑立面，恢复历史风貌。外部结合保留树木打造连续景观廊架，通过廊架立面虚实变化丰富步行游览体验；

图 3-66　恒丰布厂空间实验室效果图

建筑内部空间作为策展单元，可灵活布置各类展览，以文化策展型空间激发街区商业活力。

文旅商业：梁溪饭店

设计对梁溪饭店进行整体修缮和功能活化，以融合传统风貌与现代生活为目标，恢复民国建筑风貌，植入特色餐饮、潮流业态和文创品牌，形成特色文旅商业空间。强化中山路入口形象，通过美化立面店招、扩大底层通透界面、设置景观标识等方式优化沿街界面，打造具有标识性的入口空间，彰显"民国锡韵"街区形象。

图 3-67　梁溪饭店入口沿街立面示意

图 3-68　梁溪饭店入口设计示意

混合多元功能，强化全龄友好

设计通过多样消费功能的混合，满足全年龄段人群的多层次消费需求，在老城区内打造新的城市客厅。街区整体功能以商业为主，兼具文化、社区服务、居住等多元功能。文化功能主要在保留建筑内，各类商业围绕文化功能布置，社区服务功能位于场地中心，面向居民补足社区服务功能的同时，提供面向城市的商业、文化、休闲等活动功能。完善街区内部路网，形成特色体验游径，串联多种消费场所。

在南市桥街区中部植入社区服务功能，作为汤巷社区服务中心。依托德余堂前菩提树进行设计，形成面向活动场地的退台建筑，保留在地文化和社区集体记忆。内部功能包含社区活动、居家养老服务、体育运动、科普教育、社区办公等，建筑入口退台作为户外活动广场，可举办文化讲坛、儿童教育、故事天地等多种活动。

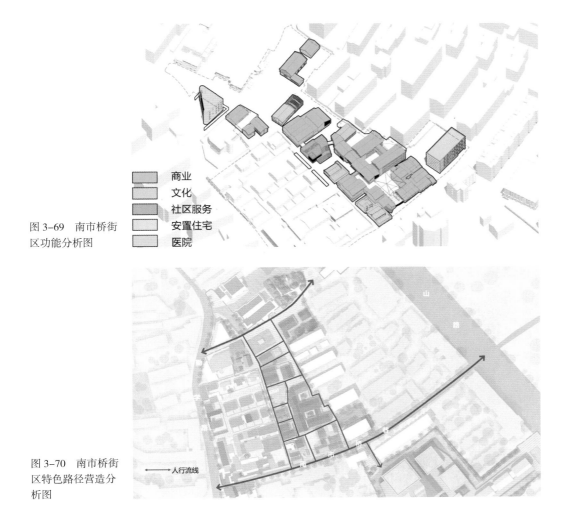

商业
文化
社区服务
安置住宅
医院

图 3-69　南市桥街区功能分析图

➤ 人行流线

图 3-70　南市桥街区特色路径营造分析图

塑造公共空间，激活交往场景

挖潜地块内边角地、闲置地和不可进入绿地，打造街区特色公共空间，结合原有建筑、草坪、老树等打造高品质公共活动节点，串联形成街区绿色空间网络。在提升环境品质的同时注重服务设施、景观小品的设计，预留开阔草地提供露营、游憩场所，结合商业外摆位设置精品树池、花境等观赏景观，激活人群休闲交往场景。

历史文韵舞台

历史文韵舞台位于保留红砖房东侧，设计结合原有房屋山墙，基于房屋尺度打造钢架景观小品，形成富有光影特色的灰空间，作为场所回忆和记忆延展空间，兼容曲艺舞台、发布会等多种活动，形成当代都市文化景观。

市集型商业：光影广场

光影广场位于由南市桥巷进入本地块的出入口，为围合式公共活动场地，顶部设置高挑造型透明雨篷，形成功能可变的开敞公共空间，通过可移动装置搭配场地布局，能够兼容文艺展览、社区活动、潮玩快闪等各类活动，是场地内品牌运营活动的重要场所，以丰富的活动策划持续提升街区吸引力。

露营经济：时光交互花园

时光交互花园为南市桥地块北侧的开敞活动草坪，周边有民国时期住宅建筑、新中国成立初期厂房、当代新建建筑等，不同年代、风格、肌理的碰撞和交融丰富了空间的趣味性和层次感。开敞的草坪为玩乐、运动、探索、社交、亲近自然提供了更多可能，满足居民对城市公园休闲娱乐消费的需求。

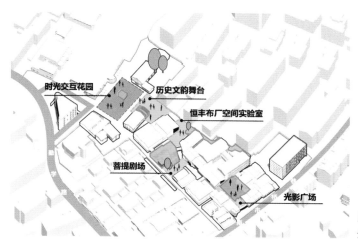

图 3-71 南市桥街区特色公共空间分布图

图 3-72　二层平台看菩提剧场效果图

图 3-73　菩提剧场不同活动场景示意

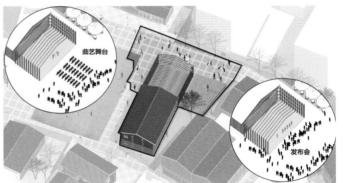

图 3-74　历史文韵舞台不同活动场景示意

图 3-75　光影广场入口效果图

图 3-76　时光交互花园效果图

创设开放活跃的园林式创客办公场所

当前，伴随年轻化科创阶层对高密度和多样化都市生活需求的高涨，科创对丰富人才、信息、资金等都市资源环境的依赖程度增强，科技回归都市成为当前产业发展的重要趋势，大都市纷纷通过旧城更新，形成了众多市中心的科创聚集区，如纽约硅巷、伦敦硅环岛、东京比特谷等。江南中学地块地处无锡市中心，周边历史底蕴深厚、生活设施宜居便利、运河景观资源优渥，具备打造科创功能的优势。由于现状建筑物较少，适合整体更新改造，设计通过打造高品质的公共空间、富有创新性的滨水环境，营造轻松惬意的生活工作氛围，形成充满活力的科创办公空间。

设计构思

基于传统园林的设计创意

江南中学地块南北向长、东西向短，南面毗邻运河，界面开阔，具备打造花园式办公场所的潜力。参考无锡典型园林的图底关系，设计提出适应当前场地和办公建筑的内聚型园林模式，以公共绿地作为场地的中心，并向南侧延伸至运河，进一步实现建筑与园林、基地与运河的良性互动。

无锡寄畅园平面图　　　　无锡寄畅园图底关系　　　　新模式的园区图底关系

图 3-77　无锡寄畅园园林空间形成

适应现代办公的空间组合

针对建筑空间组合进行容积测算，发现常规布局与公园式建筑布局在容积率、建筑面积上基本一致，但公园式布局能够取得更好的景观视觉效果和灵活的空间组合关系。同时充分应用借景手法，把园内之景与园外之景融为一体，形成步移景异的游览体验。

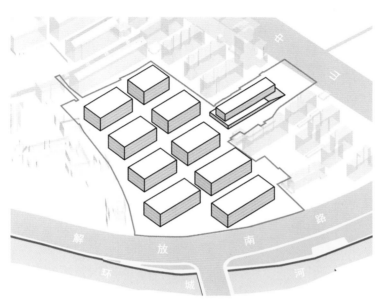

常规布局
用地面积：29219.60m²
容积率：1.2
建筑高度：18m
建筑面积：35063.00m²

图 3-78　江南中学地块常规布局效果图

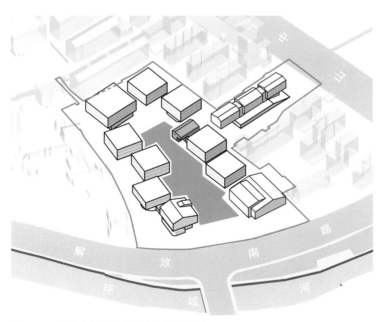

公园式布局
用地面积：29219.60m²
容积率：1.2
建筑高度：18m
建筑面积：35063.00m²

图 3-79　江南中学地块公园式布局效果图

设计总体布局

设计布局为低层高密度花园式办公园区，由中心园林和围绕园林的一组建筑构成，建筑高度以 4 层为主，由二层连廊和活动平台连接成一个整体。园区功能以办公为主，包含商业和文化功能，总建筑面积约 7.56 万 m²。

图 3-80　江南中学地块整体鸟瞰图

江南中学地块经济技术指标　　　　　　　　　　　　　　　　　　　　　表 3-19

	项目	数值
	用地面积	29219.6m²
	总建筑面积	75638.0m²
	地上建筑面积（商业 / 文化）	10751.0m²
其中	地上建筑面积（办公）	24312.0m²
	地下建筑面积	40575m²
	容积率	1.2
	建筑密度	43.6%
	建筑高度	18m
	绿地率	32.8%
	机动车停车数	约 1200 辆

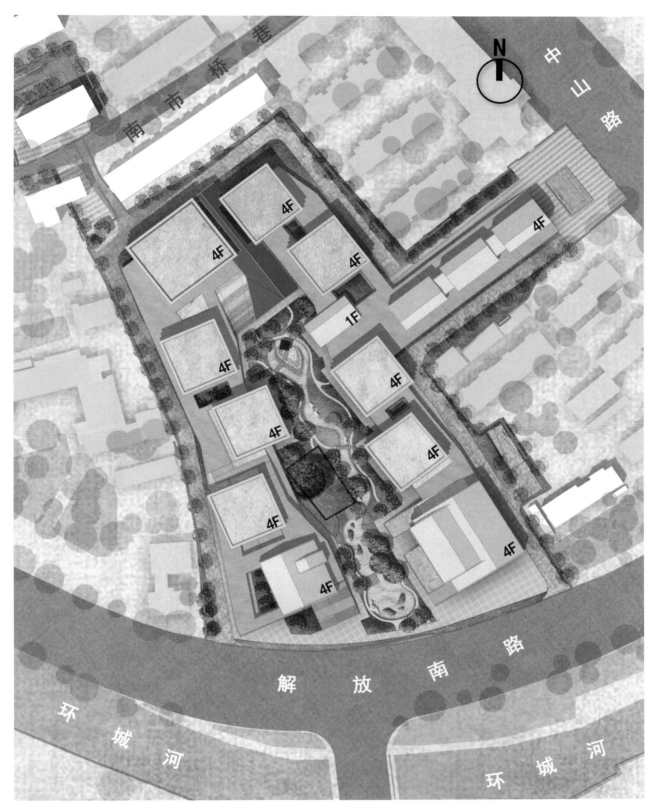

图 3-81　江南中学地块总平面图

保障步行环境，丰富空间体验

二层平台：兼具活动与交往功能

    方案设计考虑大运河沿线的建筑限高要求，在满足高度要求的同时，尊重场地环境和周边建筑风貌。江南中学地块限高为 18m，方案设计中办公楼为 4 层，最高高度为 18m。一层高度为 4.5m，连接基地内各办公楼，其顶部作为二层连续的露天交往平台，能够便捷地到达各楼栋出口。

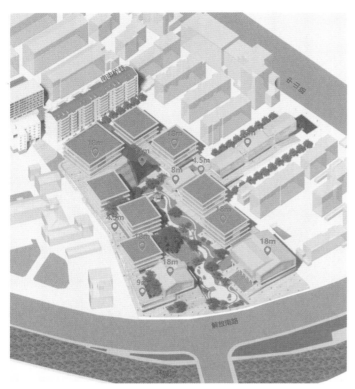

图 3-82　江南中学地块建筑高度分析图

交通组织：保证内部人车分流

    考虑场地面积较大、车辆较多，共设置 4 个对外交通出入口，满足停车和消防要求。沿外环设置车道，可由南市桥巷、中山路及解放南路进入。地下车库设置 1200 个停车位，共设置 3 个地库出入口，车辆进入场地后可直接进入地下车库。场地中部花园禁止机动车进入，实现人车分流，保证公共空间步行体验。

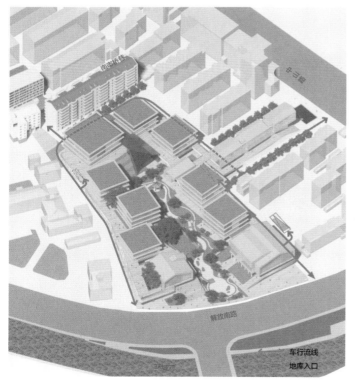

图 3-83　江南中学地块交通组织分析图

打开沿街界面，强化城市连接

南侧解放南路界面

　　沿解放南路界面目前为均质景观绿化，较为封闭，基地与运河视线受阻。打开封闭的景观界面，结合内部开敞的草坪形成开放活跃的城市界面，与基地南侧运河形成良好的互动关系，吸引城市人流进入。

图 3-84　解放南路界面效果图

东侧中山路界面

　　中山路为江南中学停车场东入口，目前入口南北两侧为两栋教学楼，立面陈旧且山墙面封闭。设计改造入口教学楼，底层采用玻璃等开敞界面营造活跃的商业、办公氛围，提升入口空间整体形象，增设大台阶连通至二层活动平台，丰富步行体验。

图 3-85　中山路界面效果图

打造体验感强的慢行友好街巷

步行体验舒适、沿街界面丰富、文化特色鲜明的街巷兼具生活和交通功能，能为居民提供休闲、交往、娱乐、观景等多样场所。目前，南市桥巷、勤学路为街区内两条重要的慢行道路，存在沿街建筑风貌不一、文化特色不鲜明、市政杆线杂乱、步行道宽度不足、景观环境单调等问题，难以保障使用者的步行体验和活动需求。针对上述问题，街区内慢行友好街巷打造应挖掘其自身特色，结合功能业态和风貌特征形成差异化主题，延续街巷的生活服务功能，留住地区的烟火气，挖掘街区的文化元素，在场景中以多样方式呈现，优化街巷断面，保障步行和各功能空间。

挖掘街巷特色，形成差异主题

南市桥巷：打造历史文化为主题的创意巷道

南市桥巷的功能和风貌定位为延续历史、承载书香的文创巷道。设计通过优化道路断面、重塑文化景观、打造活力节点等设计方法，彰显南市桥巷集体记忆和传统文化。道路西侧改为单向车行道，缓解交通拥堵；道路东侧优化步行空间，美化节点广场，设置外摆和城市家具，丰富居民生活。

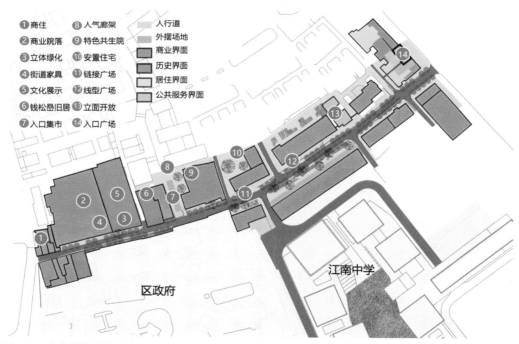

图 3-86　南市桥巷总平面图

勤学路：塑造以生活服务为主题的慢行友好巷道

　　勤学路的功能和风貌定位为融合历史记忆的生活性街道，通过优化道路断面活化商业界面、营造交往空间等设计手法，进一步提升步行交往体验。改造原则保持三个不变：不改变现有围墙界面、不砍树、不动重要杆线。通过减少机动车道宽度和停车位、优化道路断面，形成全路段连续的步行道，保持停车位总数 55 个不变（含建设银行专用停车场）。

图 3-87　勤学路改造风格示意图

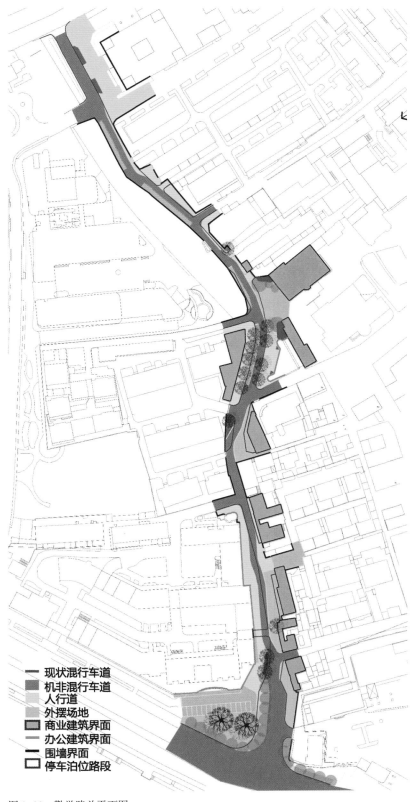

图例：
— 现状混行车道
■ 机非混行车道
　 人行道
　 外摆场地
▢ 商业建筑界面
— 办公建筑界面
— 围墙界面
▢ 停车泊位路段

图 3-88　勤学路总平面图

合理优化断面，保障生活空间

南市桥巷道路断面优化

当前南市桥巷存在车行道狭窄、步行道不连续等问题。设计将江南巷（江南中学停车场北入口）西侧改为自东向西单向通车，确保社会车辆仅能左转驶入江南中学停车场，避免出入口附近交通拥堵；江南巷东侧优化步行空间，美化节点广场，设置外摆和城市家具；取消人行道沿线机动车停车位，丰富商业店铺店前空间，设置包含外摆摊位、绿化、互动座椅、非机动车停车棚等。

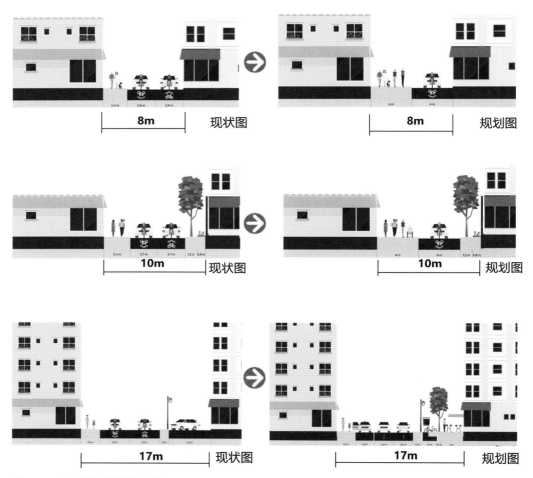

图 3-89　南市桥巷道路断面示意

勤学路道路断面优化

当前勤学路存在路边停车位过多挤占车行道、步行道狭窄等问题。设计结合减少部分地区路边停车位优化机动车道路宽度，降低机动车通行速度；结合市政杆线下地拓宽步行道宽度，保障步行道连续性，预留非机动车停车位和景观绿化空间，有条件的地区增设商业外摆位，以绿化景观适当分隔。

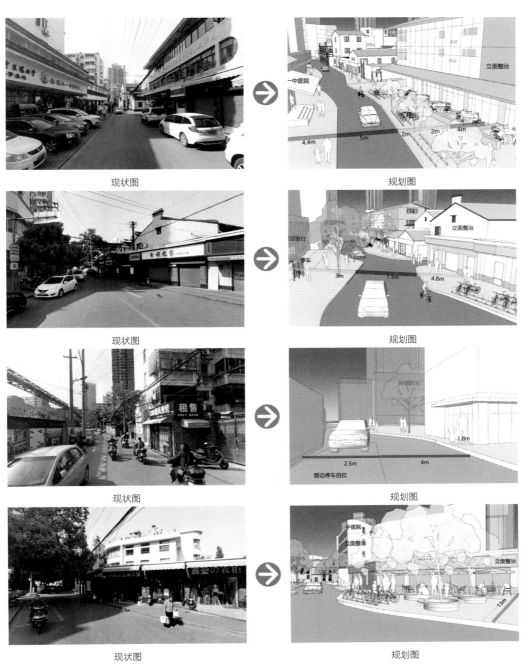

图 3-90　勤学路道路断面优化示意

延续生活功能，传承市井文化

南市桥巷商业界面

南市桥巷沿街建筑立面陈旧，店前空间未合理利用，缺少外摆设施，难以形成可停留可交往的商业场所。改造方案结合街巷特色塑造，统筹设计沿街立面和商业店招，延续传统风貌建筑特色，保留原有生活服务功能，植入潮流特色业态，恢复市井烟火气，增加外摆设施和景观绿化，形成能够停留、交谈的店前空间。

勤学路南入口

勤学路南入口为"网红"神仙居早餐店，早餐时段人气足，但目前店招、立面风格缺乏统一设计，与周边传统风貌建筑割裂。改造方案精细化设计沿街立面和店招，在尊重和保护传统风貌建筑的基础上，延续店铺经营功能，修缮建筑恢复原有风貌，结合现代的材料和新中式设计方法，打造开敞、简洁的转角界面，提升入口形象。

勤学路商业界面

勤学路商业界面开敞性不强，店招缺乏统一的设计管理，沿街活动节点以硬质铺地为主，缺少景观绿化和休憩座椅。改造方案在保持沿街店招风格统一的同时，根据店面尺寸、功能业态等进行差异化、特色化调整，注重保留居民日常使用的理发、餐饮等生活服务业态，营造生活性街道氛围，适当增加休闲座椅及外摆设施，提供休闲活动场所。

图 3-91 南市桥巷商业界面现状实景图

图 3-92　南市桥巷商业界面改造效果图

图 3-93　神仙居早餐店现状实景图

图 3-94　神仙居早餐店改造效果图

图 3-95　勤学路商业界面现状实景图

图 3-96　勤学路商业界面改造效果图

植入文化触媒，强化场景互动

南市桥巷东入口

南市桥巷东入口空间面对中山路，相邻店铺界面和店招样式风格差异明显，整体风格与西段差异明显。改造方案强调设施艺术装置和创意店招等文化触媒，以现代材料打造坡屋顶样式，协调南北侧整体界面，强化入口整体感，增设创意艺术店招，提升街区艺术氛围，彰显南市桥历史文化底蕴。

南市桥巷文化界面

南市桥巷西侧查氏承俭堂入口段空间为政府大院围墙和景观绿化，由于管养不佳、难以进入、缺少装置小品等原因，形成消极景观界面。改造方案打开不可进入绿化，打造连续文化空间，增设座椅小品、互动景墙、全息投影等，呈现具有南市桥历史底蕴的文化界面。

勤学路街角公园

勤学路街角处为封闭绿地，绿植单一缺乏季相变化，空间利用率低，景观形象薄弱。改造方案打开封闭绿地，保留长势较好的高大乔木，以"针灸式"方式营造林荫林下空间，形成市民可停留、可观景的交往和空间，将在地文化和历史故事融入休憩座椅、景观构架、浮雕景墙、地面铺装等设施和装置小品中，唤起居民对南市桥地区的集体生活记忆。

图 3-97 南市桥巷东入口现状图

图 3-98　南市桥巷东入口改造效果图

图 3-99　南市桥巷文化界面现状实景图

图 3-100　南市桥巷文化界面改造效果图

图 3-101　勤学路街角公园现状实景图

图 3-102　勤学路街角公园改造效果图

重新
发现
街区

更新需求
与规划设计

REDISCOVERING NEIGHBORHOODS
REGENERATION DEMAND AND PLANNING DESIGN

◎ 智慧化体检评估

◎ 递进式项目生成

◎ 定制化方案设计

◎ 陪伴式建设实施

◎ 全过程共同缔造

第四章

街区更新的
全流程重构

街区更新是建设工程，更是治理工程。街区更新过程是对城市既有特定地段的整体价值再造和提升（体现在地段房价提升、商业盘活和租金提升等），对相关权利主体的利益格局重塑（驻区企事业单位资源对社会共享、私有空间的公共化使用等），对相关管理主体的管理内容的优化调整（如城市管理的街道停车泊位增减等）。其复杂性远远超过传统新建地段的工程项目，是一项空间改造与社会治理难以分离、对综合协调要求极高的工作。一些好项目（如小区围墙内外打通实现功能空间联动、企事业单位闲置空间的公共化利用等项目）往往由于产权纠纷、利益再平衡难、居民接受度不高等众多原因，难以推进，方案设计的背后，需要大量的沟通协商工作。

在这种背景下，传统的"规划设计—编排项目—施工建造"流程，环节分立，规划设计重在前端，缺少对多元居民诉求的调查和多样化更新愿望的回应，较少参与项目生成、建设实施等环节，难以满足街区更新中的沟通协商式设计、驻地化跟踪服务、多团队和多主体统筹等全流程更新需要。

因此，街区更新实践要求规划师从城市高大上的宏伟静态的图景描绘，走向街区中的具体真切问题和人民群众的真实需求，在现实场景中进行全过程深度的"躬身实践"，构建"体检—立项—设计—建设—共治"的街区更新全流程路径。规划师应立足问题导向，以深入翔实的调研为前提，摸清街区物质空间环境问题和老百姓更新意愿，作为街区更新工作的前提；围绕体检评估出的更新改善问题，基于有限目标，生成必要且多方认可的更新项目；进行精细化的建筑景观设计，开展精益建造，助力高品质的街区场所更新；全过程开展多方主体参与的共同缔造，协调老百姓、企业主等原权益人和利益相关人的意愿和矛盾冲突，寻找街区更新共识的最大公约数，推动街区更新各环节有序开展。

江苏省在全国较早开展住区改造，2003年启动全省层面的老旧小区整治工作，2016年在全省开展既有住区适老化改造试点，2018年推进"省级宜居示范居住区"建设，取

a 建筑年代

b 建筑层数

图4-1 天津新村街区建筑年代与层数分布

得了积极成效。为进一步解决老旧住区及周边地区连片老化问题，2019 年，江苏省延伸宜居住区更新的空间尺度，整合既有住区、街道及周边环境，以街道围合形成较为完整的空间单元开展更新试点，在全省选择了包括南京市天津新村街区在内的 5 个城市街区进行集成改善实践，推动围墙内到围墙内外一体化联动更新改造，期冀通过内容综合的实践，探索打破"墙"界，"跳出小区改造小区"，创造共相融合社区单元的办法和路径，通过系统化的集成实践，探索"实施一块即成熟一块"的城市基本单元有机更新、综合提升品质的办法和路径，推动城市建设发展转型目标综合、资源整合、项目集成和一体化实施。

南京市天津新村省级宜居示范街区面积约 35.09hm²，涉及 4 个社区，包含 24 个居住小区、1 所幼儿园、1 所社区门诊，涉及居民 4059 户 13988 人，建成于 20 世纪 80 至 90 年代。街区是典型的老城单位大院熟人街区，整体呈现"老"（老城区、老小区、老建筑、老龄化）、"多"（机动车多、零碎空间多、人口多）、"密"（人口密、空间肌理密、社会网络密）、"少"（活动空间少、服务设施少、物业管理少）的特点，迫切需要通过系统化、集成化的方式提升宜居水平，探索在街区层面"实施一块即成熟一块"，推动城市更新行动的全流程方法路径。

天津新村街区的主要改造内容为开展住区环境品质提升，在黑化小区道路、实施雨污分流、修补屋顶防水、改造房屋立面、序化小区停车等基础上，改造方案聚焦"一老一小"日常需求，增补天津新村小区无障碍坡道，方便居民出行，打造天津新村、马鞍山 2 号院等小区入口标识空间，延续居民记忆，强化小区和街区的风貌辨识度。同步塑造街区公共生活廊道，激发街区活力，围绕宁夏路—马鞍山路、马鞍山 2 号院支巷—宁颐巷—琅琊路一横一纵两条主要生活性道路，营造公共服务边界、公共空间完善的生活廊道，宁海路街道回租水佐岗路底商，盘活存量房屋增补城市书房、居民会客厅等社区服务设施；天津新村社区向第三方助老机构提供公共用房，增补街区助老托老服务点；挖潜街头巷尾小微公共场所，将琅琊路旁的尽端通道改造为小微活动场地，多样化打造复合绿色公共空间。此外，还缝合织补融入城市环境，通过虎踞北路蔷薇花墙、虎踞北路过街通道口袋公园、西康新村支巷文化路径等，加强街区与南京艺术学院、古林公园、颐和路公馆区的艺术、自然、人文等资源共享，联动城市空间资源，点亮扮靓街区精致景观界面；建设出行安宁街区，划定宁颐巷机动车单行线，通过街区内外企事业单位共享停车位，系统改善停车和步行环境。

试点期间，天津新村街区建设成效显著。住区环境改善方面：新增停车位 22 个，新增服务设施 2 处共 260m²，新增活动场所 2 处共 316m²。街区环境提升方面：新增综合性邻里中心 1 处 40 282m²，城市书房 1 处 55m²；企事业单位开放共享车位 420 个，新增路边停车位 22 个；新建绿地广场 7 处共 4325m²；优化沿街立面 5 条共 2400m，新建文化线路 1 条 1630m，改造健身步道路径 770m。社会效应方面：街区共获得省级及以

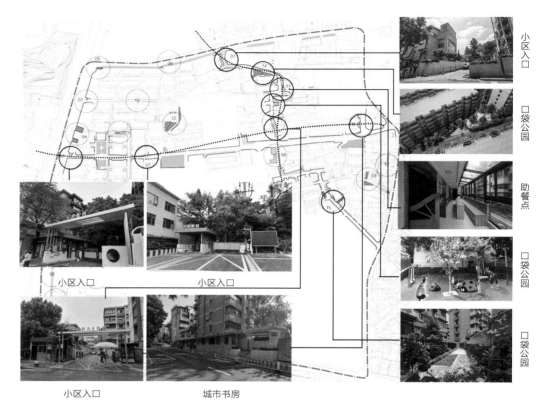

小区入口
口袋公园
助餐点
口袋公园
口袋公园

小区入口　　　　　　小区入口

小区入口　　　　　　城市书房

图 4-2　天津新村街区主要建设项目

上媒体报道 3 篇；新增就业岗位 33 个；改造后的小区房屋均价较 2019 年初上涨约 9000 元，两年涨幅达到 20%，涨幅高于周边街区约 8 个百分点。

　　天津新村街区的更新实践立足百姓急难愁盼、空间功能欠缺、街区特点三大议题，探索形成了"智慧化体检评估—递进式项目生成—定制化方案设计—陪伴式建设实施—全过程共同缔造"的街区更新工作框架体系。智慧化体检评估关注：大数据和小数据相互补充，被动和主动采集相互辅助，主观意愿和客观要素的交叉验证；递进式项目生成基于实效沟通，立足多目标导向、多价值诉求、多方共识达成；定制化方案设计结合场地实际情况和居民实际需求，挖掘地域特色，提出针对性改造方案；陪伴式建设实施从过去制定确定性、具体化的设计蓝图，向贯穿全流程的动态设计进行转变；全过程共同缔造推动公众共识达成和设计品质提升，实现从自上而下的物质空间整治行动，到多元主体参与的全过程空间改善治理的转变。

　　同时，街区创新性研发了面向持续更新改善的小规模渐进式更新技术工具包，突出智慧化大数据技术手段支撑，聚焦改善内容综合化、街区空间一体化、设施功能共享化三大内容创新，强化包含建设联动管理、物管联动城管、政府联动市场、工程联动治理等在内的五大更新机制探索。

01

智慧化体检评估

在城镇化高质量发展的新时期，面对街区精细化建设和治理新要求，如何从"有没有"转向"好不好"？首先需要通过体检评估寻找街区空间治理的"病根"，才能进一步精准施策。作为城乡人居环境建设的基础单元，街区在人居环境提升和宜居建设中，需要更多采用"微改造"的"绣花"功夫，更加关注居民的实际需求。因此，街区层面的体检评估也要更加关注人的行为活动、喜好特征，用更加智慧的、有温度的体检评估技术方法，寻找中微观空间建设的细节问题。人工智能和大数据等信息化手段的应用，将大大助力街区体检评估科学化、精细化、智能化。

天津新村街区针对街道影像大数据进行细颗粒度的智能感知评价

体检方法

技术路径

　　基于街区体检评估的特点，遵循以人为本的基本原则，充分考虑公众诉求和公众参与度，从主观感知与客观量化两个维度，对街区空间评价、居民行为分析、居民意愿调查三个方面进行体检评估。

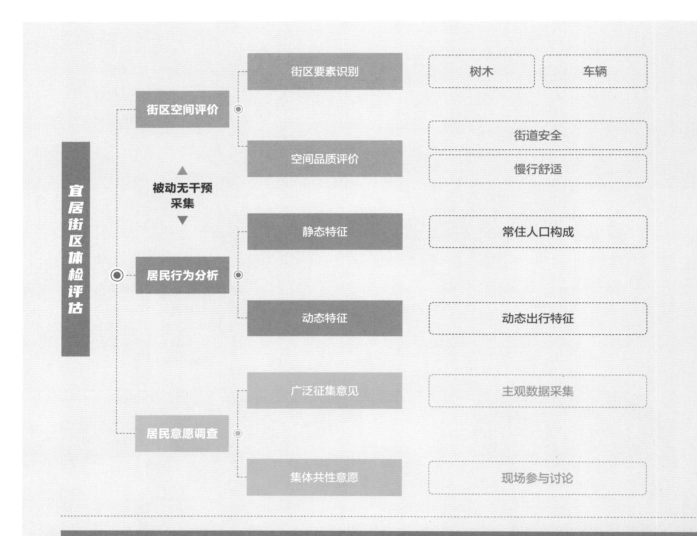

图4-3　宜居街区体检评估技术路线

注：MDT（minimization of drive-tests）：最小化路测技术，引入卫星导航定位的设备终端测量和数据采集技术，能够在最大化减少终端功耗的同时尽量增加终端设备位置信息准确性和可用性。

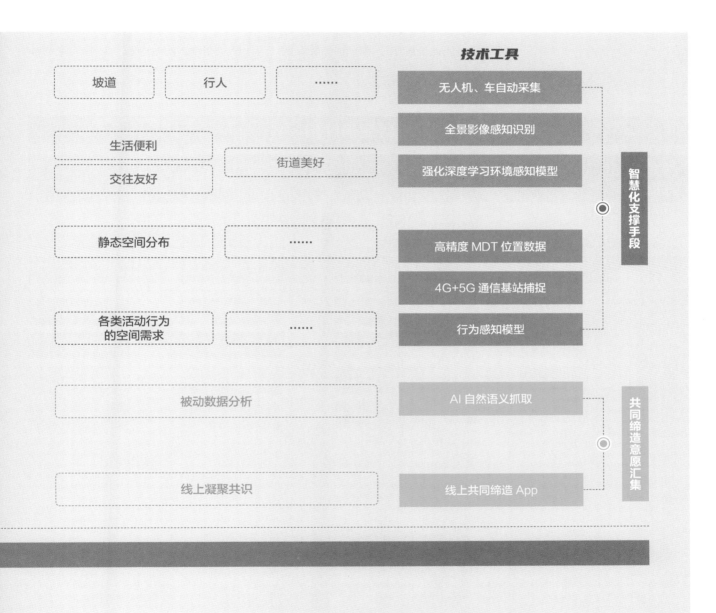

技术工具

		智慧化支撑手段
坡道 / 行人 / ……	无人机、车自动采集	
	全景影像感知识别	
生活便利 / 交往友好 / 街道美好	强化深度学习环境感知模型	
静态空间分布 / ……	高精度 MDT 位置数据	
	4G+5G 通信基站捕捉	
各类活动行为的空间需求 / ……	行为感知模型	

		共同缔造意愿汇集
被动数据分析	AI 自然语义抓取	
线上凝聚共识	线上共同缔造 App	

体检内容

街区空间评价

评价方法

采用基于深度学习算法的人工智能技术，从街区要素和空间环境品质两个方面建立评价体系，对街道安全、慢行舒适、交往友好、街道美好等四大要素进行评价，全面刻画街区物质空间细节。

传统的空间评价局限于单一的要素识别，为了能更精细、综合掌握街区物质空间环

图 4-4　街区空间评价技术路线

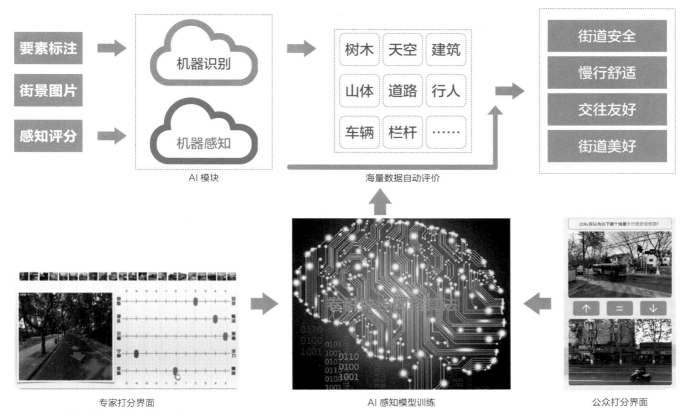

图 4-5　要素与感知评分相关关系分析

境特质和问题，采用基于深度学习算法的人工智能评价方法，对街区范围内的城市影像大数据进行智能感知、目标检测、语义分割，结合要素与感知评分的相关关系分析，实现空间环境综合要素的智能化评价。

影像采集

采用全自动全景影像采集设备，对街区范围城市道路、街巷小路、房前屋后空间进行影像的全面采集，获得 360° 全覆盖（前、后、左、右、上、下）、全时段（白天和夜晚、工作日和休息日）的视频影像和全景影像共 500 余 GB，总时长超过 1200 分钟。

智能感知模型

开发了基于微信平台的"宜居街区图像感知评分"小程序，获得公众对影像的喜好，通过"迫选法"获取居民的感知偏好，将公众选择结果通过贝叶斯推断法转译为评分，并进行 AI 模型训练，形成智能感知模型。

图 4-6　影像采集示意

图 4-7　基于微信平台的感知评分小程序

图 4-8　街道安全度评分分布

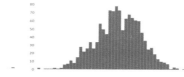

图 4-9　慢行舒适度评分分布

图 4-10　街道美好度评分分布

图 4-11　交往友好度评分分布

目标检测

进行目标检测，识别街景图片中的机动车、行人、非机动车、座椅、交通信号灯、路灯、空调外机、垃圾桶、广告牌等要素，并进行空间量化分析。

语义分割

基于语义分割结果，计算天空视野率、绿化视野率、围墙围栏视野率等指标，并进行空间量化分析。

评价结果

根据以上要素评价和感知评价结果，对街区街道安全度、慢行舒适度、交往友好度、街道美好度进行综合分析。

街道安全度：街区利用有序安静，但"静而不安"。街区内消防、救援等生命通道不畅通；部分慢行空间被违章搭建占据；局部存在严重安全隐患和安宁障碍。

慢行舒适度：街区出行以慢行为主，但"慢而不适"。局部高差导致台阶和陡坡较多，慢行不便；过街通道无坡道导致老年人群过街不便；步行空间狭小、围墙封闭导致慢行环境不舒适。

交往友好度：街区改造涉及面广，但"细而不精"。改造已完成大部分综合环境整治工作，但对生活服务、运动健身等方面缺乏精细化的空间安排；部分空间人性化考虑不足，存在空间可进入性差、空间景观设计不佳、休憩设施缺乏等问题。

街道美好度：街区格局自成一体，但"优而不美"。与周边的历史文化、艺术设计氛围的衔接不足；广告店招风貌不佳，门户节点有待塑造；街道界面没有体现特色。

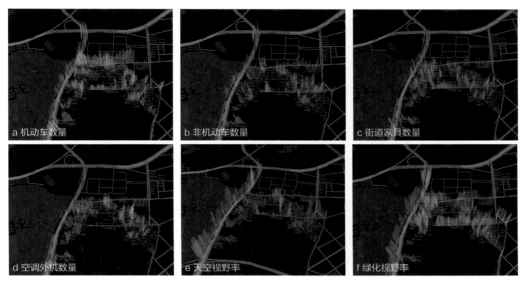

图4-12　目标检测与语义分割示意

图4-13　街道安全度评价分布图

图 4-14 慢行舒适度评价分布图

a 评价结果

b 过街通道

c 封闭围墙

d 步行空间狭小

e 陡坡

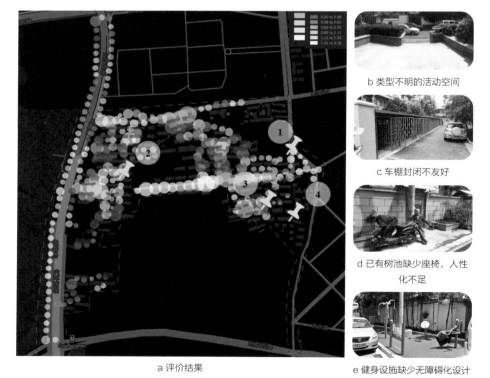

a 评价结果

b 类型不明的活动空间

c 车棚封闭不友好

d 已有树池缺少座椅，人性化不足

e 健身设施缺少无障碍化设计

图 4-15 交往友好度评价分布图

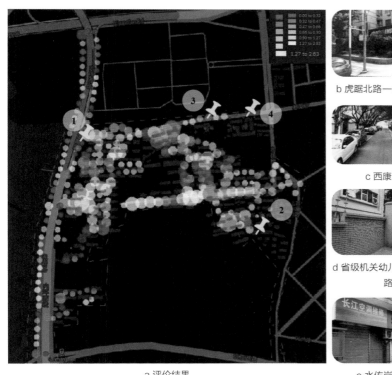

a 评价结果

b 虎踞北路—水佑岗路交叉口

c 西康新村支巷

d 省级机关幼儿园国际部周边道
路街墙

e 水佑岗路沿路店招

图 4-16　街道美好度评价分布图

居民行为分析

分析方法

为准确分析街区居民的出行特征，创新采用被动无干预的 MDT（基于卫星定位最小化路测技术的信令数据）空间高精度数据，本章节将从静态、动态两个层面对街区内人口结构、人群空间分布和出行特征进行感知和评估。

分析结果

基于卫星定位的高精度信令数据，分析得出居民日常行为特征为：街区活跃人口流动性强，老龄化明显；工作日客流量较大，以高消费客流为主。通过手机信令数据统计的街区总活跃人口为 12410 人，活跃的常住人口为 8185 人，占比 66.5%，其中外来人口3575 人，以 36 ~ 45 岁年龄段居多；活跃的流动人口为 4125 人，占比 33.5%。工作日客流总数明显高于休息日，工作日客流多为工作目的进入街区内部。休息日 92.67% 的客流来自省内，五一当天，南京市内客流超 3000 人；运营商月消费 300 元以上的高消费客流，是进入街区内部的客流主体，占比为 42.98%。

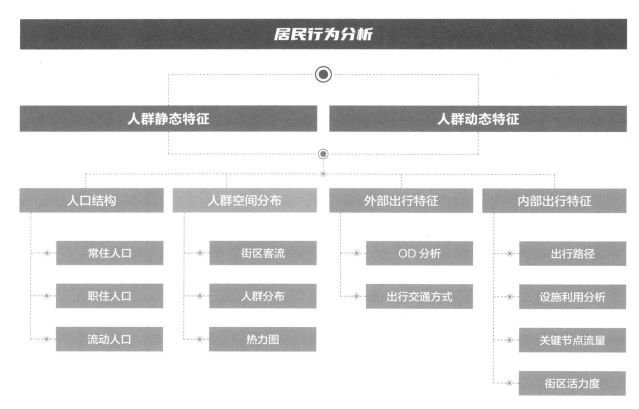

图 4-17　居民行为分析技术路线

　　人群活动外热内冷，内部局部活跃。轨迹集中分布于街区周边地区，内部仅宁夏路—西康新村休闲轨迹热度较高，街区内部休闲空间有待提升。

　　通勤轨迹的热度集中分布在街区两侧的虎踞北路和西康路—水佐岗路。

　　休闲轨迹的热度在街区外围西侧虎踞北路较高，得益于周边古林公园对居民休闲的吸引。

　　内部出行慢行特征突出，休闲行为节点集聚。内部出行凸显慢行特征，整体重心在街区东侧，步行热点区域突出。

　　热点区域为省化工小区、马鞍山 1 号院、宁夏路 19 号—马鞍山 10 号院、宁夏路 21 号院—宁夏路 13 号院周边。

　　休闲行为节点集聚分布，与步行出行空间关联性较高。热点区域为马鞍山 1 号院周边，宁夏路 19 号—马鞍山 10 号院片区、宁夏路 21 号院—宁夏路 13 号院片区。

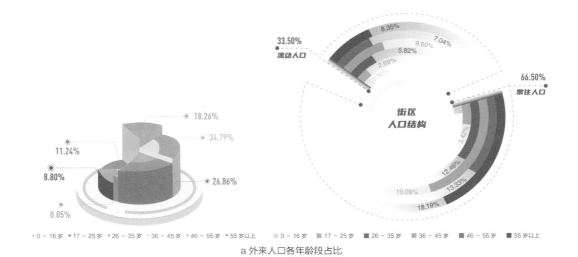

* 0～16岁 * 17～25岁 * 26～35岁 * 36～45岁 * 46～55岁 * 55岁以上   　 0～16岁 　 17～25岁 　 26～35岁 　 36～45岁 　 46～55岁 　 55岁以上

a 外来人口各年龄段占比

■ 17～25岁 ■ 26～35岁 ■ 36～45岁 ■ 46～55岁 ■ 56岁及以上

b 两周内不同年龄段客流

■ 低消费用户 ■ 中消费用户 ■ 高消费用户

c 两周内不同消费水平客流

图 4-18 街区人口特征

a 通勤行为轨迹

b 休闲行为轨迹

图 4-19 通勤行为与休闲行为轨迹

a 街区居民内部出行轨迹点分布

b 街区居民休闲行为特征空间分布

图 4-20 出行轨迹与休闲行为分布

居民意愿调查

线下结合"共同缔造"活动，围绕街区公共空间愿景、街区满意度、小区满意度、小区的入口空间和台地空间可能的优化方向征集居民意见建议。

"设计节"活动中，大家对周边的地下通道设施、无障碍通行、过街安全、公交车站等提出了改进建议；也对小区内的小广场、停车管理、小花园亭子、健身设施等提出了优化设想；而对于小区的入口空间和台地空间，在场居民倾向于将其改造为休憩空间和共享园艺空间。在"研创汇"活动中，大家围绕小区出入口改造、台地无障碍化改造、口袋公园改造、院落美化等身边、房前屋后的人居环境整治的空间方案，提出改善优化的"金点子"。

从小程序"遇见宁海"征集的居民意愿分析结果看，居民热议的空间主要为小区内部道路沿线和街区周边地段，关注的问题重点为停车位、绿地、设施、机动车等。

"12345"数据被动收集

为全面掌握居民对本次街区更新的意愿和要求，采用了主动和被动相结合的居民意愿收集方式，旨在通过主观数据梳理与居民日常生活紧密相关的诉求和建议，以便精准施策进行改善提升。通过运营线上"遇见宁海"互动小程序，共收集到聚焦公共活动场地、机动车停放、便民设施、景观绿化等12类重点问题的意愿共3000余条，以空间与意愿结合的方式收集居民意愿主动数据，将民生诉求与空间点位相结合。提取近5年的16万条"12345"政务服务热线历史被动数据，与小程序的空间意愿交叉比对，分析物业管理、停车管理等典型诉求，以及绿化遮挡、人车混行等热点矛盾背后的原因。

图4-21 线下现场讨论

图 4-22　居民意愿征集

图 4-23　词云分析

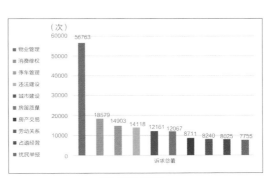

a 12345 诉求统计

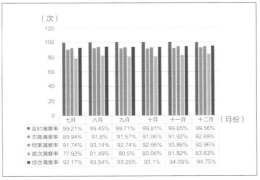

b 12345 诉求解决满意率

图 4-24　"遇见宁海"互动小程序界面

c 分析结果

图 4-25　抓取地址信息和诉求类型与空间进行关联

体检结论

对街区空间评价、居民行为分析和居民意愿调查的结果进行交叉验证，形成街区体检评估的问题地图、资源地图和意愿地图。

问题地图

天津新村街区主要存在五类问题，分别为安全隐患、交通冲突、无障碍设施不足、风貌欠佳、活力不足。设计师将这些问题在地图上进行标注，形成问题地图。

资源地图

天津新村街区主要拥有五类空间资源，分别为公共空间、潜力空间、公共服务设施、特色景观、历史文化。设计师将这些空间资源在地图上进行标注，形成资源地图。

意愿地图

天津新村街区居民的意愿主要包括五个方面，分别为：增加无障碍设施，小区出入口设人行专用道，提升绿化品质，增加照明、台阶扶手和监控设施，设置更多活动场地并增加座椅。设计师将这些居民意愿在地图上进行标注，形成意愿地图。

宁夏路、西康新村支巷、宁颐巷、琅琊路、马鞍山2号院支巷等需提升道路安全

存在人车混行、流线不明、机动车停车难等交通冲突

现状存在地形高差、普遍缺乏无障碍设施

需整体考虑围墙美化、院墙美化、沿街风貌整治

部分开敞空间缺乏人性化设计，造成活力不足

a 分析结果

安全隐患
交通冲突
无障碍设施不足
风貌欠佳
活力不足

b 照明缺乏

c 健身设施缺少无障碍化设计

d 被停车占用的步行空间

图 4-26 问题地图及典型问题特征

公共空间的景观风貌可进一步提升优化

闲置空间和废弃车棚等潜力空间

局部沿街建筑可改造为公共服务设施

自然地形和人文建设形成了多个特色景观

历史文化资源集中于东南片区，有待彰显

a 分析结果

公共空间
潜力空间
公共服务设施
特色景观
历史文化

b 宅前屋后的闲置地

c 小区围墙之间的闲置地

d 道路转角绿地

图 4-27 资源地图及典型资源特征

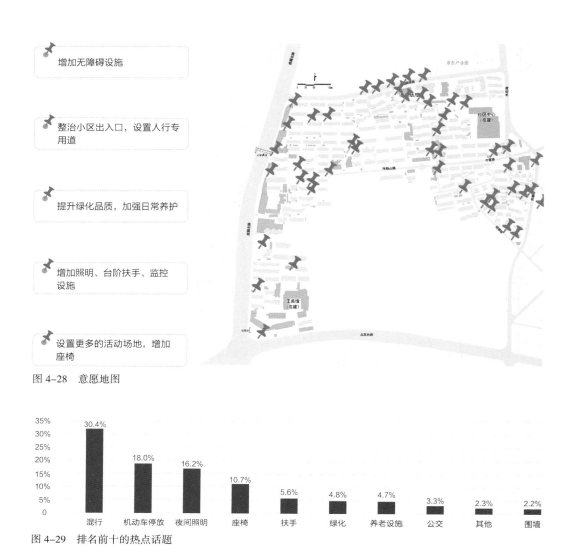

增加无障碍设施

整治小区出入口，设置人行专用道

提升绿化品质，加强日常养护

增加照明、台阶扶手、监控设施

设置更多的活动场地，增加座椅

图 4-28　意愿地图

混行	30.4%
机动车停放	18.0%
夜间照明	16.2%
座椅	10.7%
扶手	5.6%
绿化	4.8%
养老设施	4.7%
公交	3.3%
其他	2.3%
围墙	2.2%

图 4-29　排名前十的热点话题

02
递进式项目生成

　　街区空间基础不同，改造需求多元。因此，街区更新改造的对象和建设内容需要因地制宜，体现针对性，还要具有实施可行性。街区更新改造项目的合理确定，既是设计团队技术理性和设计理想的体现，也是街道和社区基层管理要求的落实，更是居民美好家园环境改善意愿的集中表达。街区项目生成应基于实效沟通，立足多目标导向、多价值诉求、多方共识达成，根据实际需求综合开展策略研究、可行性研究、时序研究等层次递进的研判，逐步生成面向实施的项目库和近期工程清单。

天津新村街区更新会议中设计人员向街区居民征求更新诉求与改造项目建议

项目生成框架

首先，基于体检评估所得街区更新改造重点议题及区域，确定项目生成的大框架和主要方向，据此开展偏重技术性的策略研究，以应尽则尽为原则，形成街区更新改造的所有可能项目池。

其次，与居民、街道社区、物业公司及其他利益相关方进行有效深入的沟通，针对潜在项目，了解多元主体对于项目的不同需求，面向现实可操作性进行项目筛选，在维护公共利益的前提下尽可能推动共识达成，为街区空间增值赋能，形成面向实施的项目库。

最后，依据居民意愿迫切程度、改造难度、工期长度等因素，对项目库实施进行时序安排，确定近期"工程清单"和后续储备项目。

01 以多角度、多方式、多主体需求为基础，形成街区更新议题。

02 围绕更新议题，进行针对性策略研究，以应尽则尽为原则，生成潜力项目。

03 开展可行性研究，立足可操作性和多主体需求，以公共利益最大化为原则，进行项目筛选，形成实施项目库。

04 以实施时间安排为目标，开展时序研究，形成项目库时序安排。

通过以上递进式的项目生成路径，能够充分考虑设计师、居民、地方政府的相关意愿与诉求，以渐进式的方式逐步寻找到街区更新项目的"最大公约数"。该过程也成为街区多方共话的一种有效平台，对后续有效推动项目落地实施、减小建设阻力起到良好作用。

图4-30　街区建设项目生成技术路线图

项目生成路径

体检评估支撑，项目"议题"确定

基于体检评估的空间问题地图、空间资源地图、居民意愿地图三张地图，形成六大"项目议题"，分别为设施完善、场所优化、交通安宁、景观提升、对接周边、精细管理。

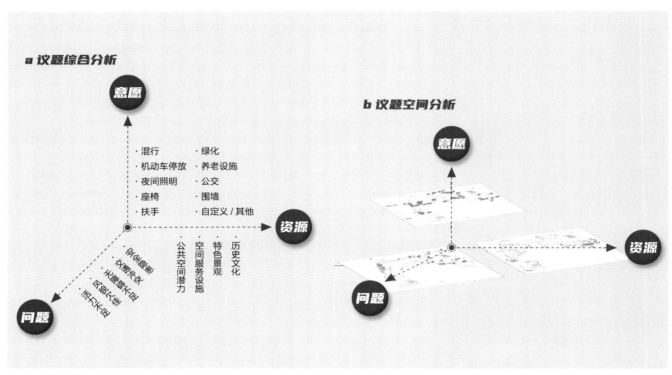

图 4-31　街区改造议题确定

图 4-32　街区建设六大议题

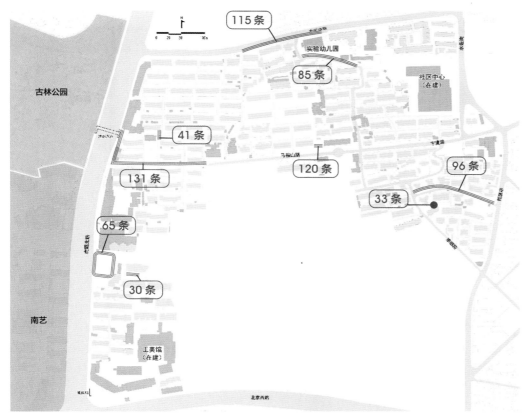

图 4-33　居民改造意愿和问题的空间分布图

策略研究支撑"项目池"确定

策略一：补设施，增强街区服务功能

（1）完善 5 分钟便民生活圈

面向全年龄段的服务对象，完善社区服务设施，如助餐点、托老所和卫生服务站等；完善便民服务设施，如活动场地、健身器械和生活垃圾收集点等；完善市政及其他设施，如消防设施、无障碍设施等。

（2）完善 10~15 分钟社区服务圈

增补完善公共服务设施，如城市书房、特色体验线路、体育场馆等文体设施，幼托机构、老年大学等教育设施，社区医院等医疗设施，公交站等交通设施。

图 4-34　设施增补示意图

策略	类型	内容	计划项目
补设施	5 分钟便民生活圈	社区服务	天津新村社区党群服务中心功能完善工程
			宁夏路 18 号院、西康新村增设助餐点工程
			马鞍山 2 号院社区活动中心功能完善工程
			天津新村社区党群服务中心功能完善工程
			北京西路社区中心功能完善工程
		便民服务	省化工小区出入口环境改善工程
			马鞍山 2 号院台地景观与周边空间景观提升工程
			西康新村增设健身器械工程
			琅琊新村增设健身器械工程
			统一增设生活垃圾收集点工程
			西康新村支巷和马鞍山二号院支巷照明增补工程
			水佑岗 5 号、7 号、23 号照明增补工程
			天津新村小区消火栓增补工程
			天津新村小区北侧消防车道拓展工程
		生活服务	琅琊路—西康新村支巷—宁颐巷—马鞍山二号院台阶扶手无障碍化改造工程
			琅琊路—西康新村支巷—宁颐巷—马鞍山二号院支巷坡度地面防滑改造工程
			虎踞北路 10 号院内、古平岗地下过街道加建无障碍工程
			天津新村小区台地无障碍改造工程
			琅琊新村小区内健身场所无障碍设施改造提升工程
			住区加建无障碍设施工程
			社区监控体系建设工程
	10~15 分钟社区服务圈	公共服务	水佐岗路沿街店铺改造工程
			西康路 37 号～45 号文化步行径建设工程
			社区服务中心功能完善工程
		交通场站	西康路公交站增设工程
			水佑岗路公交增补工程
			四卫头公交站线路增设工程

策略二：优空间，差异打造公共场所

（1）梳理街区用地

对街区空间进行公共性评估，其中私密空间共计 72%，半私密空间共计 16%，半公共空间共计 5%，公共空间共计 7%。

（2）寻找可利用场所

通过对公共空间进一步调研分析，发现各类可利用地约31块，面积合计6627m²，包括个人围合占地、临时车棚占用地、空闲地和现状绿地等场地类型。

（3）分类差异化改造

根据居民对场所功能的需求，以及场地现状特征和改造可行性，对现有可利用地提出以下三类改造方向。

一是景观型公共空间，以驻足观赏性功能为主，沿界面可布置座椅，一般选择场地狭小、不适合安排交往活动，或因风貌展示需要应强化突出特色景观的地区。

二是游憩型公共空间，以休憩交往为主导功能，公共性较强，一般位于街道两侧或公共服务设施旁边，且场地空间适合容纳一定的交往性活动。

三是复合型公共空间，兼具观赏性和休憩交往等功能，结合场地大小和周边居民需求，综合确定儿童活动、老年人活动、体育场、社区花园等空间活动主题。

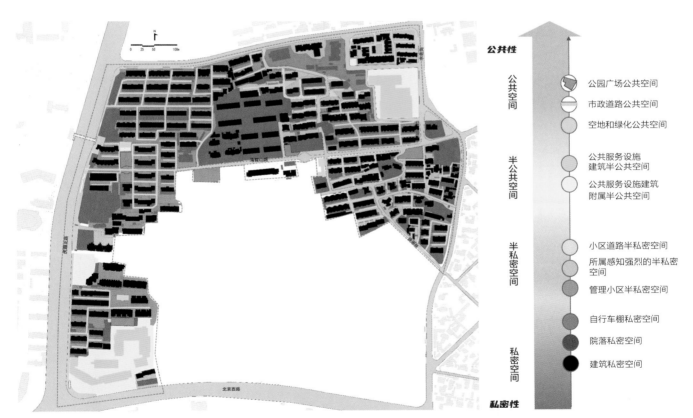

图4-35　街区空间公共性评估图

策略	类型	内容	计划项目
优空间	景观型空间	公共空间	西康新村支巷和西康路交叉口绿地改造建设工程
			水佑岗路（天津新村段）绿地景观优化提升工程
			虎踞北路—水佑岗路交叉口（中国邮政门前）绿地景观提升工程
			虎踞北路（江苏省社会科学院南侧）空地景观优化工程
		小区内空间	马鞍山 2 号院内台地绿地改造工程
			虎踞北路 10 号院内绿地优化提升工程
			琅琊新村 1 号楼南侧空地改造
	游憩型空间	街区内公共街道周边场地	马鞍山 2 号 3 号之间空地提升改造工程
			马鞍山 10 号 9 栋南侧空地改造工程
			马鞍山 10 号院 7 栋 8 栋间空间小公园建设工程
			马鞍山 10 号院 3 栋 6 栋间空间小公园建设工程
			马鞍山 10 号院 5 栋东侧绿地改造
			琅琊新村 1 号楼南侧空地改造
		城市公共道路周边场地	虎踞北路—省纪委旁闲置地景观提升工程
			古平岗地下过街道天津新村入口处街角空间环境提升工程
			马鞍山 10 号 1 栋南侧空地改造工程
	复合型空间	街区内公共街道周边场地	西康新村 2 栋和 3 栋间绿地改造工程
			西康新村 3 栋和 4 栋间绿地改造工程
			西康新村 1 栋和 2 栋间绿地改造工程
			西康路 41 号南侧和西康路 1 栋北侧车棚和院落改造工程
			马鞍山二号院台地景观美化工程
			宁夏路 23 号 3 栋和 4 栋之间坡地改造工程
		小区内场地	天津新村 4 号出入口台地改造提升工程
			琅琊新村内西侧绿地改造工程
			西康路 35 号和琅琊路 18 号院内北侧空地和绿化改造提升工程
			天津新村中心广场改造提升工程

图 4-36　街区可利用场所空间布局图

a 门卫岗亭　　　　　b 停车场地　　　　　c 沿街绿地

图 4-37　可利用场所现状图

图 4-38　景观型公共空间

图 4-39　游憩型公共空间

图 4-40　复合型公共空间

策略三：顺交通，改善停车和步行环境

（1）机动交通优化

开放潮汐共享停车，联合社区中心等公共建筑、街区外的古林公园等，提供停车位约 300 个，缓解街区内部停车压力。规范管理路内车位，提供琅琊路、西康新村支巷、马鞍山 2 号院支巷等城市道路车位约 108 个。增加生态停车位，改建天津新村小区部分宅后绿地，加建加建机械立体车库，在省化工小区、宁夏路 18 号院建设立体车库，合计可增补停车位约 100 个。进行机动车单行管理，改造琅琊路、西康新村支巷、宁颐巷等道路，抬升斑马线，缩小交叉口转弯半径，实现街区内部交通稳静化。

（2）步行环境提升

打通步行空间瓶颈，局部拓宽水佑岗路西段、马鞍山路西段、宁夏路东段人行道，规范店前空间非机动车停车，保持步道贯通，对虎踞北路、水佑岗路、水佐岗路、宁夏路等道路的商铺店前空间，规范非机动车停车，保持人行道步行空间的连续性。建设健身步道，在天津新村小区、马鞍山 2 号院内，划分小区健身步道，提供小区内步行优先空间。

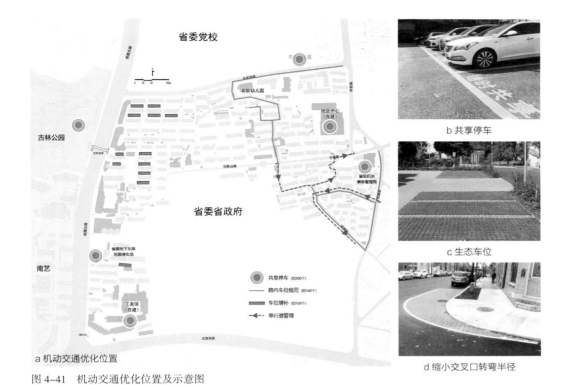

b 共享停车

c 生态车位

d 缩小交叉口转弯半径

a 机动交通优化位置

图4-41　机动交通优化位置及示意图

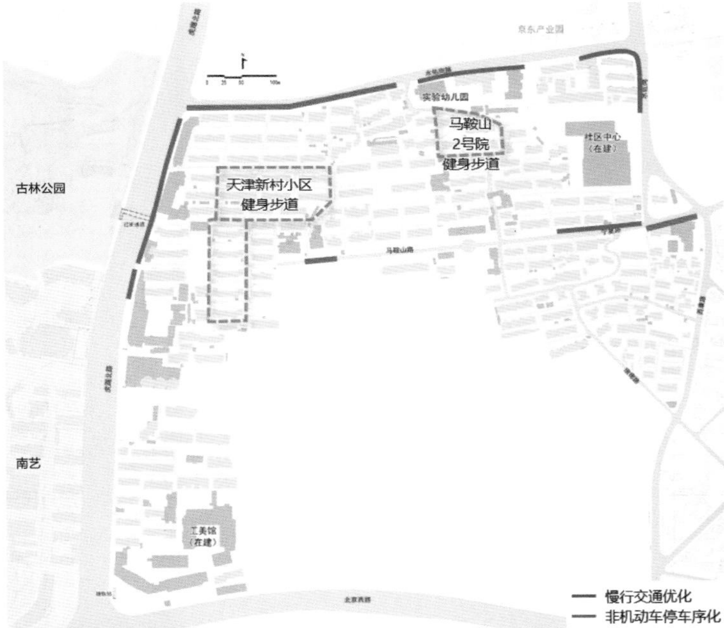

b 优化人行道示意图

c 规范非机动车停车示意图

d 小区健身步道示意图

a 步行环境优化位置

图4-42　步行环境优化位置及示意图

顺交通策略项目表   表 4-3

策略	类型	内容	计划项目
顺交通	机动交通优化	共享停车	社区中心共享潮汐停车，提供车位约 160 个
			工美馆共享潮汐停车，提供车位约 50 个
			古林公园共享潮汐停车，提供车位约 50 个
			京东产业园共享潮汐停车，提供车位约 40 个
		路内车位规范	琅琊路北侧规范停车，提供车位约 33 个
			西康新村支巷北侧规范停车，提供车位约 30 个
			马鞍山 2 号院支巷北侧、西侧规范停车，提供车位约 45 个
		车位增补	天津新村宅后绿地部分改建为生态车位，增加车位约 60 个
			省化工小区 15 幢北侧增建机械式立体车库，增加车位约 10 个
			宁夏路 18 号院 8 幢北侧增建机械式立体车库，增加车位约 30 个
	步行环境提升	稳静化交通	宁夏路—宁颐巷、西康新村支巷—琅琊路机动车固定时间单向通行限制
			水佑岗路实验幼儿园、宁夏路—水佐岗路交叉口、西康路—琅琊路交叉口斑马线抬升
			虎踞北路—水佑岗路交叉口、水佑岗路—水佐岗路交叉口转弯半径缩小
		打通步行瓶颈	水佑岗路西段局部减少路内停车位，人行道拓宽
			马鞍山路西段幼儿园围墙缩回，人行道拓宽
			宁夏路东段西康路 45 号围墙缩回，人行道拓宽
		非机动车停车序化	虎踞北路天津新村段商铺店前，规范非机动车停车
			水佑岗路幼儿园出入口、水佑岗 3 号商铺店前，规范非机动车停车
			水佐岗 21、23、26 号商铺店前，规范非机动车停车
			宁夏路商铺店前，规范非机动车停车
		划示小区健身步道	天津新村小区围绕小区主要道路，划示小区健身步道
			马鞍山 2 号院围绕小区中心，划示小区健身步道

策略四：提品质，塑造街区精致景观

（1）强化标识性空间

聚焦现有小区出入口、沿街围墙等"街区窗口空间"，运用特征色彩、特殊材质、特色主题等手法，增强标识性与个性的展示，在延续居民记忆点的基础上，强化街区识别度，提升美学品质。

（2）增补人性化功能

针对街区居住人群特点，从全龄友好空间塑造的视角，挖掘公共空间利用的更多可能，增补街道家具，美化街旁设施、街巷环境和公共建筑，将精细化、人性化的功能与景观塑造相结合。

提品质策略项目表　　　　　　　　　　　　　　　　　　　　　表 4-4

策略	类型	内容	计划项目
提品质	强化标识性空间	小区	马鞍山 2 号院西门入口提升工程
			马鞍山 2 号院南门入口提升工程
		出入口	天津新村 1 号出入口提升改造工程
			天津新村 2 号出入口提升改造工程
			省化工小区出入口提升改造工程
			天津新村 4 号出入口台地改造提升工程
		沿街围墙	社区综合服务中心周边道路街墙美化工程
			实验幼儿园国际部周边道路街墙美化工程
			虎踞北路（天津新村、省化工小区段）沿线风貌提升工程
			虎踞北路（省化工小区、省委省政府段）通透围墙花卉美化工程
			西康路沿线实体围墙立体绿化美化工程
			水佑岗路（至马鞍山 2 号院）实体围墙美化工程
			马鞍山路（天津新村段）沿线院墙美化工程
			琅琊路—西康新村支巷—宁颐巷—马鞍山二号院支巷沿线围墙美化立体绿化工程
			西康路 39 号西侧围墙—西康新村 41 号楼北侧西侧和南侧围墙—西康路 45 号西侧美化和绿化提升工程
			琅琊路管线序化工程
		街旁设施	天津新村小区中心公共绿地景观提升工程
			宁夏路—马鞍山路沿街变电箱美化工程
			宁夏路—马鞍山路花坛三角砖置换工程
			马鞍山路马鞍山一号院外西侧小公园微改造工程
	增补人性化功能	街巷环境	天津新村 2 号出入口北侧商业用房背面巷路环境整治工程
			虎踞北路—水佑岗路交叉口（中国邮政门前）绿地景观提升工程
			省化工小区东侧台地景观提升工程
			古平岗地下过街道天津新村入口处街角空间环境提升工程
			马鞍山二号院台地景观美化工程
			马鞍山路（天津新村段）道路优化工程
			水佑岗路—水佐岗街角风貌提升工程
			马鞍山 2 号院内台地绿地改造工程
		公共建筑	马鞍山二号院助餐点周边空间提升工程
			北京西路社区活动中心功能完善工程
			马鞍山 2 号院支巷南入口（骑楼门洞及周边）改造工程
			江苏省第二中医院第二门诊部外立面改造工程

a 标识性提升位置

a 人性化提升位置

b 天津新村小区出入口

c 小区个性彰显示意：采用不同标志色彩

b 天津新村高大树荫

c 添置座椅示意：大树底下好乘凉

d 水佑岗路沿街围墙　　e 街区个性彰显示意：采用特色主题内容

d 马鞍山二号院助餐点

e 路径指引示意：来几抹缤纷色彩

图 4-43　标识性提升位置及示意图　　　　　　　　图 4-44　人性化提升位置及示意图

图 4-45　街区与周边联动提升示意图

策略五：融周边，联动公共空间资源

（1）加强对外联系

改造地下过街道，串联街区周边的古林公园和南艺；在街区东北侧增设公交站台和线路，方便居民出行；建设文化步行径，与颐和路街区联动；培育艺术文创功能，加强与南艺之间的互动。

（2）借力外部资源

推动古林公园、京东产业园等停车位共享；优化古林公园管理，实现绿地资源共享。

（3）建设街道界面

通过蔷薇墙种植、立体绿化等方式，美化四周街巷。

（4）服务周边居民

在工美馆、闲置建筑中植入社区服务和活动功能。

策略	类型	内容	计划项目
融周边	加强对外联系	地下过街道改造提升	地下过街道虎踞北路两侧分别加建1座升降式电梯
		公交站台和线路增设	在水佑岗路（近京东产业园和省级机关幼儿园）增设公交站
			西康路（与琅琊路交叉口附近）增设公交站
			既有四卫头站增加公交线路
		文化步行径建设	西康路37号~45号文化步行径增补，与颐和路街区文化步行径衔接，增加建筑历史信息宣传栏，地面铺装增加标识，围墙立体绿化，提高墙体美观性
	借力外部资源	艺术文创功能培育	在街区闲置房屋中培育艺术文创功能，鼓励南艺大学生创业
		停车位共享	古林公园、京东产业园共享潮汐停车，详见"顺交通"策略
		景观资源共享	古林公园晚间开放时间根据季节适当延长至21:00；公园主要道路、场所增加路灯
	建设街道界面	道路街墙美化	社区综合服务中心周边道路实体围墙增加墙绘，虚化围墙增加景观植物，提高墙体美观性
			实验幼儿园国际部周边道路实体围墙增加儿童友好主题的墙绘，增加墙体互动性，虚化围墙增加景观植物，提高墙体美观性
			虎踞北路（北京西路至水佑岗路段）围墙镂空处规模化配植花卉，打造新型城市网红景观点
			西康路—琅琊路沿线结合民国风貌意象，进行实体围墙立体绿化点缀，以丰富人行体验
			水佑岗路（虎踞北路至马鞍山2号院北门）分段主题墙画；栅栏立体绿化；天津新村39栋北侧围墙外楔形花坛增加互动设施、避免卫生死角
		沿街建筑立面美化	虎踞北路沿线建筑美化沿街店招；统一遮阳篷（可伸缩雨篷）的高度、尺寸、伸缩长度；序化管线、排烟、排水、空调机位等设施；序化经营界面
			水佑岗路沿线建筑整治破墙开店，美化沿街店招
			水佐岗路沿线建筑美化沿街店招；统一遮阳篷（可伸缩雨篷）的高度、尺寸、伸缩长度；序化管线、排烟、排水、空调机位等设施；序化经营界面
	服务周边居民	植入社区服务功能	马鞍山2号院支巷北入口改造，优化门房设计，植入家政、助医等社区服务功能，增加休憩空间
		植入公共活动功能	加强工美馆对周边居民的开放，组织开展公共活动

策略六：搭平台，支撑智慧化长效管理

（1）建立街区信息数据整合平台

通过将人口社情数据、建筑房屋数据等数据整合，建立街区运行大数据中心；将智慧停车、家庭安防、智慧养老等宜居服务整合，建立综合服务小程序，全面提升街区精细化治理水平。

（2）利用现有基础，解决关键痛点

以综合网格为抓手，整合其他街区宜居建设和长效治理功能；完善街区信息管理，以停车服务管理、安防管理为切入点，推动其他社会服务接入，优化便民服务体系。

可行性研究支撑"项目库"确定

针对"项目池"，进一步开展可行性评价，综合考虑街区居民、社区管理者、利益关系人等的意见，结合实施风险和实施成效，构建街区项目可行性评价因子，对各项目进行赋权评分，形成各项目综合得分。

在综合评分基础上，开展街区建设项目专题讨论会，确定近期实施项目清单，包含项目共计24个。所有项目围绕街区两条主要道路（天津新村 – 宁夏路、马鞍山二号院支巷 – 琅琊路），以及街区外廊（虎踞路、水佑岗路）重点节点空间进行针对性改造提升，开展重点建筑更新、建筑周边场地整理、重点绿化景观更新、交通通道和设施更新、围墙景观优化、体验线路建设等。

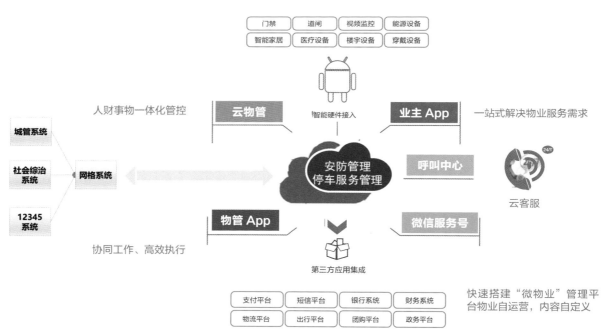

图 4-46　街区信息化管理服务关系示意图

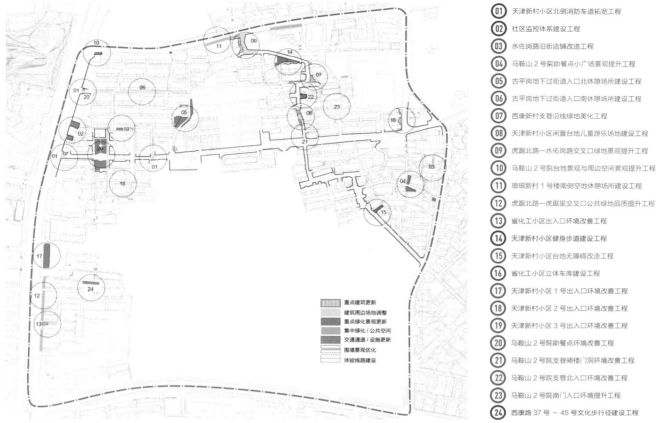

01 天津新村小区北侧消防车道拓宽工程
02 社区监控体系建设工程
03 水佐岗路沿街店铺改造工程
04 马鞍山2号院助餐点小广场景观提升工程
05 古平岗地下过街道入口北休憩场所建设工程
06 古平岗地下过街道入口南休憩场所建设工程
07 西康新村支巷沿线绿地美化工程
08 天津新村小区闲置台地儿童游乐场地建设工程
09 虎踞北路—水佑岗路交叉口绿地景观提升工程
10 马鞍山2号院台地景观与周边空间景观提升工程
11 琅琊新村1号楼南侧空地休憩场所建设工程
12 虎踞北路—虎踞里交叉口公共绿地品质提升工程
13 省化工小区出入口环境改善工程
14 天津新村小区健身步道建设工程
15 天津新村小区台地无障碍改造工程
16 省化工小区立体车库建设工程
17 天津新村小区1号出入口环境改善工程
18 天津新村小区2号出入口环境改善工程
19 天津新村小区3号出入口环境改善工程
20 马鞍山2号院助餐点环境改善工程
21 马鞍山2号院支巷骑楼门洞环境改善工程
22 马鞍山2号院支巷北入口环境改善工程
23 马鞍山2号院南门入口环境提升工程
24 西康路37号～45号文化步行径建设工程

图 4-47　街区建设项目分布图

项目可行性评估表　　　　表 4-6

| 125 项计划项目 | 居民意愿评价 | | 实施风险评价 | | | 实施成效评价 | 综合得分 |
	居民意愿迫切性评价30%	利益方方案选择10%	工程技术可行性评价10%	造价成本经济性评价10%	建设周期时效性评价10%	价值提升综合评价30%	
宁夏路沿街店铺功能置换工程	82	50	79	76	82	79	87
西康路37号～45号不可移动文物标识建设工程	65	44	62	59	65	62	70
西康路37号～45号文化步行径建设工程	65	44	62	59	65	62	70
社区服务中心功能完善工程	40	36	37	34	40	37	45
	62	43	59	56	62	59	67
	53	40	50	47	53	50	58
	43	37	40	37	43	40	48
西康路公交站增设工程	30	32	27	24	30	27	35
水佑岗路公交增补工程	72	46	69	66	72	69	77
四卫头公交站线路增设工程	61	43	58	55	61	58	66
天津新村社区党群服务中心功能完善工程	50	39	47	44	50	47	55
西康新村增设助餐点工程	43	37	40	37	43	40	48
宁夏路18号院增设助餐点工程	63	43	60	57	63	60	68
马鞍山2号院社区活动中心功能完善工程	50	39	47	44	50	47	55
天津新村社区党群服务中心功能完善工程	49	39	46	43	49	46	54
北京西路社区中心功能完善工程	56	41	53	50	56	53	61
省化工小区入口提升改造工程	66	44	63	60	66	63	71
马鞍山2号院11幢、13幢、15幢台地景观与周边空间改造工程	88	52	85	82	88	85	93
西康新村增设健身器械工程	59	42	56	53	59	56	64

……余下评估表省略

03
定制化方案设计

　　街区空间更新改造，必须适应存量时期"精细织补"的时代变化要求，从习惯城市尺度的宏大叙事，到适应小微空间的精细营造。要采用定制化方案设计，结合场地实际情况和居民实际需求，挖掘地域特色，提出针对性改造方案，指导近期建设项目和远期渐进式更新。

天津新村街区设计节中设计人员与街区居民沟通项目设计方案

设计思路

将工程清单内 24 个项目的设计方案整合为 1 套工程建设方案，侧重近期施工建设的确定性。在街区空间要素识别的基础上，梳理出易坏、不易维修、易被忽略的重要因素，以保障宜居街区"精致慢街区，美丽新家园"建设目标的长期可持续。

图 4-48　1 套工程建设方案示意图

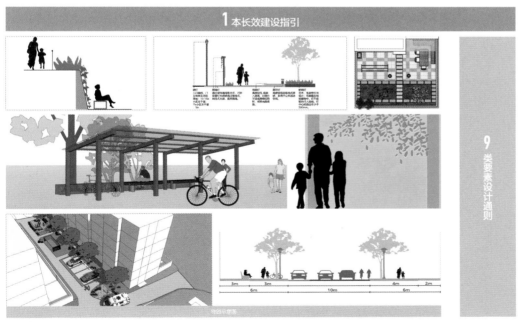

图 4-49　1 本长效建设指引示意图

设计方案

天津新村小区北侧消防车道拓宽工程

图 4-50　消防车道改造前

场地概况

　　天津新村小区北侧路面不平整，3 号门入口附近路幅宽度不满足消防车通行要求，沿路树池待出新。

改造策略

　　取消道路立缘石，改造道路路面，拓宽车行道宽度，保留现状树木，做树池围合。

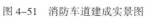

图 4-51　消防车道建成实景图

社区监控体系建设工程

场地概况

　　天津新村街区内的老旧小区，存在监控点位少、设施不全、信息平台不共享等问题，影响了居民的安全感和舒适性。

改造策略

　　根据现状条件，维修或增设安全防范设施，包括建立小区出入口控制系统（主要指门禁管理系统）、视频安防监控系统、楼宇访客对讲系统等，建设安全街区。对公共场所安防设施不足的小区，例如水佑岗5号、7号、23号等小区，在小区出入口、主要道路、公共区域安装闭路监控摄像点，不留监控盲点。在较宽阔的居民休闲场所可结合路灯、门房等一体化设计设立杆摄像枪，小区道路设壁装摄像枪，楼宇门口设吊顶装、壁装摄像枪。

a 小区出入口门禁管理系统　　b 结合路灯和门房的监控　　c 单元出入口监控

图 4-52　社区监控体系建成实景图

图 4-53　水佐岗路沿街店铺改造前

水佐岗路沿街店铺改造工程

场地概况

场地位于水佐岗路，改造前为沿街餐饮等商业商铺，部分店铺已搬迁，处于闲置状态。沿街整体风格不协调，二层以上为已出新住宅，一层商铺立面色彩、材质不一。北侧空地相对封闭，绿化品种单一，绿化布置较为简单，整体景观品质不佳，缺少座椅等休憩设施与坡道等无障碍设施，使用人群较少。

改造策略

沿街风貌更新，依托现有场地设施，对建筑立面门窗与材质进行改造，消除现有台阶拓宽步行道宽度，塑造全新的沿街风貌。增加无障碍坡道，在建筑主入口增加缓坡，便于推车及轮椅进出。

图 4-54　水佐岗路沿街店铺方案设计图

图 4-55　水佐岗路沿街店铺建成实景图

古平岗地下过街道入口北休憩场所建设工程

场地概况

该场地临近古平岗地下过街道虎踞北路入口，位于社区菜市场入口前。现状功能较为单一，以停放非机动车为主，与周边居民的休憩需求不符；管理较为混乱，非机动车无序停放的问题突出；环境品质较差，绿化植被较为单一且维护不善；与街道对面的古林公园之间缺少联系。

改造策略

结合周边菜场及店铺空间进行业态优化，将其改造为口袋公园；增加座椅和雨篷，便于买菜的周边居民在不同天气下休憩；增设专门的自行车及电瓶车停车位，便于菜场工作人员及买菜居民使用；在靠近菜场一侧设置景观树，增强口袋公园的标识性，也增强与古林公园之间在景观上的联系；设置无障碍坡道，便于老年人及残障人士使用；增加遮挡空调室外机的遮蔽装置，使空间更为美观。

图 4-56 地下过街道入口北休憩场所改造前后对比

图 4-57 地下过街道入口北休憩场所方案设计图

a 改造前

b 改造后

图 4-58 地下过街道入口南休憩场所改造前
后对比

古平岗地下过街道入口南休憩场所建设工程

场地概况

　　该场地临近古平岗地下过街道虎踞南路入口，位于两栋商铺楼之间，现状闲置缺乏利用，以停放汽车和非机动车为主，无法满足周边居民的休憩、活动需求；环境品质不佳，景观绿化较为单一；两侧建筑立面包含多个空调外机，影响观感体验。

改造策略

　　结合周边店铺空间进行业态优化，改造为口袋公园；增加不同类型的座椅，便于人们休憩，也便于人们远眺古林公园的风景；在两侧增加路灯，增强空间的安全感和温馨感；设置无障碍坡道，便于老年人及残障人士使用；增种多种颜色的花草，提升整体环境品质；增加遮挡空调室外机的遮蔽装置，使空间更为美观。

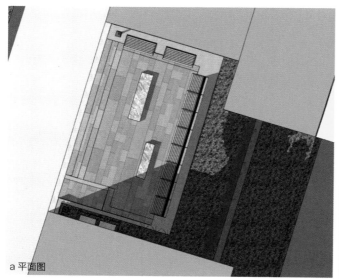
a 平面图

b 鸟瞰图

图 4-59　地下过街道入口南休憩场所方案设计图

西康新村支巷沿线绿地美化工程

场地概况

    场地位于西康新村支巷沿线的台地，包括南北两侧台地。南侧台地因高差原因不可达，一侧为小区围墙；北侧台地一侧为隔断开放空间的围栏，另一侧为居民楼。两侧台地现状功能单一，均为无法进入的绿地，只可观赏不可感知；南侧台地因植被密集、被建筑围挡，采光较差。片区居民表示，附近的休闲健身空间极为缺乏，希望予以增加。

图4-60　西康新村支巷绿地改造前

改造策略

    北侧台地保留现状，靠近台地挡土墙侧可增植下垂藤蔓植物，以体现与南侧台地的呼应。南侧台地改造为居民的休闲活动空间，种植花卉、设置休息座椅和健身器材；种植绣球、玉簪等多年生喜阴植物，降低维护费用；增设路灯，改善采光，增强空间的安全感和温馨感；在入口设置标识牌，提升空间的标识性。

a 鸟瞰图

b 台地效果

c 入口效果

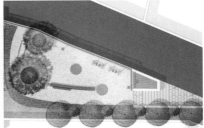

d 平面图

图4-61　西康新村支巷绿地方案设计图

天津新村小区闲置台地儿童游乐场地建设工程

图 4-62　闲置台地改造前

场地概况

场地位于天津新村小区 4 号出入口附近，包括上下两侧台地。上侧台地现状为闲置绿地；下侧台地现状为闲置储物间。两侧台地现状功能较为单一，居民难以使用；上下两侧台地之间缺少联系，街区的地形起伏特征未得到彰显；环境品质较差，上侧台地的绿化植被缺乏维护，空间较为消极。居民表示，附近的儿童游乐空间极为缺乏，希望予以增加。

改造策略

拆除下侧台地的闲置储物间，改造为儿童游乐场地；上侧台地优化绿化，增加硬质活动空间，增强空间的可进入性；下侧台地增加沙坑、攀爬墙等儿童活动设施和座椅，以便儿童和家长使用；通过台阶、滑梯等方式，增加上下两侧台地的联系通道，凸显街区的地形起伏特征；在场地外侧增加阻车桩，确保儿童安全。

图 4-63　闲置台地方案设计图

虎踞北路—水佑岗路交叉口绿地景观提升工程

场地概况

    场地位于虎踞北路—水佑岗路交叉口的中国邮政网点旁。现状绿化植被缺乏管护，个别树木倒伏，邮政网点门前存在违章搭建现象，风貌秩序不佳。据来往居民及街道工作人员反映，由于该转角空间较为消极阴暗，且功能性不足，常有角落便溺现象，有碍街区形象。

图 4-64　交叉口绿地改造前

改造策略

    梳理林荫空调，增加沿街休憩座椅，形成宜人街角场地。

图 4-65　交叉口绿地方案设计图

图 4-66　交叉口绿地建成实景图

图 4-67　台地景观改造前

马鞍山 2 号院台地景观与周边空间景观提升工程

场地概况

　　场地位于马鞍山 2 号院，分为上下两块台地，高差较大，达 4 ~ 5m，易造成视觉压迫感。上层台地较为封闭，侵占公共空间，存在违建。下层台地缺少活动空间，树木过于茂密，景观性不佳。

改造策略

　　强化台地上下交通联系，利用外挂钢架旋转楼梯连接上下层台地。营造"船"的独特意象，下层台地仿照甲板处理，上层台地增设桌椅，形成比较安静的林下休闲空间。

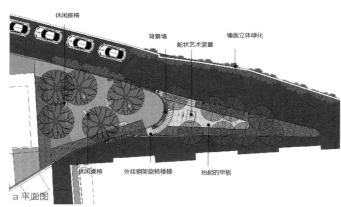

图 4-68　台地景观方案设计图

琅琊新村 1 号楼南侧空地休憩场所建设工程

场地概况

　　场地位于街区东侧，属于小区与小区之间的闲置用地，不属于城市道路。该处空地原先是通向琅琊新村小区的通道，是琅琊新村 1 号的消防登高面。通道尽端被封堵后，逐渐被周边小区的停车占据，成为城市道路与小区的消极空间，挡土墙一侧的铁栏杆也锈蚀破损，存在安全隐患。周边小区内部和外部均缺少活动场地，该处空间有待挖掘优化。

图 4-69　休憩场所改造前

改造策略

　　将其改造为城市口袋公园，为周边小区提供安全、独立的活动场地。重新对地面进行硬地铺设，增加少量绿地，种植草本地被。更换铁艺栏杆，铁栏杆处增植蔷薇，通道尽端增加景观铁艺墙，提升景观效果。入口处设置可移动花箱，避免消防通道被机动车堵塞，保证该通道作为北侧住宅 (琅琊新村 1 号) 消防通道、消防登高面的畅通。

a 鸟瞰图

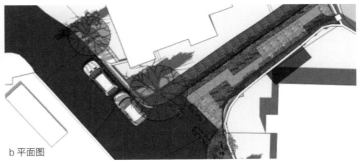
b 平面图

图 4-70　休憩场所方案设计图

图 4-71　休憩场所施工过程图

图 4-72　休憩场所建成实景图

图 4-73　交叉口绿地改造前

虎踞北路—虎踞里交叉口公共绿地品质提升工程

场地概况

　　场地位于虎踞北路—虎踞里交叉口，现状为景观绿地，一侧为围栏，另一侧为车行道。现状功能单一，居民无法进入，只可观赏不可使用；绿化植被较为单一；周围车流量较大，交通噪声较大。周边居民表示，附近的休憩空间较为缺乏，希望予以增加。在傍晚时分，有不少家长带着孩子在此处游玩。

改造策略

　　增加硬质步行空间，增种多种颜色的花草，形成休闲花径，既增强空间的可进入性，又提升整体环境品质；并通过与围栏和爬藤植物的结合，减少交通干扰，降低交通噪声影响。

图 4-74　交叉口绿地方案设计图

图 4-75　交叉口绿地建成实景图

省化工小区出入口环境改善工程

场地概况

场地位于省化工小区西侧入口处，当前入口人车混行，存在安全隐患。闸机为两侧开门，影响消防车通行。缺乏小区标识，居民呼吁增设特色标志物。

图 4-76 省化工小区出入口改造前

改造策略

打通消防通道，更换机动车闸机，保障消防车通行需求。完善出入口功能，分别设置人行、机动车、非机动车出入口。强化小区标志性，增设木雕。进行门房立面改造，提升出入口建筑品质。

图 4-77 省化工小区出入口方案设计图

图 4-78 省化工小区出入口建成实景图

天津新村小区台地无障碍改造工程

图 4-79　天津新村小区台地改造前

场地概况

　　天津新村小区内南北两片地块在天津新村 11 幢北侧形成高差接近 4.3m 的台地。现状的 2 处台阶坡度较陡，推车、提重物，以及老年人步行上下均较为不便，自行车、轮椅等工具需从小区 3 号门和 4 号门绕行超过 300m。小区居民希望增加通道，方便日常通行使用；但小区物业公司不希望使用垂直电梯，担心公共电梯的管理责任和维护成本较高。

改造策略

　　在现状地形不可调整的情况下，平行台地增加无障碍坡道，为台地两侧居民提供便利通道。采用预制钢结构缩短施工周期，减少对现有挡土墙和地面基础的影响。根据实际高差、保留乔木的位置，弹性控制坡道宽度与坡度。坡道结构宽度 1.2~1.7m，净宽不低于 1.0~1.6m，保证轮椅通行要求。

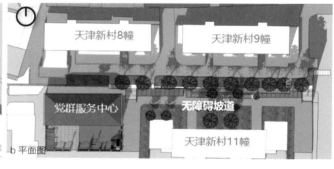

图 4-80　天津新村小区台地无障碍坡道方案设计图

图 4-81　天津新村小区台地无障碍坡道建成实景图

省化工小区立体车库建设工程

场地概况

省化工小区位于街区西南角，现有建筑15幢、车位约100个。小区停车位目前尚可自足，但现状停车位基本占据了小区所有步行和活动场地空间，居民希望通过立体车库建设腾出活动场地。小区最北侧的15幢为公共用房，南北两侧空间较为充足，可用于建设立体车库。

图4-82　省化工小区车库改造前

改造策略

15幢南侧增加4层立体车库，5个车位/层×4层×2组。立体车库总高度8.5m，共计车位34个，新增车位24个。

15幢北侧增加2层立体车库，6个车位/层×2层×2组。立体车库总高度4m，共计车位22个，新增车位10个。

图4-83　省化工小区车库方案设计图

图4-84　省化工小区车库造型意向图

图 4-85 天津新村小区 1 号出入口改造前

天津新村小区 1 号出入口环境改善工程

场地概况

天津新村小区 1 号门位于街区中部，是小区的东侧人行出入口，也是街区中央的马鞍山路的尽端。目前门房建筑破旧，出入口标志性弱，与马鞍山路沿线的风貌不符。

改造策略

增加开放性，设置坐凳休息区，形成景观愉悦的邻里交往场所；提升出入口标识性，结合门房间整体改造设计，以及灯光照明等安全措施。

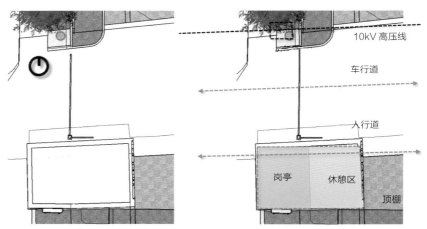

图 4-86 天津新村小区 1 号出入口方案设计图

图 4-87 天津新村小区 1 号出入口建成实景图

天津新村小区 2 号出入口环境改善工程

场地概况

　　天津新村小区 2 号门位于街区西侧,是小区的西侧人行、车行出入口。由于小区向虎踞北路城市快速路直接开口,进出小区的车辆易对城市交通造成影响,出入口宽度较窄、空间局促,造成早晚出进小区的车辆影响虎踞北路的非机动车和行人通行。

图 4-88　天津新村小区 2 号出入口改造前

改造策略

　　通过增建与门房一体化的门框,增加入口植物景墙提升出入口标识性。现有车行与人行道闸向小区内部后移,增加与虎踞北路开口的缓冲空间,降低出入小区车辆对城市交通的干扰。增加灯光照明等安全措施。

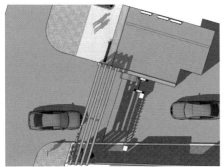

图 4-89　天津新村小区 2 号出入口方案设计图

图 4-90　天津新村小区 2 号出入口建成实景图

图 4-91 骑楼门洞改造前

马鞍山 2 号院支巷北骑楼门洞环境改善工程

场地概况

马鞍山 2 号院支巷北骑楼门洞位于 2 号院南入口北侧。建筑一层形成狭窄的通道，人行区域未能有效标识，人车混行。其通道空间有待提升，二层建筑立面材质色彩不统一，雨篷等设施老旧破损，骑楼过道门洞内墙面存在破损，光线昏暗。

改造策略

优化交通组织，通过铺装界定出车行范围和人行活动范围。提升建筑风貌，改造店铺门面，保留裁缝店、钥匙店等社区服务功能，进行外立面、过道门洞空间改造。提升周边景观，通过绿化种植、地面铺装等，整体优化周边场地。

图 4-92 骑楼门洞方案设计图

马鞍山 2 号院支巷北入口环境改善工程

场地概况

马鞍山 2 号院支巷北入口大门内西侧存在违章建筑，入口交通流线混杂，斜坡缺乏独立人行区域，人车混行。楼梯设计不符合国家规范标准，入口两侧楼梯缺少扶手，且宽度不符合国家建设标准要求。建筑风貌较差，入口内部西侧一层建筑大小不一、形状各异。景观品质不足，绿化植被欠缺，入口两侧的墙面形式、色彩和质感缺乏统一，整体景观效果较差。

图 4-93　马鞍山 2 号院支巷北入口改造前

改造策略

优化入口功能，拆除北侧大门附近违章建筑，优化交通流线，界定人行台阶与车行坡道；结合竖向进行景观绿化改造，增加墙体垂直绿化，形成文化景墙；无障碍化改造楼梯，拓宽台阶宽度，增设木质扶手，地面防滑处理；整治建筑风貌，修缮建筑立面和门窗，优化建筑屋顶形式；修补地面残缺，整治地面窨井盖，统一材质和色彩。

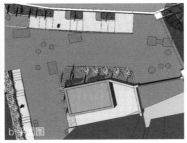

a 入口效果　　　　　　　　　　　　　　　b 平面图

图 4-94　马鞍山 2 号院支巷北入口方案设计图

a 台阶与花池　　　　　　　b 入口斜坡

图 4-95　马鞍山 2 号院支巷北入口建成实景图

马鞍山 2 号院南门入口环境提升工程

图 4-96　马鞍山 2 号院南门入口改造前

场地概况

马鞍山 2 号院南门入口大门缺乏小区标识，可识别性较差。入口空间局促，因道路管理不当，导致人车混行，存在交通安全隐患。物业缺乏入口空间管理，人行与车行混乱。景观品质不佳，缺少绿化景观等，品质不高。

改造策略

强化出入口标识，大门结合岗亭整体设计，门楼造型简洁大气，提升街道整体形象。大门顶部镂空设计，结合植物绿化，丰富景观层次性。增加管理设施，增设岗亭与闸机，便于物业管理，设置坐凳休息区，形成交往场所。

a 人眼透视图　　　　　b 鸟瞰图

图 4-97　马鞍山 2 号院南门入口方案设计图

图 4-98　马鞍山 2 号院南门入口建成实景图

西康路 37 号 ~ 45 号文化步行径建设工程

场地概况

天津新村省级宜居示范街区与颐和路历史文化街区隔路相望。现状建筑文物可读性信息缺乏，缺少景观品质良好的展示窗口。入口左侧绿化空间，植被缺乏层次、缺乏座椅休闲空间，存在等待替换植被的枯树。

改造策略

增补场地人性化设施，沿花坛增加木制座椅，提升街角空间的停留性。优化景观品质，明确景观要素主次关系，将太湖石向道路方向移动，提升感知度，后侧墙面增加墙绘装饰，标识牌移至侧墙。将地被植物替换为颜色鲜艳的二月兰等，乔木替换为尺度适中、姿态优美的观赏树种，如鸡爪槭或红枫。优化背景景观层次，左侧靠墙种植池的洒金桃叶珊瑚可替换为迎春等垂悬植物，围墙上种植爬藤植物。

图 4-99　文化步行径改造前

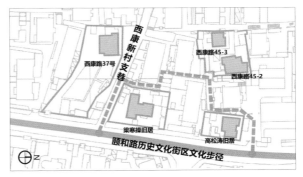

图 4-100　文化步行径线路设计图

a 转角绿地与文化景墙

b 小径入口处

c 景观绿化设计

d 花境设计

图 4-101　文化步行径方案设计图

图 4-102 水佑岗路围墙改造前

水佑岗路实体围墙美化工程

场地概况

　　水佑岗路实体围墙位于街区北部，是水佑岗 23 号小区与水佑岗路的硬质隔离边界。围墙自东向西长约 120m，高度约 3 ~ 4m，镂空栏杆高约 2m，总高近 6m，墙体压迫感强。

改造策略

　　在现状地形不可调整的情况下，增加墙体垂直绿化，弱化墙体压迫感，调整街道高宽比的视觉感受。将现有台阶转变为种植区域，使用黄馨、忍冬等小型花灌，将景观从围栏内侧渗透，并下垂遮盖墙体。

a 围墙美化立面图　　b 围墙绿化示意图　　c 台地绿化示意图

图 4-103　水佑岗路围墙方案设计图

天津新村省级宜居示范街区标识设计

设计方案

　　以传统建筑中的八角形景窗为外形元素，融合提取天津新村的"天"和宜居街区的"宜"两个汉字，贴合街区古典民国风格。

a 服务设施中标识　　b 景观小品中标识　　c 入口门头中标识

图 4-104　天津新村省级宜居示范街区标识设计图

04

陪伴式建设实施

　　建设实施过程中，设计师需要俯下身来深度参与，在深入了解实际问题和居民需求的基础上，推动设计目标的有效达成。要采用陪伴式服务方式，从过去制定确定性、具体化的设计蓝图，向贯穿全流程的动态设计转变。设计方案可根据不同阶段居民意愿、市场需求等变化而作相应的动态调整，并积极协商各利益主体推动达成共识，持续推进设计方案落地。

天津新村街区水佐岗路沿街店铺改造建成后实景

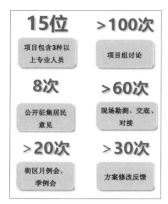

15位	**>100次**
项目包含3种以上专业人员	项目组讨论
8次	**>60次**
公开征集居民意见	现场勘测、交底、对接
>20次	**>30次**
街区月例会、季例会	方案修改反馈

图 4-105　多方共建机制建设图

多方共建机制建设

　　天津新村街区设计团队实行"一人对一项目"跟踪服务机制，负责人全过程参与方案设计—现场测量—意见征集—施工修改等环节。为推进设计方案建设实施，共征集居民意见 8 次，组织召开街区月度例会、季度例会 20 余次，现场踏勘、交底、对接 60 余次，对街区空间更新改造方案进行调整共计 30 余次。

a 初步方案
对沿街建筑进行整体设计改造，通过连续雨篷统一整体风格

b 调整方案
突出主入口形象，增设无障碍坡道，景观廊架镂空设计

c 优化方案
统一景观廊架与沿街雨篷高度，深化廊架结构设计，丰富立面视觉效果

d 最终方案
修改街道办公入口位置，沿街建筑二层及雨篷统一材质，增设花园座椅，优化廊架结构与顶部防雨处理

图 4-106　天津新村小区沿街店铺改造工程建设过程

天津新村小区台地无障碍改造工程

　　天津新村小区台地无障碍改造工程综合考虑占据空间、造价成本、施工难度、后期维护等因素，逐一放弃了垂直电梯方案、混凝土四折坡道方案、混凝土三折坡道方案。在选定的钢结构二折坡道方案施工过程中，因为涉及拆除部分现有车棚而遭到居民反对，设计团队便调整了局部坡度和钢柱落地面积，避免拆除车棚，且保障现状两株乔木的生长空间，最终顺利完工。

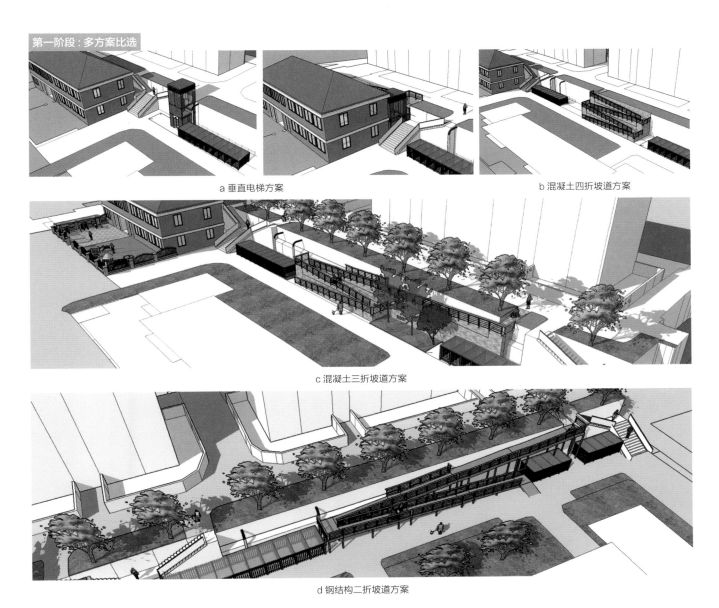

a 垂直电梯方案　　　　　　　　　　　　　　　　　　　b 混凝土四折坡道方案

c 混凝土三折坡道方案

d 钢结构二折坡道方案

图 4-107　天津新村小区台地无障碍改造工程建设过程

e 施工现场交流　　　　　　　　　　　　　f 街道座谈交流

g 最终方案鸟瞰图

图 4-107　天津新村小区台地无障碍改造工程建设过程（续）

天津新村小区1号出入口环境改善工程

天津新村小区1号出入口环境改善工程初步设计方案视觉效果较好，但与高压线间距较小，且施工中发现电缆和基础，难以按原方案施工。设计团队提出两种修改思路，在屋顶挑檐和立面效果上有所区别，最终方案在保障通透性的同时结合挑檐设计，达到良好的休憩和通行体验。

第一阶段：初步设计方案

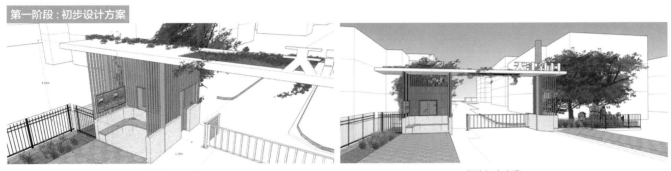

a 岗亭初步方案　　　　　　　　　　　　b 门头初步方案

第二阶段：施工中发现问题

c 初步方案屋顶与高压线间距不足　　　　　d 施工中发现电缆等影响施工

第三阶段：提出多方案解决思路

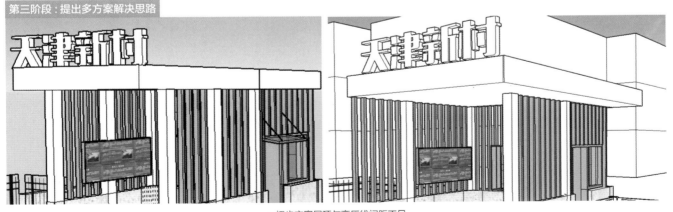

e 初步方案屋顶与高压线间距不足

图4-108　天津新村小区1号出入口环境改善工程建设过程

天津新村小区 2 号出入口环境改善工程

天津新村小区 2 号出入口环境改善工程紧邻北侧沿街店铺山墙，难以开挖建设门框钢构基础，故在施工中整体压减北侧结构，同时发现门卫房入口无雨棚使用不便、现有道闸靠近道路导致车辆缓冲空间不足等问题，修改方案增加雨篷，将道闸后移入小区约3m，最终顺利完工。

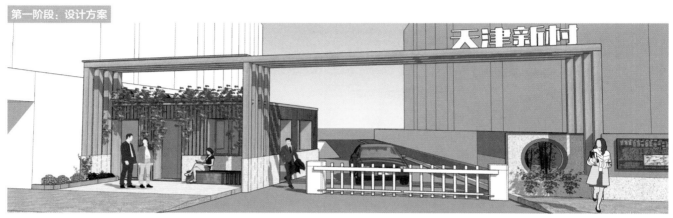

a 初步设计方案

b 最终改造方案效果图

c 施工现场图

d 建成实景图

图 4-109　天津新村小区 2 号出入口环境改善工程建设过程

马鞍山 2 号院南门入口

　　马鞍山 2 号院南门入口环境提升工程设计之初提出两版方案，设计团队和街道、居民沟通后，综合考虑建筑间距、使用习惯等因素，调整造型与岗亭出入口位置，且在施工中综合考虑造价、难易程度，对岗亭造型进行调整，最终顺利完工。

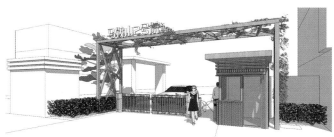

a 大门镂空设计

b 大门改用板片穿插设计

初步方案：
大门整体采用镂空设计，结合攀爬植物，打造良好生态景观

调整方案：
大门采用板片穿插设计，强化形体组合，突出主入口形象

c 大门与岗亭一体化设计

d 优化岗亭开门方向

优化方案：
大门与岗亭一体化设计，岗亭前部加装休闲座椅，形成交往活动场所

最终方案：
大门与岗亭一体化设计，优化岗亭开门方向，调整座椅位置，形成舒适交往场所

图 4-110　马鞍山 2 号院南门入口建设过程

a 材料准备

b 搭建施工

c 建成实景图

图 4-111　马鞍山 2 号院南门入口建设过程

05

全过程共同缔造

　　作为老百姓日常交往最为密切的生活空间单元，街区是实践共同缔造的重要土壤。设计师以改善群众身边、房前屋后人居环境的实事小事为切入点，探索在街区层面开展共同缔造的系列方式方法，推动公众共识达成和设计品质提升，实现从自上而下的物质空间整治行动，到多元主体参与的全过程空间改善治理的转变，让街区中的居民更好地共享美丽宜居街区成果。

天津新村街区宜居家园"研创汇"活动现场

流程框架

　　天津新村宜居街区在建设过程中以共同缔造理念,建立了系统的共同缔造流程框架,在现状评估、项目生成、方案设计、建设实施等阶段举办系列活动,吸引多方参与,营造共同缔造氛围,将共建共享落到实处。

　　共同缔造流程共分为 4 个阶段,第一个阶段为现状评估,首先在线上成立共同缔造工作坊,由业委会、社区能人、街道、社区、街区设计师、城镇化中心共同参与,形成共同缔造的核心团队并确定固定场地;其次在街区内各社区党群服务中心举行工作坊见面会,初步形成知识体系,便于下一步工作安排的预通知。

　　第二个阶段为项目生成,在主要公共活动空间举办共同缔造开放日,城镇化中心、街区设计师邀请小区居民代表和其他居民参加,征集居民改造意愿、调研居民活动规律、征集改造场所和问题;在此基础上,由街道、社区、城镇化中心共同讨论确定行动内容和 2019 年实施项目。

　　第三个阶段为方案设计,在街区内各社区党群服务中心进行方案设计评选,设计团队邀请工作坊成员和线上群意愿表达者参与,获取方案优化建议;对优化后的设计方案进行公示,在小区内公共场地和出入口等处告知相关利益主体。

　　第四个阶段为建设实施,设计团队在施工现场对具体建设项目进行实时调整优化,收集居民反馈意见并解答建设疑难问题。

现状评估阶段

　　设计团队由"设计者"变为"协调者",搭建一个协调多元主体利益、平衡多元主体诉求的专业平台。

　　设计团队鼓励社区能人站出来,通过组织集体活动、调节住户矛盾、链接外部资源、谋求公共福利、整合不同意见等途径,发挥"能人效应",建设"熟人"街区。

a 与宁海路街道办的每周项目例会   b 街区内物业公司、小区业委会代表交流会

c "社区能人"符建新同志组建小区自治委员会，为宜居街区出谋划策

图 4-112 现状评估阶段工作历程

项目生成阶段

  项目生成阶段与街区总设计师沟通设计思路，开展场地踏勘，并通过共同缔造活动、现场调研等征求居民更新意愿。

a 与街区总设计师沟通项目思路   b 与社区负责人踏勘潜力场地   c 开展共同缔造活动征求居民意愿

图 4-113 项目生成阶段工作历程

方案设计阶段

  方案设计阶段结合社区和居民反馈意见，明确项目实施意向，综合确定项目建设内容和启动时间。

天津新村宜居街区建设项目库　　表 4-7

街区位置	序号	社区名称	工程名称	行动内容	启动时间	意见及结论（打√或打×）	肯定或大概率做	有积极性但需进一步确认	兴趣不大或确认不可行
西北片	1	天津新村社区＋北京西路社区	虎踞北路沿线建筑立面美化工程	美化沿街店招，统一遮阳篷（可伸缩雨篷）的高度、尺寸、伸缩长度，序化管线、排烟、排水、空调机位等设施，序化经营界面	2019	√	确认无误		
	2	天津新村社区＋康藏路社区	水佑岗路（虎踞北路至马鞍山2号院北门）实体围墙美化工程	分段主题墙面，栅栏立体绿化，天津新村39栋北侧围墙外楔形花坛增加互动设施、避免卫生死角	2019	√	确认无误		
	3	天津新村社区	天津新村1号出入口改造工程	合理划分人车流线，改造小区入口标识、门房	2019	√	确认无误		
	4	天津新村社区	天津新村2号出入口美化工程	合理划分人车流线，改造小区入口标识，优先门房立面	2019	√	确认无误		
	5	天津新村社区	虎踞北路—水佑岗路交叉口（中国邮政门前）绿地景观改造工程	丰富植物配植，打造主题街角绿化，增设休闲座椅	2019	√		邮局临建难拆，需要多方案	
	6	天津新村社区	天津新村4号出入口闲置台地景观改造工程	依托地形优化景观环境，结合健身步道塑造公共空间节点	2019	√	确认无误		
	7	天津新村社区	虎踞北路26号～34号之间（古平岗地下过街道入口）闲置地空间环境改造工程	提升街角店铺业态，改造空间格局；适当增植乔木，形成景观场所，增加休闲座椅、遮阳伞等设施	2020	√	确认无误		
	8	天津新村社区	古平岗地下过街道电梯增设工程	地下过街道虎踞北路两侧分别加建1座升降式电梯	2020	√		建议用扶梯，不考虑天桥	
	9	天津新村社区	天津新村小区健身步道增设工程	通过地面划示、立体标识等设计方式区分步行与车行空间，形成连续的步道环线	2020	√	确认无误		
	10	天津新村社区	天津新村社区党群服务中心建筑改造工程	建筑屋顶增建玻璃房（可结合加建电梯整体考虑）	2020	×			居民阻力大
	11	天津新村社区	天津新村社区党群服务中心北侧台地无障碍改造（加建电梯）工程	设置无障碍坡道，结合建筑改造加建1座升降式电梯	2020	√		电梯后续维保成本高，坡道	

建设实施阶段

设计师与街道、社区、施工单位多次沟通，商定建造可行性、时序及细节。

a 与社区商定项目建造可行性　　b 与街道商定项目建造时序　　c 与施工单位对接建造细节

图 4-114　建设实施阶段工作历程

图 4-115　共同缔造工作坊

方法路径

制度框架：党建引领、政府主导多方协作总体框架

以基层党建工作为引领，全力打造"共建共享共治的区域共同体"。

街道组织成立由街道、社区、驻区企事业单位、业委会、社区能人和省城镇化中心等组成的"共同缔造工作坊"；制定月度例会制度，组织协调各方；定期组织活动，调整完善方针政策。

党建引领、多部门联动——党支部、基层党员、联动多部门、党建活动、老中青党员

各级部门鼎力支持、密切关注——街道、市房产局、省住建厅

驻区企事业单位积极配合、良性互动——社区派出所、携才养老、物业公司

设计师陪伴式服务、践行使命——街区总设计师、街区设计师、社区设计师

街区居民当家作主、凝聚共识——社区能人、广大居民、"老街坊"

志愿者发挥自身所长，奉献爱心——大学生、医务工作者

宜居街区建设工作框架

党建　各级部门　驻区企事业单位　居民　志愿者　设计师

a 工作例会　　　　　　　　　　　　　　b 工作框架

图 4-116　宜居街区建设工作框架

街区设计师制度

街区设计师制度创新

　　街道、设计方共同组织协调，开展党建引领下的街区设计师、社区设计师制度创新，推动基层社会治理创新与街区品质全面提升。

　　街区总设计师由1位长期致力于街区研究工作、实践经验丰富、专业技术过硬的专业人士担任，主要负责编制设计、组织协调、设计管理、方针政策等工作。天津新村邀请童明作为街区总设计师，他是江苏南京人，时任同济大学城市规划系教授、博士生导师、上海同济城市规划设计研究院总规划师，对故乡有深深的热爱，同时在城市设计、建筑设计等方面有着丰硕的研究成果，在上海老旧小区改造、公共空间"微更新"项目中也积累了丰富的实践经验。

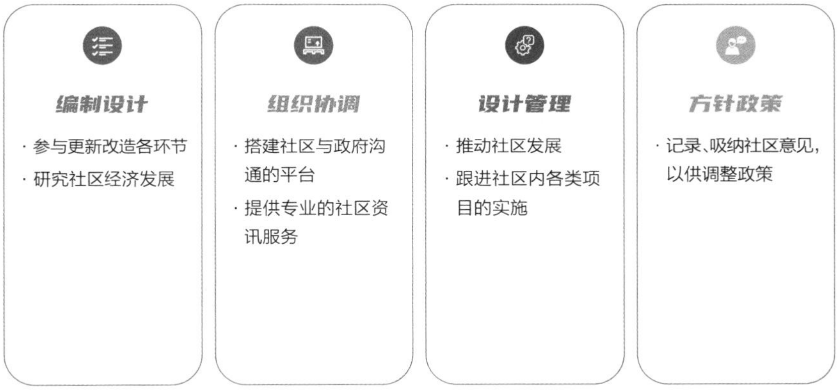

编制设计
·参与更新改造各环节
·研究社区经济发展

组织协调
·搭建社区与政府沟通的平台
·提供专业的社区资讯服务

设计管理
·推动社区发展
·跟进社区内各类项目的实施

方针政策
·记录、吸纳社区意见，以供调整政策

图 4-117　街区总设计师工作职责

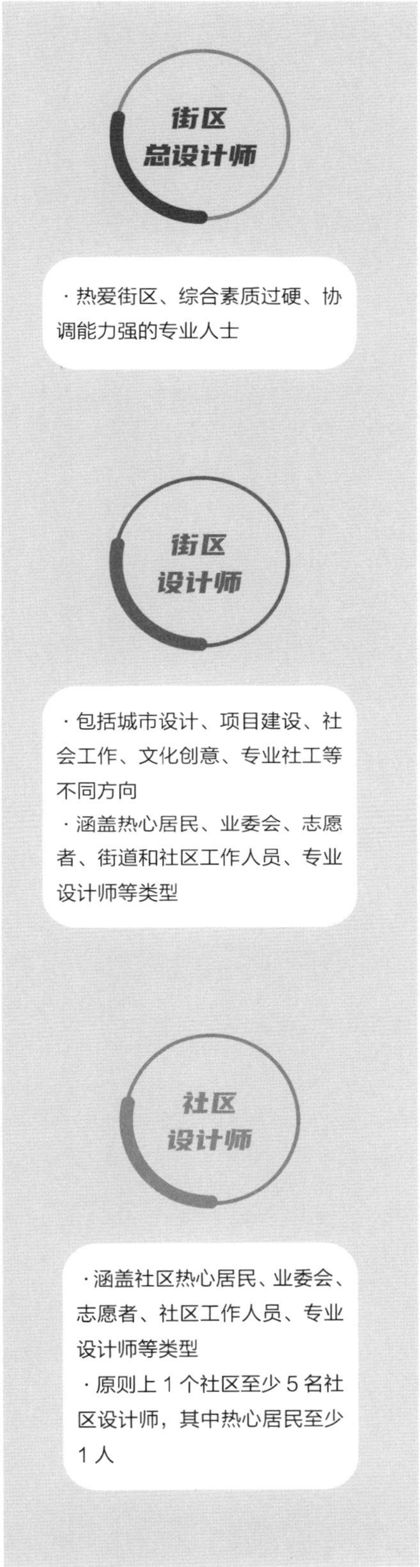

街区总设计师

·热爱街区、综合素质过硬、协调能力强的专业人士

街区设计师

·包括城市设计、项目建设、社会工作、文化创意、专业社工等不同方向
·涵盖热心居民、业委会、志愿者、街道和社区工作人员、专业设计师等类型

社区设计师

·涵盖社区热心居民、业委会、志愿者、社区工作人员、专业设计师等类型
·原则上1个社区至少5名社区设计师，其中热心居民至少1人

图 4-118　街区设计师制度

主题活动

制定主题活动流程

主题活动流程表

表 4-8

	流程	地点	目的	参与方	内部环节
准备工作	01 成立共同缔造工作坊 （电话联系）	线上	成立共同缔造的核心团队 确定固定场地（北京西路社区中心）	党群 业委会 社区能人 街道 社区 活动团队 设计团队	中心提出人员构成要求 街道社区负责组织人员 共同优化确定人员名单和工作场地
	02 工作坊见面会 （周例会）	北京西路社区中心	知识体系重构（洗脑） 下一步工作安排预通知	工作坊所有人	开场白热身 PPT 共同缔造讲座（专家/中心） 下一步工作安排，商议场地
总体方案共同缔造	03 开放日 （室外大型活动）	化工小区主要公共活动空间	征集居民改造意愿 调研居民活动规律 征集改造场所和问题 征集停车、台地公园等改造项目建议	城镇化中心 工作坊化工 小区居民代表 其他居民	开场气氛烘托（家庭游戏儿童游戏等） 问卷展板调查（改造意愿、活动规律） 满意度展板调查（问题、改造地点） 金点子展板建议征集（特定改造项目建议） 路见小程序使用演示
	04 确定行动 （周例会）	宁海街道办	确定行动内容 确定 2019 年项目	街道 社区 中心	中心汇报调研成果，提出行动设想 讨论确定行动 讨论确定 2019 年项目
具体项目共同缔造	05 方案评比 （室内小型活动）	北京西路社区中心	获取方案优化建议	工作坊所有人 线上群中的意愿参与者	设计单位介绍方案 居民投票选择意向方案（线上+线下） 街道、社区和居民吐槽优化方案
	06 方案公示 （展览展示）	小区内某公共场地和入口等	方案公示通过		方案公示

制作详细的活动策划

活动流程
主持人：宣布设计节开始，介绍参会人员
阶段一：城镇化中心介绍本次设计节的内容（PPT）
阶段二：居民分组讨论及讨论小结
阶段三：参会领导（宁海路办事处和北京西路社区）发言

工作分工
宁海路办事处和北京西路社区
会前动员：居民 40～50 人，其中年轻居民代表一半左右，可携带学龄儿童
会议材料：矿泉水、水果、饼干等小零食、礼品等
会场布置：五张桌子（围合坐十人左右，椅子 60～80 张、桌布、横幅、麦克风与扩音器）
会场负责：会议主持、引导居民分组、参与讨论、问题回答、各种突发事项应对

省城镇化中心
防水海报：两张，分别放置在化工小区入口位置和小区活动室，以张贴或立架形式清晰展示
邀请函 100 份：与工作人员、业委会等商议发放方式，建议一部分在小区入口张贴和发放，一部分由工作人员在邀请居民中进行发放
会议材料：包括会议 PPT、5 张 A0 大图纸（贴在墙上）、6 份 A1 硬纸板和图纸（小图讨论用）、便笺纸（红、橙、黄三色，各 7 个）、圆点标签（蓝、红、橙三种颜色，各 10 份）、黑色马克笔、写字板（6 个）、图钉、透明胶、黑色笔、彩色笔、A3 白纸（供现场小朋友画画书写）、燕尾夹（大号、黑色、10 个）、电脑、投影仪、插线板、激光笔、相机等摄影摄像设备
会场负责：设计节内容介绍、分小组引导居民参与讨论、汇总居民意见、总结主要意愿

线上线下——邀请大家前来参加

好了，你已经做好共同缔造主题活动的必要准备了，去行动吧！

共同缔造是什么

好消息！好消息！各位美邻们！我们省化工小区被划入省级宜居示范街区啦！诚邀您的加入，共同缔造我们共同的的宜居家园。

您的意见很重要！

我们可以一起商量做些什么，比如：
- 小区游园绿化点缀行动
- 小区周边院墙美化行动
- ......

街区是什么
- 由城市街道围合成的区域
- 城市居民邻里交往最密切的公共活动场所
- 更加关注"围墙外"的公共空间

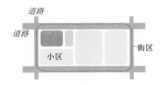

参与的流程

1 让我们共享信息。加入共同缔造微信群，问题、想法随时分享。

2 让我们沟通交流。开展街区设计节活动，交流关于宜居街区建设的意见、建议等。

3 让我们线上打分。通过微信填写，对我们街区的街景、公共空间的品质进行评价打分。

4 让我们线上互动。通过微信建立互动平台，可以发表评论、点赞，优秀建议还能领取礼品。

5 让我们共同设计。一起评选自己心目中满意的设计，也对方案提提好的修改意见。

提建议的渠道有哪些

- 见面谈一谈

- 微信聊一聊

- 意见提一提

可以怎么参与

围绕公共空间（广场、绿地、街道等），我们可以……

- **畅想社区愿景**
  我想让我们的街区增加适合老年人的坐凳等休息设施……

- **共建活力家园**
  我想参与方案设计和建设……

- **聆听街坊意见**
  我想感受大伙一起干的氛围……

- **针对性地吐槽**
  我觉得XX搞得不是很好诶……

如何加入共同缔造

扫码加入共同缔造群聊一聊

扫码进入"遇见宁海"意见提一提

江苏省城镇化和城乡规划研究中心
- 江苏省住建厅直属事业单位，全国城乡规划行业首家新型城镇化研究机构。
- 致力于城市人居环境改善和宜居街区、住区建设研究和实践，编写《江苏省适宜养老住区建设标准及评价体系研究》《江苏省宜居城市建设行动纲要》《江苏省城市人居环境发展报告》等。

江苏省宜居街区天津新村街区建设系列活动

共同缔造邀请函

——省化工小区

图 4-119 主题活动策划流程图

活动回顾

城市设计节活动

　　城市设计节活动共吸引到 60 余位居民参加，这些居民最小的 5 岁，最大的 83 岁，有的是被小区里张贴的设计节海报中的"提建议、动手做、一起玩、吐吐槽"吸引来的；有的是在小区业主群里看到"省化工小区共同缔造"活动预告来的；还有的居民，则是在收到小区业委会成员上门送来的"共同缔造邀请函"后，觉得很感兴趣来的。

　　60 余位居民分为 6 个小组，分别围绕街区公共空间愿景、街区满意度、小区满意度、小区的入口空间和台地空间可能的优化方向展开了热烈讨论。

　　不同年龄层的居民以各自的方式描绘心中的宜居家园。居民从自身生活感受出发，标记出了街区和小区自己喜欢的地方、不喜欢的地方、觉得可以改善的地方，并写出了具体原因，共同绘制出了心目中的街区和小区的场所满意度地图。

　　设计人员对各小组讨论的内容进行了汇总，形成了凝聚在场各位共识的街区公共空间愿景、街区和小区的场所满意度地图、入口空间和台地的改造意向。大家共同对周边的地下通道设施、无障碍通行、过街安全、公交车站等提出了改进建议；也对小区内的小广场、停车管理、小花园亭子、健身设施等提出了优化设想；而对于小区的入口空间和台地空间，在场居民倾向于将其改造为休憩空间和共享园艺空间。

天津新村宜居家园"研创汇"

　　3 位天津新村街区土生土长的居民谢钟英、冯惠兰和陈姗雅，作为老、中、青三代党员代表，从自己的亲身经历和切身感受谈起，饱含深情地讲述他们心目中这些年天津新村街区发生的变化、取得的成绩，并展望了更美好、更宜居的未来，引起了现场居民的强烈共鸣。他们也表示，在本次宜居街区建设过程中，他们将不忘初心，积极组织和参与街区创建的各项活动，充分发挥基层党组织和党员的作用。

图 4-120　街区设计节活动现场

居民自己动手，一起为改哪里、怎么改、何时改出谋划策，为宜居街区实施项目具体设计的方案优化深化提供了宝贵建议，也获得了项目实施的民意支持。这将增强参与宜居街区建设的主体意识，也是以人民为中心的发展思想的贯彻落实。

图 4-121　街区设计节活动居民意见汇总

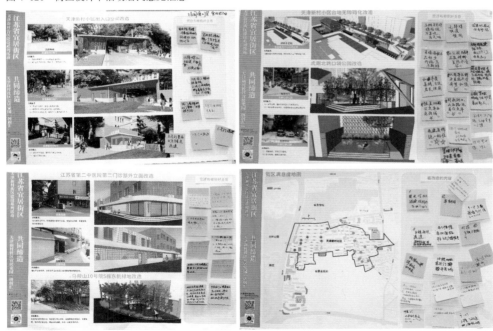

图 4-122　研创汇活动居民意见汇总

a 与社区负责人踏勘潜力场地

其他日常活动

党建引领、多部门联动

宁海路街道党委与省政府办公厅（驻区单位）共驻共建基层党组织，合力建强基层组织；着力打造特色党建品牌"红创汇"，切实加强楼宇园区内党组织和群团组织的凝聚力；街道党员干部带头，积极组织活动，起到了模范示范作用。宁海路街道制定月度例会制度，组织协调各方，定期商讨街区建设事宜，常态化推进；组织开展街区设计节、研创汇活动，听取群众意见，及时调整工作思路。

社区党委组织丰富多彩的社区活动，如赠书、合唱团、公开课、慰问外来务工人员等，丰富党员同志和人民群众的日常生活，塑造温馨和谐的社区氛围；社区党委联动驻区单位、居民、设计师等开展宜居街区交流会和共建座谈会，征求相关方意见，推动建设落地。

b 童明教授参加第八次宜居街区工作例会

共同参与编制设计方案

在设计过程中，设计团队与街道、社区、街区设计师紧密合作，共同深入现场开展陪伴式设计，生成符合公共利益"最大公约数"的设计方案。

c 省政府办公厅与基层党组织共驻共建签约仪式

d 街道书记参加第八次宜居街区工作例会

e "红创汇"讲坛

f 天津新村第一党支部合唱团开展活动

g 社区党委与机关文印中心党支部共建座谈会

h 社区党委组织物业公司、小区业委会代表交流会

图 4-123 街区建设中党建引领与共同编制设计方案活动

志愿者奉献爱心

由大学生、医务工作者等组成的志愿者团队，参与居民需求调研、健康筛查等活动；将居民需求与志愿者技能相结合，把服务送到社区，营造"睦邻友好"社区氛围。

a 南京大学金陵学院学生志愿者参与居民需求调研

驻区企事业单位良性互动

社区派出所为宜居街区提供扎实的数据支持，助力街区体检。古林饭店为宜居街区研创汇活动提供会议场地和人力支持。携才养老服务有限公司为宜居街区提供居家养老、助餐送餐等服务。

南京艺术学院为宜居街区建设提供艺术支持，为宜居街区的方案深化和建设提出优化思路。物业公司为宜居街区提供运营维护保障，满足百姓日常生活需求。

b 红会志愿者为社区居民进行白内障免费筛查活动

c 社区民警介绍天津新村社区人口情况

d 古林饭店为研创汇提供会场

e 携才居家养老服务点

f 南京艺术学院与街区设计团队跨界交流

g 天津新村物业公司工作人员清扫垃圾

h 宁夏路 18 号物业规范停车

图 4-124　街区建设中志愿者献爱心与企事业单位互动活动

我们用心倾听每一种声音
We listen to every voice attentively

老居民 &
江苏省城市规划研究会
理事长 张鑑

　　作为天津新村街区的"老街坊"，我对于天津新村街区有着不舍的情结。我向街区书房赠送我编写的——《我们的城市》和《我的援疆历程》，其中，《我们的城市》是写给孩子们的，让孩子们了解我们生活的街区和城市。

　　设计师制度是一项重大创新，街区设计不仅要有专业设计师的设计，还要居民广泛参与，让每个人都成为设计师。宜居街区建设不仅要关注硬件，还要关注软性的机制和文化。

老居民 &
原南京军区政委、
党委书记 方祖岐

　　从一个老居民的角度，是否"宜居"，要"看老、看小"，要让老人孩子住得便利而舒心；要让社区"活起来、动起来"，形成活泼生动、有底蕴的人文氛围。

　　我在天津新村街区居住已有四十年，对街区感情深厚。文化对于宜居街区建设至关重要，宜居街区建设要彰显文化特色。我愿积极投身宜居街区建设，共同为更好的人居环境而努力。

老居民 & 社区设计师
民盟江苏省文化
第一支部主委
徐众

老居民 & 社区设计师
江苏省自然资源厅副巡视员
史照良

图 4-125　街区建设中多方关注示意图

江苏省住建厅房产处副处长
汪先良

在全省 5 个试点街区中，天津新村街区在技术创新和共同缔造等方面独树一帜、特色突出。对设计师制度的创新探索和对居民参与的重视，这是宜居街区建设的必要和重要环节。

首先，宜居街区工作中的小微空间调研，需要将场所空间、人的行为、居民意愿进行有机结合，准确把握居民需求。其次，通过可行性评价、项目预评估等手段生成项目。最后，共同缔造应当贯穿项目调研、项目生成、项目管控和长效管理等全过程。

江苏省城镇化中心主任
丁志刚

南京市房产局副巡视员
汪立言

天津新村街区的民生实事和创新工作得到了居民的肯定和支持。天津新村街区作为南京主城区老旧街区的代表，宜居性提升具有重要意义，下一阶段要再接再厉，充分体现试点示范的引领作用，为宜居街区更新改造树立样板。

天津新村共同缔造节是我参加过最高规格、最大规模的街区活动，可见省、市、区领导对宜居街区建设的高度重视。天津新村街区是主城区老旧街区的代表，物质空间改善对于凝聚人心、提升居民自治能力有重要意义。

街区总设计师，时任同济大学教授
童明

参考资料
REFERENCE

[1] 周岚，丁志刚.新发展阶段中国城市空间治理的策略思考：兼议城市规划设计行业的变革 [J].城市规划，2021，45（11）：9–14.

[2] 周岚，丁志刚.中国规划重塑期的转型和创新应对思考 [J].城市规划学刊，2022（5）：32–36.

[3] 周岚，丁志刚.面向真实社会需求的城市更新行动规划思考 [J].城市规划，2022，46（10）：39–45.

[4] 徐苏宁，刘羿伯，李国杰，等.城市社会变迁条件下的中国街区模式演进及变革动因探析 [J].城市发展研究，2019，26（10）：37–47.

[5] 黄纯艳.新变与局限：宋代社会的开放度 [J].人民论坛，2023（2）：110–112.

[6] 住区编委会.中国住宅 60 年 [M].北京：中国建筑工业出版社，2009.

[7] 李国庆，钟庭军.中国住房制度的历史演进与社会效应 [J].社会学研究，2022，37（4）：1–22，226.

[8] 唐燕，李婧，王雪梅，等.街道与街区设计导则编制实践：北京朝阳的探索 [M].北京：清华大学出版社，2009.

[9] 王建国.中国城镇建筑遗产多尺度保护的几个科学问题 [J].城市规划，2022，46（6）：7–24.

[10] 戴林琳，盖世杰.“塞尔达规划”的街区模式及其空间发育进程初探 [J].华中建筑，2008，（8）：208–212，234.

[11] 老房装修研究院.住宅小区形式的发展（上）[EB/OL].（2019–05–23）[2024–03–06]. https://zhuanlan.zhihu.com/p/66706749.

[12] 刘天宝，塔娜，肖作鹏.中国的封闭小区如何而来，又该怎么办："新单位主义"的回应 [EB/OL].（2016–02–25）[2024–03–06]. https://www.thepaper.cn/newsDetail_forward_1435827.

[13] 李志刚.布坎南报告 [EB/OL].（2023–02–04）[2024–03–06]. https://www.zgbk.com/ecph/words?SiteID=1&ID=497915&Type=bkzyb&SubID=92720.

[14] 徐奕然.城市街区演进历程与街区更新发展趋势 [J].未来城市设计与运营，2024（1）：55–57.

后 记
POSTSCRIPT

　　本书的出版，得益于笔者所在单位江苏省城镇化和城乡规划研究中心（以下简称"城镇化中心"）多年来在街区更新领域的持续实践探索。围绕更新政策制定、更新规划设计和更新技术方法改良等工作，城镇化中心技术团队在实践中坚持创新求进，积累形成了较为丰富的经验，为本书的撰写提供了丰厚土壤。

　　感谢在街区更新实践项目中各级主管部门的相关负责人和技术人员，他们务实而卓有成效的指导为我们探索更新规划设计创新提供了有益启发和重要支持。感谢与我们并肩作战的合作单位，戴德梁行、上海梓耘斋建筑工作室、南京南华建筑设计事务所、苏州苏大万维规划设计有限公司等与我们紧密配合，提出了很多中肯的建议，时任同济大学建筑与城市规划学院教授童明、南京南华建筑设计事务所总建筑师程向阳给了我们许多极富创新性的宝贵建议，开阔了我们对街区更新规划设计的视野。感谢笔者所在单位天津新村街区更新和南市桥街区更新的项目组成员，以及相关文章编撰人员为本书提供资料和支持。本书责任编辑毋婷娴女士在文字的完善和图纸的修改等方面提出了很多建设性的意见和帮助。

　　谨向给予本书帮助的各位专家和相关合作者表示诚挚的感谢。